《室内空间与展示艺术设计》丛书 | 朱淳 主编

室内设计
电脑表现技法

徐宇红 编著

CUCP 中国传媒大学出版社

图书在版编目(CIP)数据

室内设计电脑表现技法/徐宇红编著.—北京:中国传媒大学出版社,2010.5

ISBN 978-7-81127-890-3

Ⅰ.①室… Ⅱ.①徐… ②周… Ⅲ.①室内设计:计算机辅助设计 Ⅳ.①TU238-39

中国版本图书馆 CIP 数据核字(2010)第 058036 号

室内设计电脑表现技法

编　　著　徐宇红
责任编辑　阳金洲
责任印制　范明懿
封面设计　邓岱琪
出 版 人　蔡　翔

出版发行　中国传媒大学出版社(原北京广播学院出版社)
社　　址　北京市朝阳区定福庄东街 1 号　　邮编:100024
电　　话　86-10-65450532 或 65450528　　传真:010-65779405
网　　址　http://www.cucp.com.cn
经　　销　全国新华书店

印　　刷　北京中科印刷有限公司
开　　本　787×1092 mm　1/16
印　　张　9.25+1(彩插)
版　　次　2011 年 1 月第 1 版　2011 年 1 月第 1 次印刷

书　　号　ISBN 978-7-81127-890-3/TU・890　　**定　价**　39.00 元

前言

现代社会中，住宅居所、工作环境、商业空间和文化设施的环境质量，是衡量一个国家、地区或城市经济发达程度和文明水准的标志之一，建筑室内空间的质量由此受到更多关注。技术和文化的进步，对室内环境和艺术质量的要求也更加具体化、多样化。近年来，国家基本建设的持续投入，大量的住宅对装修设计的迫切需求；各种商业、办公和文化空间对室内环境更高的要求；大批城市博物馆的兴建、各种商业和文化类会展等，构成了对这一设计领域的社会需求。

作为综合技术与艺术领域的设计门类，室内空间与展示艺术设计近年来获得极大发展。几乎所有设置艺术设计专业的高校都有环境艺术专业、室内设计专业或展示设计专业的设置；其他层次的室内及展示设计专业更不胜枚举。大量社会需求和这一专业领域设计教育的发展，不仅逐步完善了设计学科本身，同时也对专业的教学提出了新课题和新需求。室内设计专业的教学领域正在不断拓展并向纵深发展：一方面除了建筑与室内空间本身，还包括室内设计的相关领域，如博物馆陈列设计、各类商业空间设计、文化娱乐空间设计；另一方面也包括室内环境设计的相关技术领域，如各类空间的陈设艺术、采光与照明、室内家具、室内声学、绿化配置及水、电、风等专项技术领域的设计教学也都在迅速普及。这些教学领域发展所带来的需求，除了对教学内容和教学方法的研究和改革，同时也包括对与该专业相关的高质量教材的需求，而本丛书的编纂正是适应了该学科发展的需求。

考虑到不同层次的教学与使用的需要，本丛书将“室内设计”与“展示设计”这两个在学科性质上有许多相近之处，同时在课程设置上有较多重合的专业门类合并在一起，使其构成一个较为完整，并能相互配合、互相印证的教材体系，这将有助于这些相关的课程之间在知识体系方面的完整，同时也有利于使用者按不同的教学要求和培养对象来选择相应的教材。

本丛书各分册在编纂上，以课程教学为主导，系统论述该课程的完整内容，同时突出课程的知识重点及专业的系统性，并在编排上辅以大量的示范图例、实际案例、参考图表及优秀作品鉴赏等内容。教材所附的各学科教学进程安排和课程练习（作业要求、作业步骤、作业数量、建议课时和作业提示）仅作为建议，各使用院校可根据各自的专业教学重点选择采用。

在编纂过程中，作者充分考虑到各分册之间在知识内容和教学深度方面的相互衔接、互为补充；同时为适应不断发展的学科领域，还将不断推出后续的各分册，希望能够为这一专业领域的学科建设提供一套系统、科学和优质的教材。

华东师范大学设计学院
朱　淳
2010 年 10 月

目 录

目　录

第一章 电脑效果图概述

在环境艺术设计领域，电脑效果图对于设计思想的体现来说是必不可少的。而且还起到设计沟通的重要作用。要完成令人满意的电脑效果图，除了必要的电脑软件应用知识以外，设计基础理论、设计思想与审美，甚至工作习惯都会直接影响效果图的制作与结果。

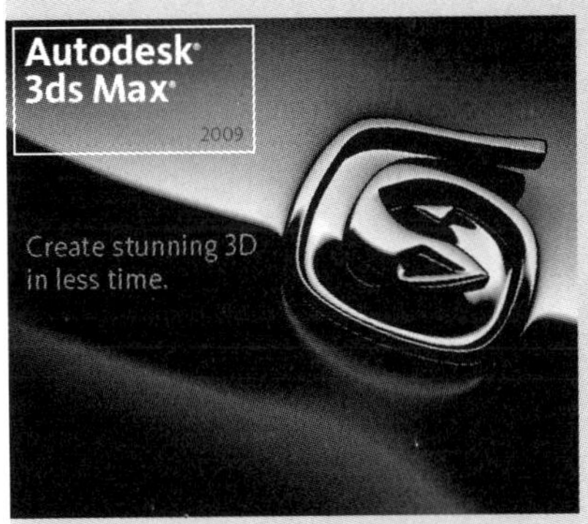

图1－1－1 3ds Max 2009

1. 效果图制作软件介绍

目前，制作电脑效果图需要的软件主要有：建模、渲染、后期处理三类软件。

在众多的建模软件当中，Autodesk公司的3ds Max 是一个拥有建模、灯光、材质、动画、渲染功能的综合软件，功能强大。在效果图制作领域拥有大量用户。Autodesk公司在2008年宣布了两个版本的3ds Max，分别称做3ds Max 2009和3ds Max Design 2009(图1－1－1、1－1－2）。3ds Max 2009面向娱乐行业，如电影、游戏制作。3ds Max Design 2009替代原来的3ds Max Viz产品，用来制作建筑、工业设计等效果图。3ds Max 2009和3ds Max Design 2009的数据是100%兼容的。

图1－1－2 3ds Max Design 2009

在渲染方面，3ds Max默认的渲染器是扫描线渲染器和mental ray。使用普通扫描线渲染器渲染速度较快，但只计算直接光照，故真实度欠佳，需要设置大量的辅助灯光来模拟真实的光照环境。3ds Max的高级光照渲染功能使用了全局照明技术。其中的光能传递渲染通过精确的计算光从物体表面的反弹来体现更为真实的照明效果。但是光能传递渲染对建模的要求较高，而且计算量大，所占用的内存和时间相对较多。mental ray渲染器可以模拟出非常逼真的光照效果，它的渲染速度对于多帧的动画场景来说比较快，但对于渲染单帧的效果图而言没有明显优势。

此外，Lightscape渲染器常被用于效果图渲染，可以产生十分真实的光照效果。它使用光能传递计算方式，对建模的要求高，而且它是一款独立的第三方软件，几乎不支持建模方面的功能，必须在3ds Max中建完模然后导入Lightscape渲染器进行材质布光渲染工作，比较复杂。

我们还可以使用一些与3ds Max兼容的渲染插件，如FinalRender、Brazil、VRay等。渲染质量都不错，但各有优缺点。其中VRay渲染器(图1-1-3) 作为单帧效果图渲染来说是一款在速度、表现及兼容上有着综合优势的渲染插件。它具备专业的全局照明系统，精确的光影跟踪功能。同时内核采用了较快的算法，相同情况下渲染速度是扫描线渲染器的两倍。被广泛应用于建筑效果图。

图1-1-3 VRay1.5

效果图的后期处理可以为效果图润色，提升工作效率。图像处理软件Photoshop（图1—1—4）是最为常用的后期处理软件。另外，一些材质贴图也需要在Photoshop中进行编辑处理，才能获得最佳的材质效果。

本书案例使用软件：3ds Max Design 2009、Photoshop CS3，以及渲染插件VRay1.5。

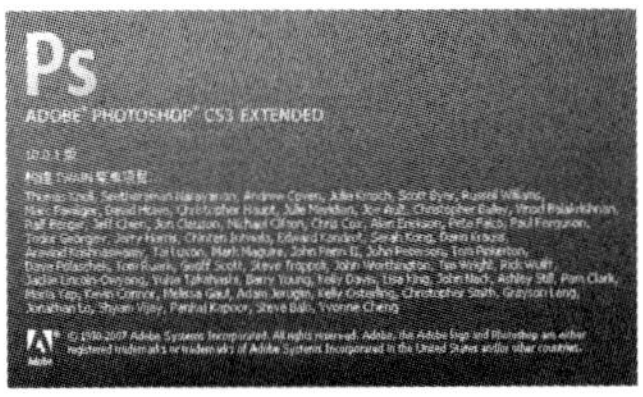

图1—1—4 photoshop cs3

2. 掌握工作方法

适当的工作方法可以令我们的工作事半功倍。

首先，要了解效果图制作的流程。一般来说完成一张效果图必须经过方案分析、创建主体模型、确立视角（建立摄像机）、创建细节模型、材质、布光、渲染出图、后期润色这些步骤。当然在制作过程中都是有机结合的。

其次，制作效果图要注意一定的工作方法，养成良好的工作习惯，才能提高工作效率。

① 拿到方案后不要急于动手，应当弄清设计方案的每个细节，比如方位、尺寸、颜色等，要在心里理顺制作步骤，甚至对最后的效果也已了然。所谓成竹在胸。

② 确定合理的建模程序可以节省建模时间。一般来说，制作效果图应遵循由整体至局部，再由局部至整体的逐步细化过程。通常都是先建立主体模型，如房屋的框架模型，然后再从局部入手，如门、窗、家具等。在局部细化过程中要注意主次区分对待，不要面面俱到，以免过繁，增加制作与计算时间。另外，在建模过程中，要注意尽量减少模型的点数和面数，以减少渲染时机器的负担以及存储时文件的大小。

③ 在效果图制作过程中，摄像机建立后基本不再改动视角。因为摄像机的位置决定了建模的方向。我们往往只需要详细制作出摄像机视角范围内的物体，甚至物体的可视部分，其他的可以忽略，这样可以加快制图的速度。另外摄像机的位置也影响到灯光的布置。

④ 建模过程中要为每个模型命名，方便之后的选择。通常建完一个模就要赋予它材质。因为建立的物体越多，在视图中选择单个物体就越困难，另外有些相同的物体只

需要拷贝即可，被拷贝物体就不需要再次赋予材质了。

⑤ 灯光的建立会大大增加渲染的时间，因此在未完成建模时布置灯光是不明智的。一般来说，先建立一个基本的照明灯，可以看清基本效果即可。

⑥ 初学者往往急于看到渲染后的效果，但是为了看效果进行频繁的渲染只会浪费时间，通常在布置灯光前我们可以通过Smooth+Highlights模式看到基本效果，在布置灯光后，也应尽量考虑全面后再看其渲染效果，减少渲染的次数。

⑦ 我们不必在3ds Max中追求尽善尽美，通常可以利用Photoshop的软件优势来弥补3ds Max的不足。如一些绿化、人物、小配件等均可以在后期制作中贴上去，但不可过分依赖后期制作，否则效果会显得不真实，而且许多细节也体现不出。比如说灯光的自然效果。

总之，我们要知道欲速则不达的道理。只有冷静思考、循序渐进才能真正提高工作效率。

本章重点与习题：

1．效果图制作常用软件有哪些？

2．效果图制作的基本流程是什么？

第二章 电脑效果图制作基础

1．3ds Max软件界面

在3ds Max中制作电脑效果图，首先必须要熟悉软件界面，熟练掌握操作工具。如图2-1-1所示。

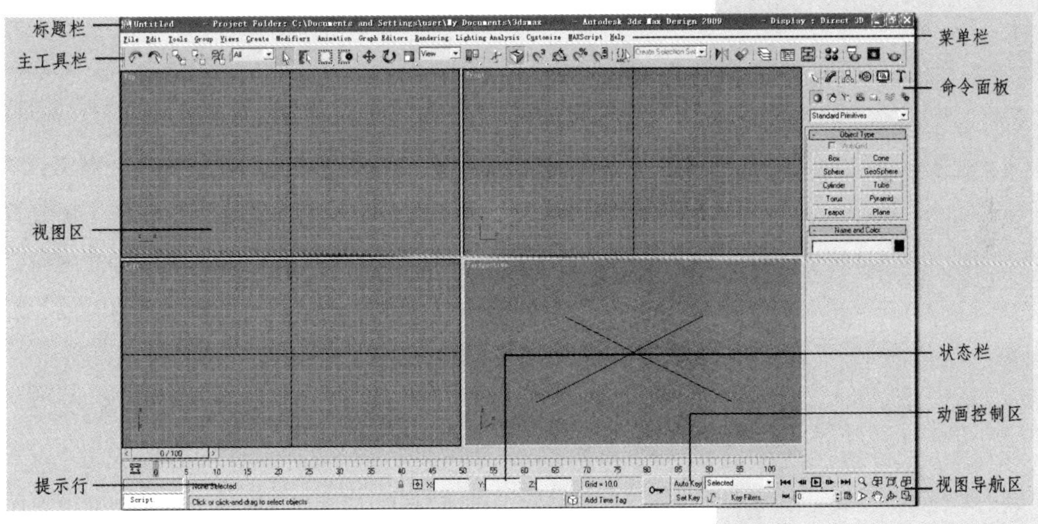

图2-1-1 软件界面

(1) 标题栏

用于显示3ds Max的版本信息及当前正在编辑的文件名和存放路径。

(2) 菜单栏

位于标题栏下方，每个主菜单命令中可以下拉一组菜单命令。

(3) 工具栏

默认情况下只显示主工具栏，附加工具栏是隐藏的。要启用任意工具栏，用鼠标右键单击主工具栏的空白区域，然后从弹出的快捷菜单中选择工具栏的名称。

(4) 命令面板

3ds Max中共包含六个命令面板。命令面板集成了大多数的功能与参数控制项目，也是结构最为复杂、使用最为频繁的组成部分。

图2-1-2 视图类型

(5) 工作视图

除了默认的四个视图，可以用鼠标右键单击视图名称，在弹出的快捷菜单中选择View（视图）子菜单中的各种视图类型(图2-1-2)。并且可根据当前任务的需要自定义工作视图的组合方式。

(6) 控制区

包括动画控制区、状态栏、视图控制栏、脚本控制区。

2. 系统单位设置

3ds Max可以依据个人习惯与实际任务的需要对工作环境进行适当的配置。对于创建效果图而言，建模之前设置好系统单位非常重要。这样便于我们依据实际尺寸建模，对于导入的模型也可起到参照作用。另外布光的时候，现场尺寸的大小也会影响光照的实际效果。

在3ds Max中，我们使用Customize/Units Setup菜单设置系统单位。如图2-2-1所示。Metric(公制)项用于设置各种公制单位，包括 Millimeters(毫米)、Centimeters(厘米)、Meters(米)、Kilometers(公里)，根据设计图纸可采用Millimeters做单位， US Standard(美国标准)采用英制单位，Custom(自定义)允许用户自定比例尺，此时数据栏中会出现FL。

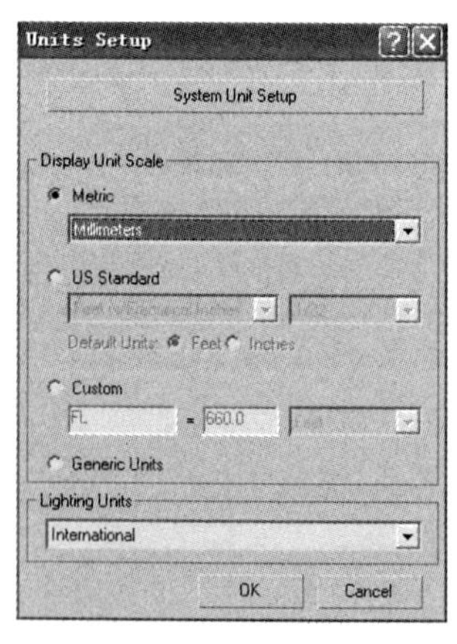

图2-2-1 系统单位设置对话框

缺省状态下Generic Units被选中，即采用通用设置，此时参数栏中的数据无单位。

一般情况下，可以默认使用缺省状态。但是对于制作效果图而言把系统单位设置为毫米很重要。一方面可以和设计图纸单位一致，统一模型尺寸；另一方面，3ds Max中模拟物理属性的灯光系统计算要求按照场景的实际尺寸进行建模。所以在建模制作以前不要忽略系统单位的设置。

设置方法：选择Metric(公制)项，在其下拉菜单中选择Millimeters(毫米)，接着点击上方的System Unit Setup（系统单位设置）按钮，在随后弹出的设置框里设置1Unit=1Millimeters。如图2-2-2所示。

图2-2-2 设置系统单位为毫米

3. 建模常用操作工具

(1) 使用选择及移动

3ds Max中选择对象是完成一切操作的基本前提。3ds Max提供了多种用来选择的工具。

Select Object按钮只有单纯的选择对象功能。

Select by Name按钮可以通过在Select Objects对话框中设定选择物体的属性，然后选择物体的名字来选择物体。

Selection Region(选择区域)按钮可以设定选择区域的绘制方式。按住该按钮右下方的小三角，其弹出按钮共有5种选项可供选择。具体方法是首先设定一种区域选择方式，使用选择工具拖动鼠标以定义一个区域，在这个区域内或触及该区域的所有物体将被选中，这决定于区域选择的模式是交叉还是窗口（可在工具栏中通过 / 窗口/交叉选择开关进行设置）。

Select and Move按钮既可以选择物体又可以对物体进行移动操作。

Select and Rotate按钮既可以选择物体又可以对物体进行旋转操作。

Select and Scale按钮既 可以选择物体又可以对物体进行缩放操作。

(2) 空间捕捉及设置捕捉增量

捕捉是精确建模的重要保证，在3ds Max中包括位置捕捉、角度捕捉、百分比捕捉、微调器捕捉。通过工具栏的

图2-3-1 捕捉工具

捕捉控制按钮来控制。如图2-3-1所示。

在位置、角度、百分比任一捕捉按钮上击右键，会弹出Grid and Snap Setting对话框，如图2-3-2所示，利用该对话框，我们可以改变捕捉设置、捕捉增量，同时还能改变状态栏中栅格的大小设置。

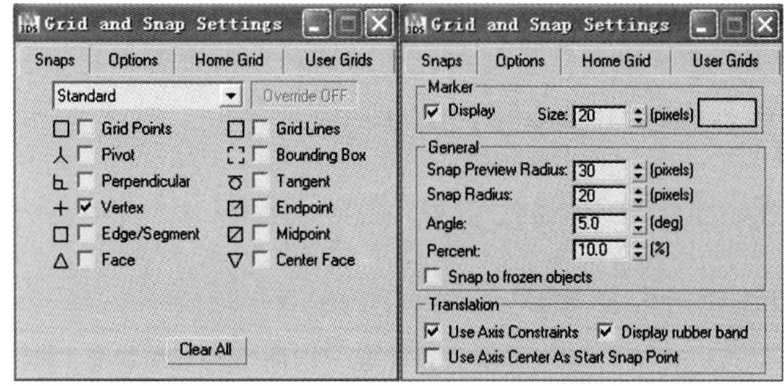

图2-3-2 捕捉设置对话框

在Snaps选项卡中共有12种标准捕捉类型，它们分别为：Grid Points（栅格点）、Pivot（轴心点）、Perpendicular（垂足）、Vertex（顶点）、Edge（边）、face（面）、Grid Lines（栅格线）、Bounding Box（边界框）、Tangent（切线）、Endpoint（端点）、Midpoint（中点）、Center Face（面中心）。需要何种捕捉方法只需勾选该项即可。

在Options选项卡中：Marker区用来设置捕捉光标的大小和颜色。General区中Snap Radius用于设置捕捉范围的大小，改变设置时，应考虑场景的复杂程度。场景越复杂，捕捉范围应越小，以保证捕捉的准确度。场景越简单，应设置大些，以便快捷地进行捕捉。Angle用于设置角度捕捉的增量数值，Percent用于设置百分比捕捉的增量数值。

(3) 对齐功能

Align(对齐)命令用以精确调整两对象间的位置。用鼠标按住Align按钮右下方的小三角不放会出现6个按钮，从上到下依次为对齐、快速对齐、法线对齐、灯光对齐、摄像机对齐和视窗对齐。在这6项中最常使用的是Align（基本对齐命令）。 通过弹出的Align Selection对话框将选中的对象与目标对象按照所设置的方式对齐。如图2–3–3所示。

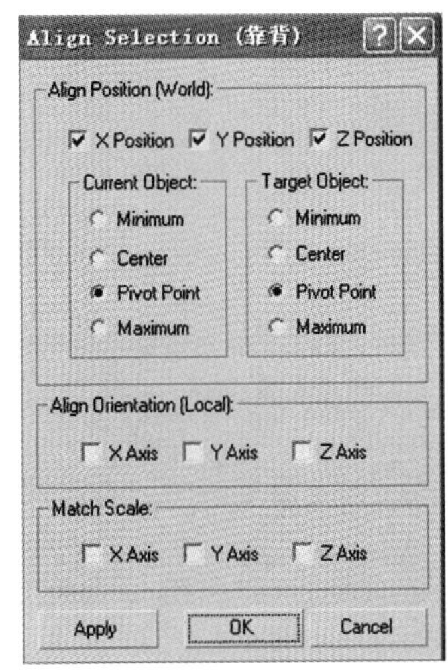

图2–3–3 对齐设置对话框

(4) 物体的复制

通常在物体被选择的情况下，单击鼠标右键，在快捷菜单中选择Clone选项；或者在移动、旋转等操作过程中同时按住Shift键，此时会弹出Clone Options对话框，如图2–3–4所示。在对话框中可以选择3种复制方式中的一种，并设置复制的数量以及为复制物体命名。

图2–3–4 克隆设置对话框

另外在物体被选择的情况下单击Mirror Selected Objects按钮，可对物体进行镜像复制。在Mirror对话框中可设置镜像对称轴，以及复制方式。如图2–3–5所示。

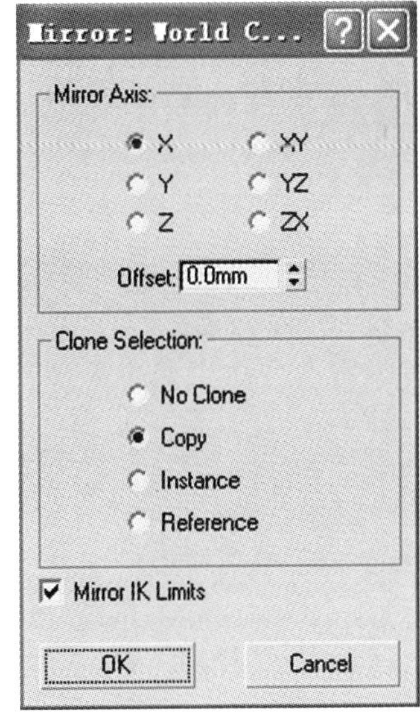

图2–3–5 镜像设置对话框

如果要大量有序地复制物体，可以使用阵列。在主工具栏上单击鼠标右键，从弹出的菜单中选取Extras，在随后出现的工具栏中单击Array按钮，弹出Array对话框。如图2–3–6所示。利用阵列命令可以对物体进行一维、二维、三维的复制操作，它的复制功能是十分强大的，适当使用阵列可以节省建模时间。

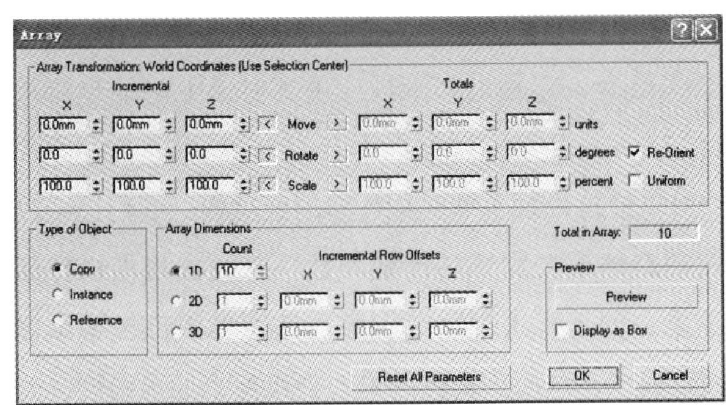

图2–3–6　阵列设置对话框

4. 建模与修改

3ds Max中提供了多种建模方法，比较常用的有基本对象建模、修改建模、放样建模、多边形建模、NURBS建模、面片建模。前四种是效果图建模使用较多的方法。

(1) 样条曲线和基本对象

在3ds Max中可以创建二维的线条图形，称为样条曲线。在效果图制作中，可以直接利用样条曲线渲染成体积线条；也可以通过Extrude、Lathe、Bevel等编辑修改器生成三维模型；另外，还可以在Loft功能中充当截面和路径。单击Create面板中的Shape图标，会出现Shapes控制面板，在面板中共有11种样条曲线类型。

在建模过程中，有些物体结构较简单，比如，房间的楼板，可直接看成一个长方体，而制作较为复杂的模型时，可分解成若干个简单的三维对象来看待，再由这些三维对象组合而成。3ds Max提供的基本对象创建功能可以快速地创建三维对象，是创建三维对象的首选方法。基本对象建模可分为Standard Primitives(标准几何体)、Extended Primitives(扩展几何体)。如图2-4-1所示。

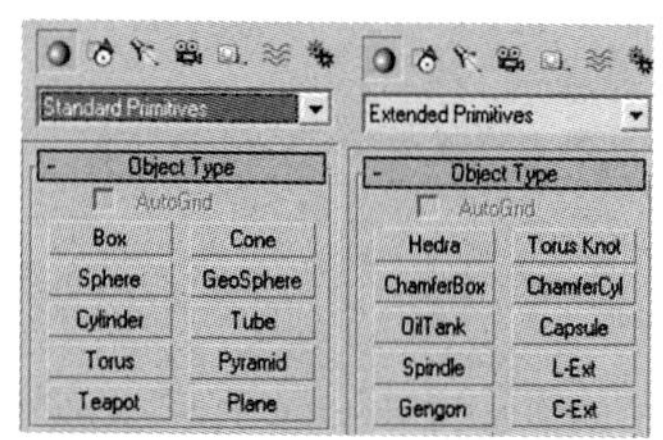

图2-4-1 物体类型

(2) 堆栈和次对象

图2-4-2 堆栈

使用基本对象创建工具只能创建一些简单的模型。如果想修改模型，使其有更多的细节，就要进入修改命令面板修改参数或使用编辑修改器。通常一个模型可以使用多个编辑修改器。要应用编辑修改器就要理解堆栈的概念。

堆栈在修改命令面板中位于Modifier List（修改编辑器列表）下方。如图2-4-2所示。堆栈简而言之就是一系列编辑修改器的集合，它是用来管理应用到对象上的编辑修改器的工具。

我们可以通过堆栈了解对象创建的全过程，我们还可以通过堆栈动态地改变物体的创建参数，每一次建模操作都存储在那里，便于再次调整或删除。还可以将许多编辑修改器加入堆栈中，从而为物体的修改提供更大的灵活性。

堆栈中的每一步都将占据内存，为了节约存储空间我们可以将对象的所有修改记录合并，转化为Editable Mesh（可编辑网格物体）。这一过程被称为Collapse(塌陷)。执行塌陷后的场景对象我们将无法修改其长、宽、高等创建参数，而且塌陷也难于使用Undo功能来恢复，因此使用前最好先存盘备份，以免造成不必要的损失。要塌陷堆栈只需在堆栈区单击鼠标右键，即可在编辑堆栈列表中找到塌陷命令。

一个三维模型创建后通常需要经过一定的细节修改才能达到建模要求。所以编辑物体的次对象是经常用到的。

次对象就是组成物体的次级对象，它可以是节点、面、边界、样条曲线，也可以是线条或面片。要对物体的次对象进行编辑就要选择一个能访问所要编辑的次对象的编辑修改器。如对于样条曲线物体使用Edit Spline，对于网格物体使用Edit Mesh。

在对物体的次级对象进行编辑时，选择适当的次对象层级进行编辑，可以大幅度提高建模的灵活性和准确性。

(3) 建模常用编辑修改器

建模时，通常我们先创建一个基本形状对象，然后再对其外形进行适当的修改。3ds Max中提供了丰富的编辑修改器，可以通过修改命令面板的Modifier List下拉菜单进行选择。

① Edit Spline（**样条曲线编辑修改器**）

这是针对二维平面图形的一个编辑修改命令。如图2-4-3所示。在面板中，可以选择对不同层级的次物体进行编辑修改。组成二维图形的次物体即Vertex（点）、Segment（线段）、Spline（样条曲线），通过对不同层级的次物体的选择及编辑修改可以制作出较复杂的图形细节。

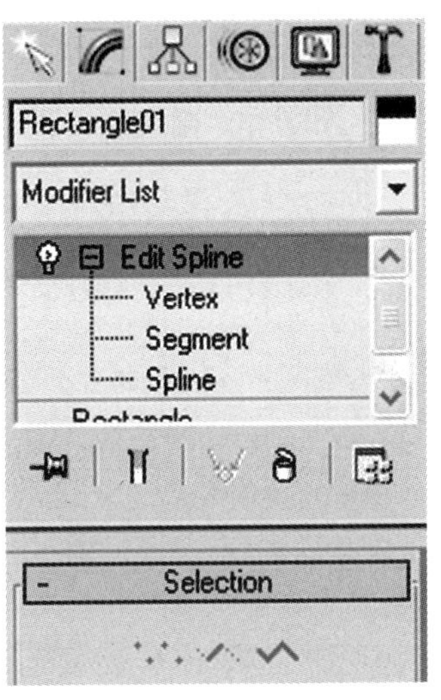

图2-4-3 Edit Spline修改器

② Edit Mesh(**网格对象编辑修改器**)

网格建模是大多数三维制作软件采用的经典建模方式。

3ds Max中不能直接创建网格物体，但可以把其他建模方式创建的对象转化为网格物体。如把标准几何体转化为可编辑网格物体。我们可以通过在被选择物体上单击右键，在弹出菜单里选择Convert to EditableMash，但是这样几何体被塌陷，无法再编辑原始参数。所以当我们需要保留原始参数时就必须使用Edit Mesh编辑修改器，通过它我们可以访问不同的次物体层级，对物体进行修改编辑，从而产生出理想的物体模型。该修改器可编辑的次物体层有Vertex（顶点）、Edge（边）、Face（面）、Polygon（多边形）和Element（元素）。

③ Edit Poly(**多边形对象编辑修改器**)

3ds Max中同样不能直接创建多边形物体，但也可以通过转换得到多边形物体。方法是在被选择物体上单击右

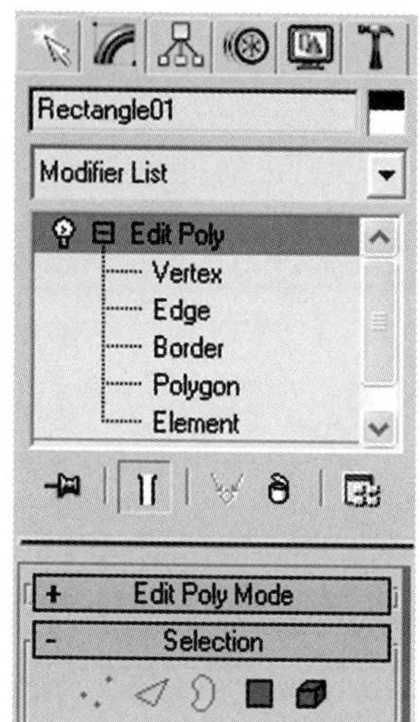

图2-4-4 Edit Poly修改器

键，在弹出菜单里选择Convert to EditablePoly，要保留原始参数时可以使用Edit Poly编辑修改器，多边形建模的方法类似于网格物体建模，但是网格物体一般是对四边形面进行编辑，而多边形物体的次级结构面可以具有任意多个节点。该修改器可编辑的次物体层有Vertex（顶点）、Edge（边）、Border（边缘）、Polygon（多边形）和Element（元素）。如图2-4-4所示。

④ Bend（**弯曲**）

通过这个修改器，可以对物体进行不同程度、不同方向的弯曲。

⑤ Extrude（**拉伸**）

通过在这个修改器中的设置，可以为二维图形增加厚度，使之突出成为一个三维实体。

⑥ Bevel（**倒角**）

这个修改器可以拉伸二维图形，使其增加厚度，并可在边界上产生倒角。如图2-4-5所示。

图2-4-5 使用Bevel修改器

⑦ Bevel Profile（**轮廓倒角**）

类似于Loft放样，通过一个平面图形和一条倒角路径生成物体。如图2-4-6所示。

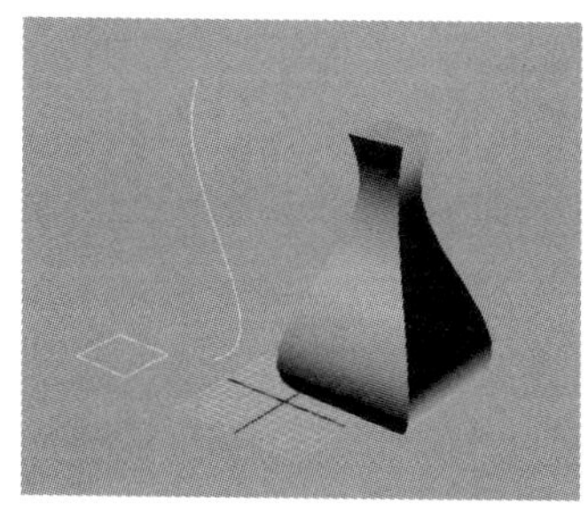
图2-4-6 使用Bevel Profile修改器

⑧ Lathe（**旋转**）

此修改工具通过旋转一个二维图形或NURBS曲线来产生三维造型。如图2-4-7所示。

⑨ FFD（**自由变形修改**）

利用它可以使网格对象产生平滑一致的变形。前提是这个网格对象必须具备足够的片段数。

⑩ MeshSmooth（**网格光滑**）

此修改器常用于对物体表面进行光滑处理，使物体尖锐的表面变得柔和。3ds Max7后新增TurboSmooth功能，效果与MeshSmooth类似，不过它拥有更为优秀的平滑算法，调节更流畅，速度更快。

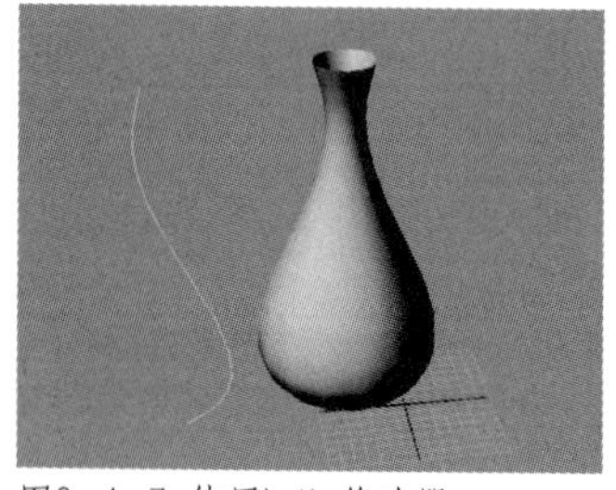
图2-4-7 使用Lathe修改器

⑪ Symmertry（**对称**）

常用于创建对称的物体模型。

⑫ Skew（**偏斜**）

使物体在指定的轴向上产生偏斜变形。

⑬ Taper（导边）

此修改工具通过缩放物体的两端而产生锥形轮廓，并可对轮廓添加曲线效果。如图2-4-8所示。

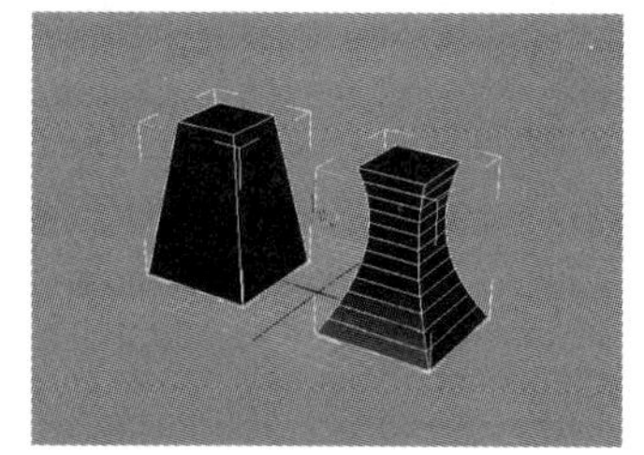

图2-4-8 使用Taper修改器

(4) 布尔运算

在3ds Max中布尔运算是三维建模中必不可少的方法。如图2-4-9所示的效果图中建筑物的门窗。

图2-4-9 使用布尔运算

1847年英国数学家乔治·布尔归纳出了两个相交物体的所有可能性，并以他的名字命名这种逻辑运算，即称为布尔代数。这种可能性共有3种：

Union(并集)：融合两个运算对象，合并生成新的对象。在制作建筑模型时，该方法较少使用。

Subtraction(差集)：即将一个运算对象减去另一个运算对象所剩下的部分。在建筑模型中，该方法使用最多。

Intersection(交集)：保留两运算对象的重叠部分。一般用于单一构件创建。

如果在场景中有激活的三维对象，并且与该三维对象存在相交的其他三维对象，布尔运算即可使用。

3ds Max9以后的版本新增加了ProBoolean（高级布尔运算)，在使用上和Boolean基本是一样的，但Boolean常常会有出错的问题，而ProBoolean的物体模型的精确度却很高，所以成为建模时常用的运算方法。

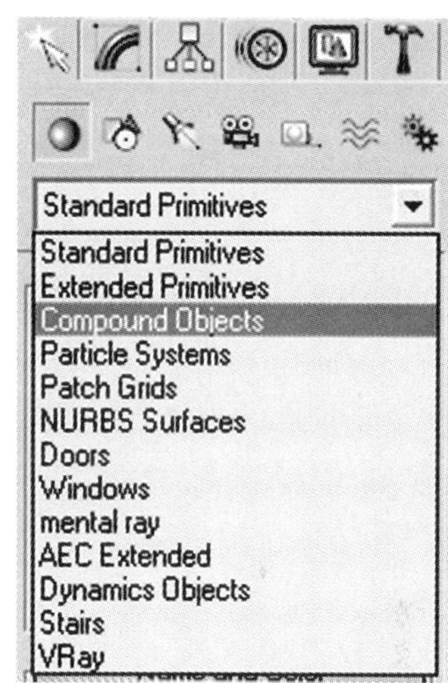

图2-4-10 选择复合物体类型

(5) Loft放样

二维图形通过Loft放样可以生成较为复杂的三维模型。和编辑修改器不同的是，放样不仅需要绘制出截面(Shape)图形，还必须有一个样条曲线作为路径(Path)。相对前面提到的两个修改器，可以说Extrude是给了截面一条直线路径，Lathe是给了截面一个圆形路径。而Loft却可以给截面各种形状的路径。可想而知，通过Loft，我们可以制作出多么丰富的三维模型啊！

在创建Geometry（几何体）命令面板的物体类型下拉列表中选择Compound Objects项(图2-4-10)，在Object Type栏中单击Loft按钮，可进入Loft参数面板。如图2-4-11所示。

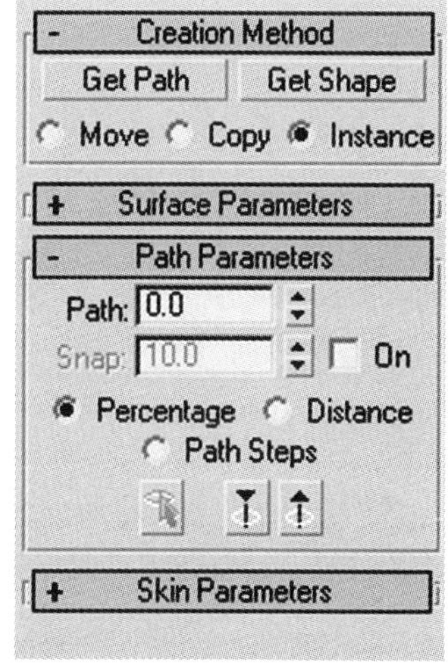

图2-4-11 loft参数面板

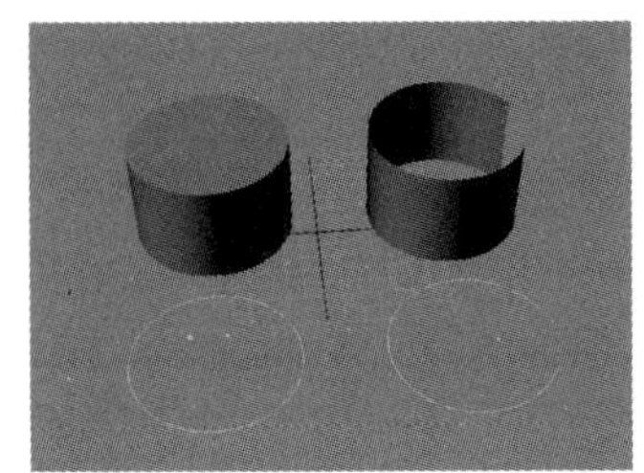

图2-4-12 封闭与开放图形的放样

要注意的是Loft放样对Shape（形状）和Path（路径）图形也有一定的要求。一般来说，以封闭图形为Shape生成的放样对象是一个“标准”的实体。在效果图制作中常用来生成一些曲折的线条物体。而非封闭图形充当Shape生成的放样对象只是一个面。如图2-4-12所示。在效果图制作中使用非封闭图形可生成薄面物体，如窗帘、桌布等；另外Shape图形不能有自交现象；截面为复合图形时不同截面间的嵌套顺序应保持一致。

对于Path（路径）的要求要比Shape（形状）简单一些，所有的直线、曲线、闭合图形或非闭合图形只要它不是复合图形均可作为路径使用。

我们前面两次提到了复合图形，那么，什么是复合图形呢？一个图形中包含两个或两个以上的形状就是复合图形。例如，一个圆内嵌套一个方形，这样的图形被称为复合图形。因为作为路径的曲线只能有一个起点。而复合图形有两个以上的起点，所以使用复合图形作为路径将无法放样。

本章重点与习题：

1．如何设定系统单位？它与建模有什么关系？
2．3ds Max中有哪些常用的基本操作工具？
3．什么是编辑修改器？
4．什么是样条曲线？
5．什么是布尔运算？
6．什么是Loft放样？

第三章 效果图建模

建模是制作电脑效果图的基础。本章将通过建模实例，以下帮助读者循序渐进地掌握各种建模方法。

1. 茶几与沙发椅

本小节通过一组造型简洁的沙发、茶几的制作练习，了解基本物体建模方法。

(1) 玻璃茶几的制作

① 在Create (创建)命令面板的Shapes(形状)选项面板中，选择Object Type (物体类型)卷展栏下的Rect-angle按钮(图3-1-1)，按住shift键，在Top视图中按住鼠标左键拖拽创建一个正方形，在Parameters参数栏设置Length：1000mm；Width：1000mm。如图3-1-2所示。

提示：在建模前要设置好统一的系统单位。避免创建的模型尺寸不一致。具体参见第二章。

技巧：配合shift键的使用可以创建正圆、正方等图形或三维物体。

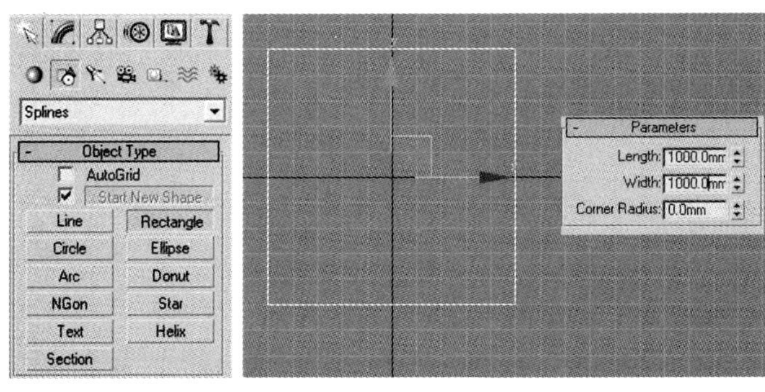

图3-1-1选择类型　　图3-1-2 创建矩形并设置参数

② 在修改命令面板的Modifier List（修改编辑器列表）中选择Edit Spline修改器。在堆栈中单击Edit spline左侧的加号，展开次级列表，选择Spline。在命令面板中的Geometry卷展栏下设置Outline的值为12mm。如图3-1-3所示，结果如图3-1-4所示。

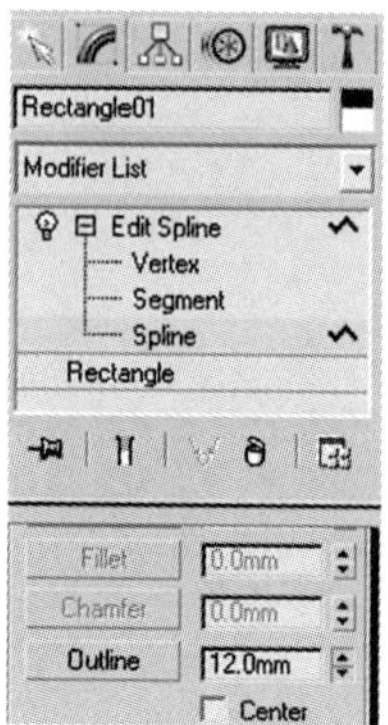

图3-1-3 spline次级对象编辑

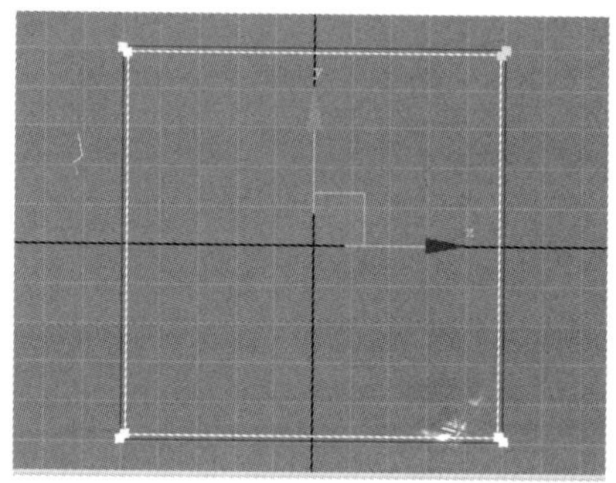

图3-1-4 Outline后的结果

提示：要养成为创建好的物体命名的习惯。这样便于之后物体的选择与编辑。

③ 在堆栈中再次单击Spline选项，退出次级对象编辑状态。在Modifier List（修改编辑器列表）中选择Extrude修改器，在Parameter参数栏设置Amount值为40mm。在名称栏中命名为“外框”。如图3-1-5所示。台面外框完成。

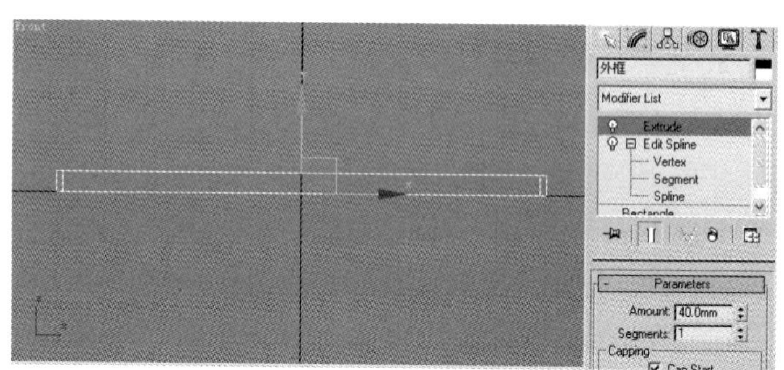

图3-1-5 拉伸出厚度

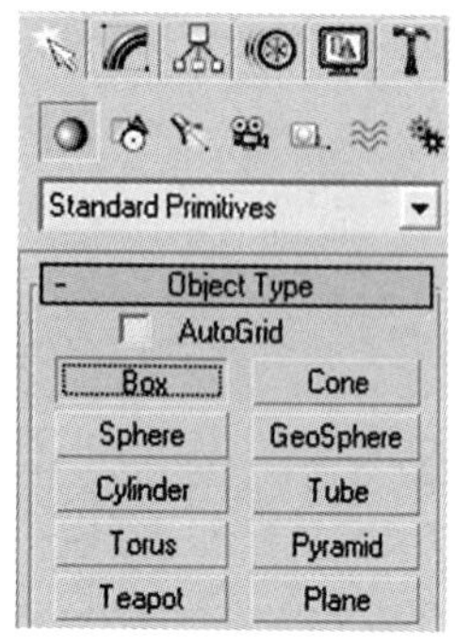

图3-1-6 选择创建类型

④ 接着制作台面玻璃。在Create（创建)命令面板的Geometry(几何体)选项面板中，选择Object Type(物体类型)卷展栏下的Box按钮(图3-1-6)，在工具栏中（三维捕捉按钮）上单击右键，在弹出的Grid and Snap Settings对话框中设置捕捉选项为Vertex（图3-1-7)。

图3-1-7 捕捉设置

⑤ 在Top视图中捕捉外框内角点，随意拉出高度创建一个方形物体。在名称栏中命名为“玻璃”。修改参数

Height为−10mm,如图3−1−8所示。再次单击捕捉按钮，关闭捕捉。

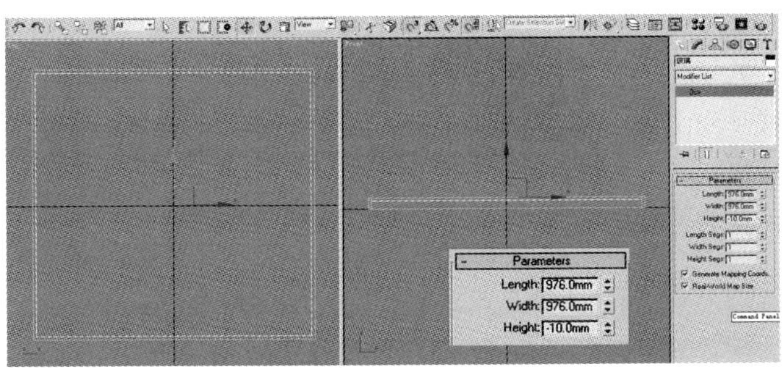

图3−1−8 通过设置捕捉精确创建物体

提示： 捕捉工具用于在对象创建和修改时进行精确定位。按住Snaps Toggle按钮不放，会弹出三种可供选择的按钮。角度捕捉可以设定每次旋转的角度。在捕捉工具上单击右键会弹出捕捉设置对话框，可根据不同情况做不同设置。

⑥ 下面制作茶几支架。在Create（创建)命令面板的 Geometry(几何体)选项面板中，选择Object Type(物体类型)卷展栏下的Cylinder按钮,在视图中创建一个圆柱体，命名为“支架01”，参数设置如图3−1−9所示。位置如图3−1−10所示。

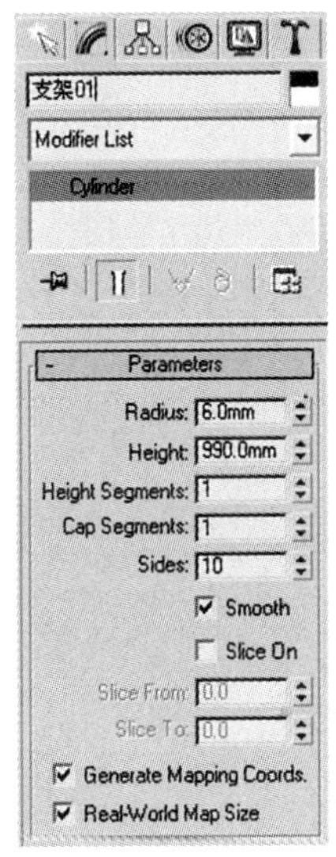

图3−1−9 参数设置

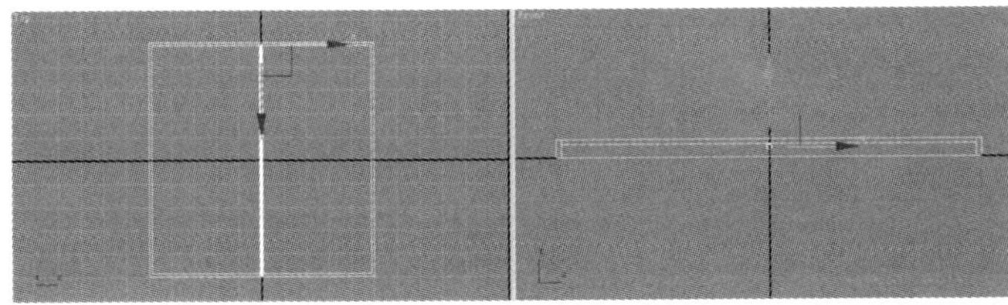

图3−1−10 创建Cylinder物体并调整位置

⑦ 在工具栏上选择 Use Selection Center(选择集中心）工具，使物体的轴心位置置于物体中心。

⑧ 选择工具栏中的 Select and Rotate（选择与旋转）工具，并打开工具栏上的 角度捕捉按钮。按住Shift键，在Top视图中旋转“支架01”90度，拷贝出“支架02”。在弹出的Clone Options对话框中选择Instance选项。如图3−1−11所示。

提示： 在工具栏上按住 Use Selection Center不放会弹出三种中心点设置供选择。选择不同的中心点设置，物体变换操作时的轴心位置就会有参照变化，可以根据实际情况选择不同的中心点设置，使物体编辑更为灵活。

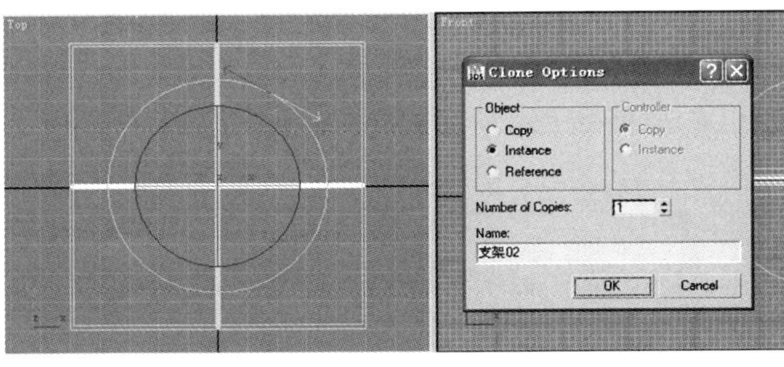

图3−1−11 旋转并拷贝

⑨ 在工具栏上选择 Use Pivot Point Center(选择集中心）工具，使用对象自身轴心。

⑩ 在工具栏上打开 角度捕捉，设置Reference Coordinate Systm(参考坐标系统)为Local（局部）。按住Shift键，在Top视图中锁定Z轴旋转“支架01”45度，拷贝出“支架03”。在弹出的Clone Options对话框中选择Copy选项。如图3-1-12所示。

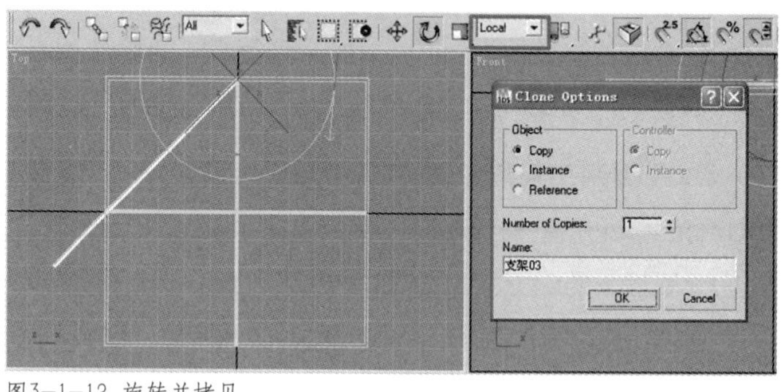

图3-1-12 旋转并拷贝

⑪ 在Top视图中，锁定X轴旋转“支架03”50度，在修改命令面板中，修改参数Hight：550mm,改变“支架03”的长度。如图3-1-13所示。

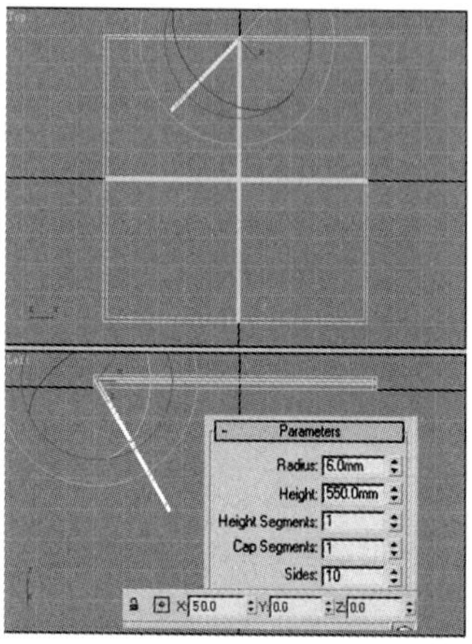

⑫ 选择 层级命令面板，击活Adjust Pivot栏下的Affect Pivot Only按钮(图3-1-14)，移动编辑“支架03”轴心点的位置到另一顶端，如图3-1-15所示。然后单击Affect Pivot Only退出轴心编辑状态。

图3-1-13 锁定X轴旋转

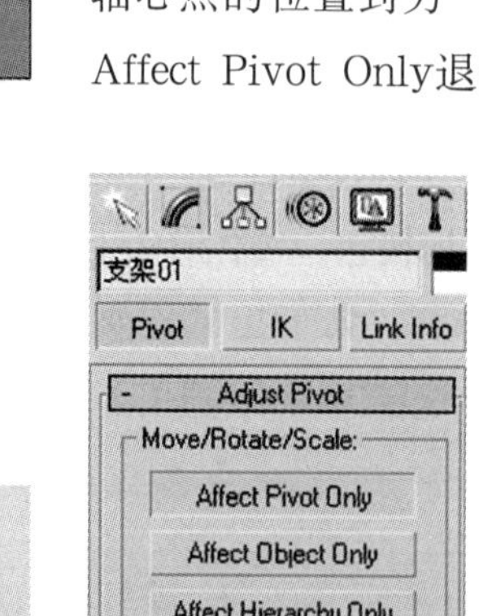

图3-1-14设置轴心位置

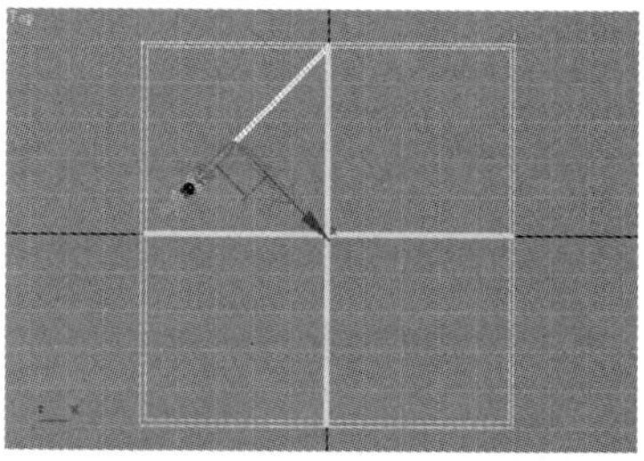

图3-1-15改变轴心点位置

提示： 根据需要设置不同的参考坐标系统可以使物体的编辑更为灵活方便。Local坐标系统是物体对象以自身的坐标位置为坐标中心的坐标系统。

⑬ 在工具栏中设置Reference Coordinate Systm(参考坐标系统)为View 。按住Shift键，在Top视图中锁定Z轴旋转“支架03”45度。在随后弹出的Clone Options对

话框中选择Instance选项，并设置拷贝数为3。按OK确认。如图3-1-16所示。

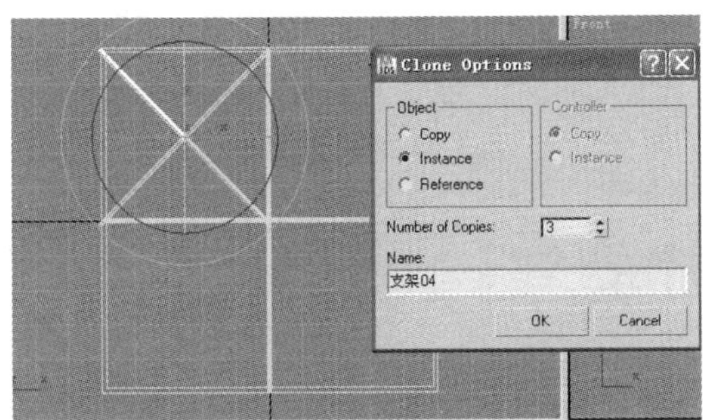

图3-1-16 绕Z轴旋转并拷贝

⑭ 在Top视图，支架相交的底端创建一个半径和高均为15mm的Cylinder物体，命名为“脚垫”。如图3-1-17所示。

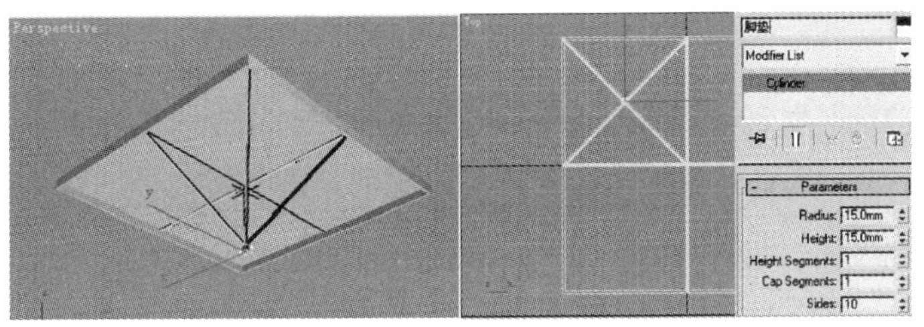

图3-1-17 创建圆柱形脚垫

⑮ 选择四条交叉的支架（支架03、04、05、06）和脚垫，使用移动工具，按住Shift键，分别锁定X、Y轴，移动复制底部支架，在Clone对话框中设置复制方式为Instance。如图3-1-18所示。

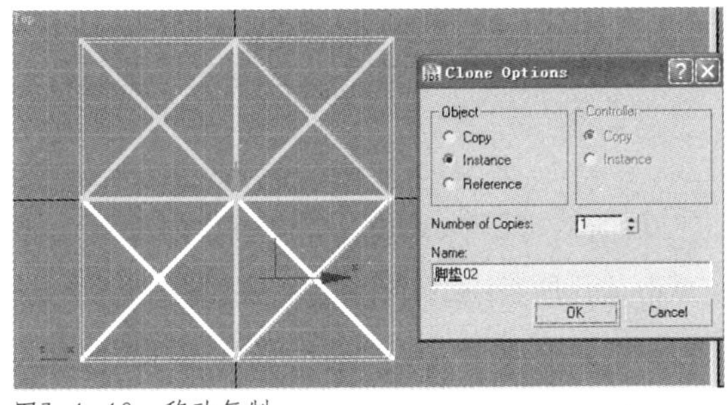

图3-1-18 移动复制

⑯ 选择工具栏中的Select by Name工具，在弹出的Select frome Scene对话框中选择除玻璃外的所有物体（图3-1-19），按OK，选中整个茶几框架。进入Group菜单选择Group选项，在弹出的对话框中为群组命名为“茶几框架”。

提示：

(1) 要选择一个以上的物体时，可以按住Ctry键点选多个物体，也可以通过框选（拉选择框）的方式选取。框选时可以配合工具栏上的Window/Crossing按钮来设定是否在选取框内的物体被选中或选框穿过的物体都被选中。

(2) 复制物体时以Copy方式复制的对象副本是完全独立的，和原对象在修改时不会相互影响。Instance方式复制的副本与原对象修改时有相互影响的关系。Reference方式复制的副本对象不会影响原对象，但原对象的修改会影响复本对象。

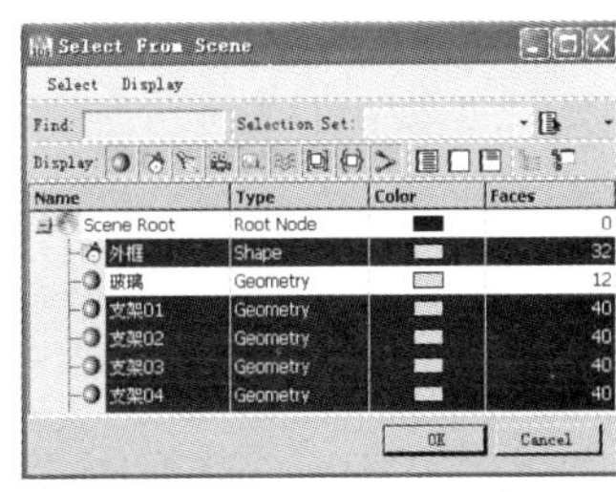

图3-1-19 Select by Name工具

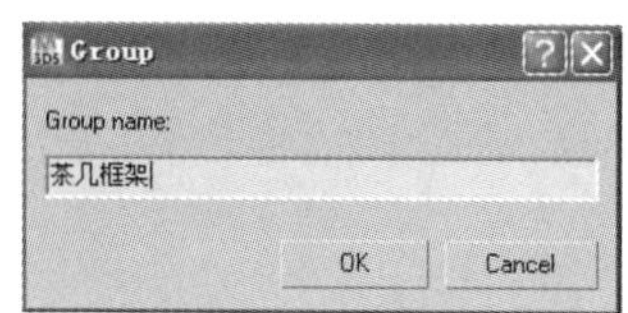

图3—1—20　为群组命名

提示： 给同类物体设置群组，便于选择，便于统一编辑。如为相同材质的物体设置群组，可以很容易改变整组物体的材质。但是要修改群组中的个别物体时，必须在群组菜单中选择Open或Ungroup，打开或解散群组。

如图3—1—20所示。赋予材质后如图3—1—21所示。

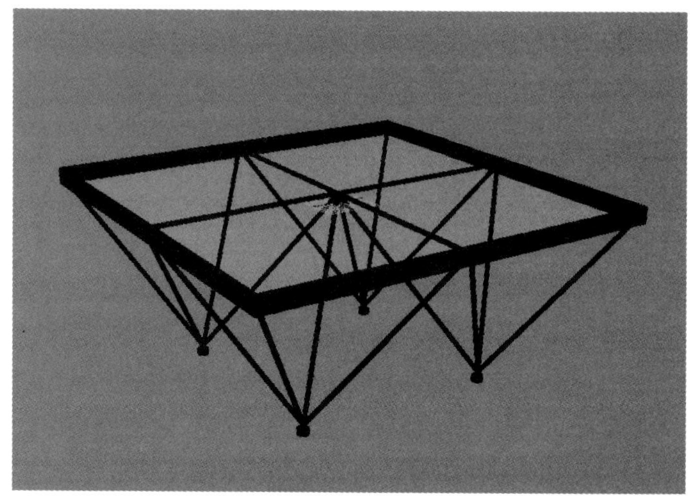
图3—1—21　材质效果

(2) 沙发的制作

① 为沙发设置新图层，选择工具栏上的Manage Layer（层管理器）工具，在弹出的层对话框中单击Great New Layer（新建层）按钮，在新建的Layer01上双击鼠标左键，修改层名称为“沙发”。单击Color下的颜色图标，设置与茶几不同的层颜色。如图3—1—22所示。

提示： Layer工具主要用于组织场景中的对象。该功能是依据在建筑建模过程中的习惯而设计的，允许通过把物体进行不同的逻辑分组来成组物体。

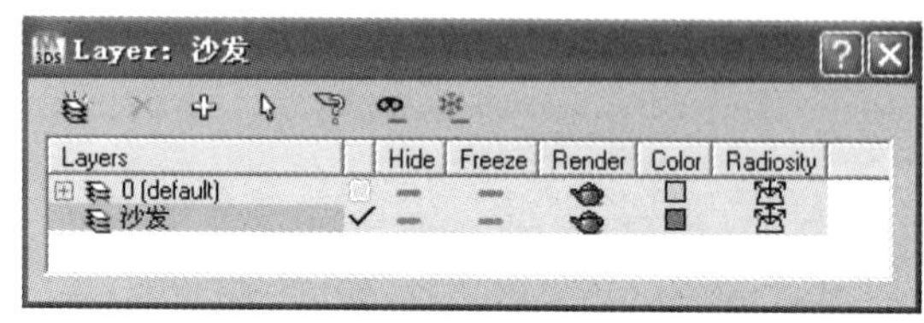

图3—1—22　图层管理

② 为方便沙发的观察制作，可以先隐藏茶几。在层对话框中，点击茶几所在层的Hide（隐藏）栏，该图层上的物体被隐藏，如图3—1—23所示。（再点隐藏图标恢复显示）

图3—1—23　隐藏图层

③ 勾选沙发层，在Create（创建)命令面板的Geometry(几何体)选项面板中，选择Object Type(物体类型)卷展栏下的Box按钮,在Top视图创建一个Box物体，命名为“扶手”。创建扶手木条。参数设置如图 3－1－24所示。

④ 在“扶手”上单击鼠标右键，在快捷菜单中选择Clone选项，在弹出Clone Options对话框中设置复制方式为Instance，按OK确认。原地复制出“扶手01”。

⑤ 在工具栏的移动工具上单击鼠标右键，在弹出的Move Transform Type－In对话框中设置Y轴的Offset值为900mm。如图3－1－25所示。使“扶手01”向上移动900mm。关闭对话框。

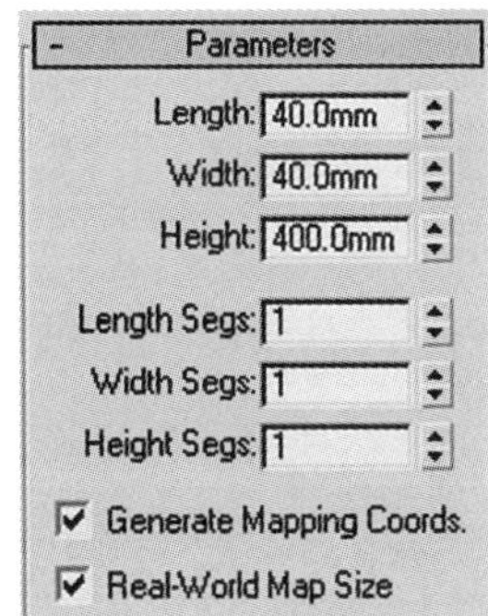

图3－1－24 参数设置

提示：在移动、旋转、缩放等工具上击右键，会弹出参数设置对话框，通过输入数值的方法，可以使建模更为精确。

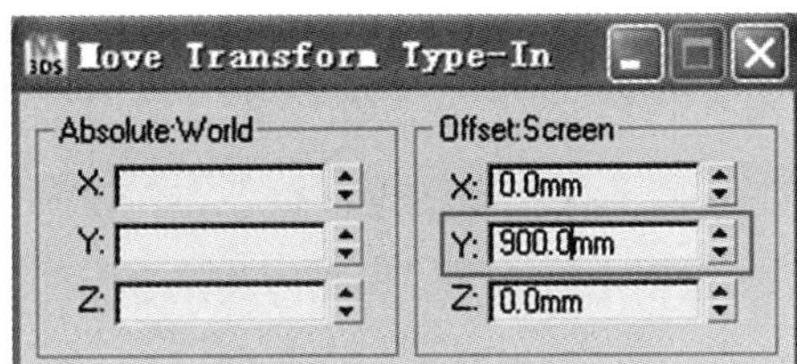

图3－1－25 设置Y轴位移参数

⑥ 选择“扶手”和“扶手01”，参照上面两步，原地复制。然后在Move Transform Type－In对话框中设置X轴的Offset值为450mm。如图3－1－26所示。

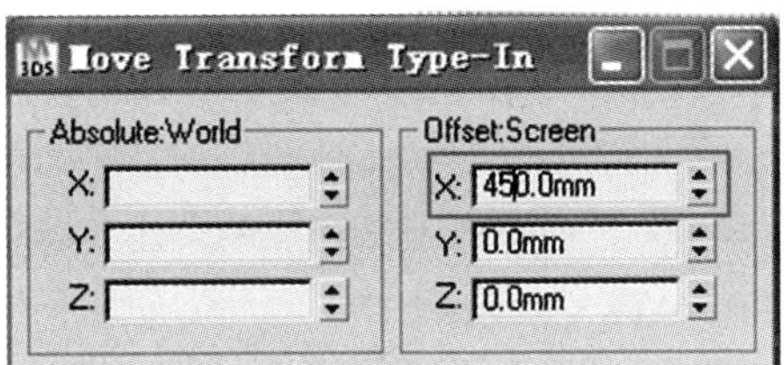

图3－1－26 设置x轴位移参数

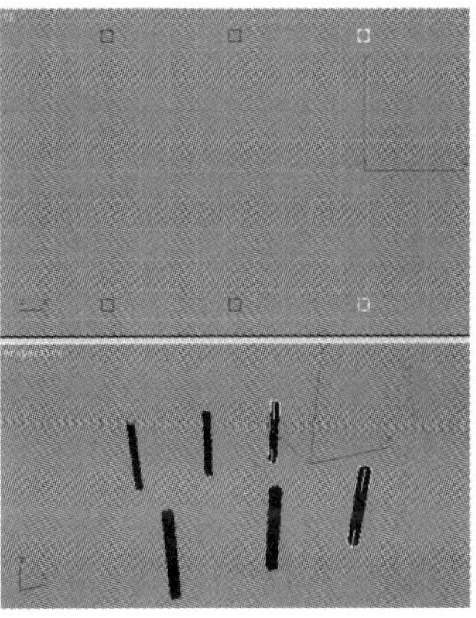

图3－1－27 复制并向右移动450mm

⑦ 重复上一步。如图3－1－27所示。

⑧ 再次原地复制扶手，复制方式为Copy。击活Front视图，在工具栏上选择Use Pivot Point Center(对象轴心)，在工具栏的旋转工具上单击鼠标右键，在弹出的Rotate Transform Type－In对话框中设置Z轴的Offset值为49。并在修改命令面板中修改Hight参数为600mm。如图3－1－28所示。

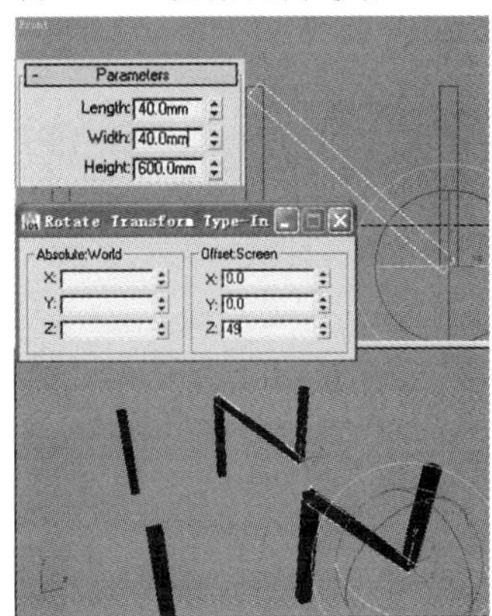

图3－1－28 复制并旋转49度。

⑨ 在工具栏中选择Mirror（镜像）工具，参数设置如图3－1－29所示，Offset值为－900mm。

图3－1－29 镜像复制

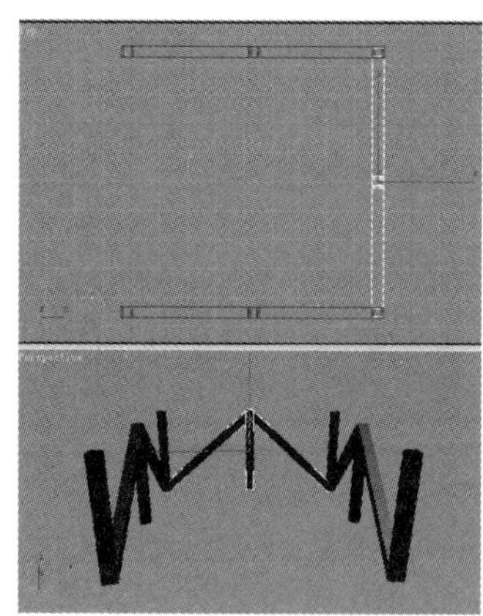
图3－1－30 旋转并复制

⑩ 选择一侧中间三个木条，在工具栏上选择Use Selection Center(选择集中心），打开角度捕捉，按住Shift键旋转90度，复制方式为Instance。把复制的木条移至右侧。如图3－1－30所示。

⑪ 在工具栏上打开三维捕捉，在创建命令面板选择Box，在Top视图中通过捕捉顶点创建扶手上部的木条。修改Hight值为40mm。如图3－1－31所示。

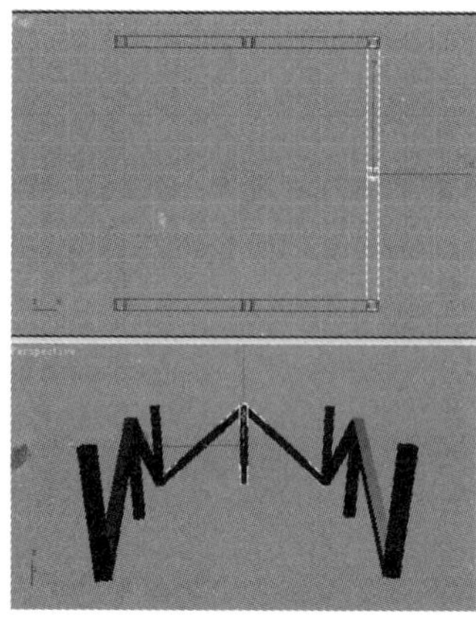
图3－1－31 通过捕捉创建上部木条

⑫ 用同样的方法创建沙发底板。修改Hight值为60mm，命名为“底板”。移至底部。如图3－1－32所示。

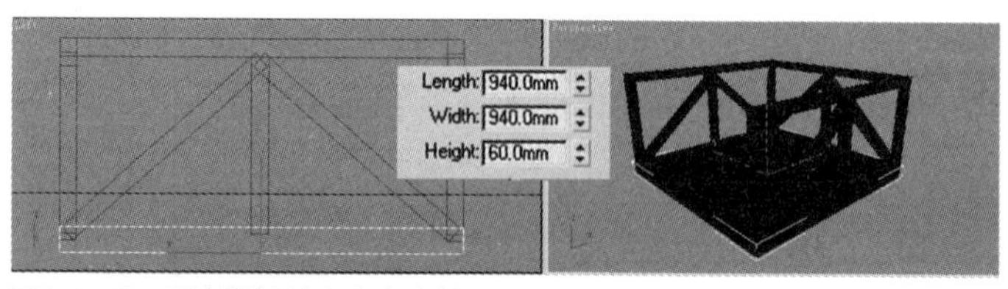

图3－1－32 通过捕捉创建沙发底板

⑬ 关闭捕捉，在底板下方创建两个Box物体，参数设置及位置如图3－1－33所示。

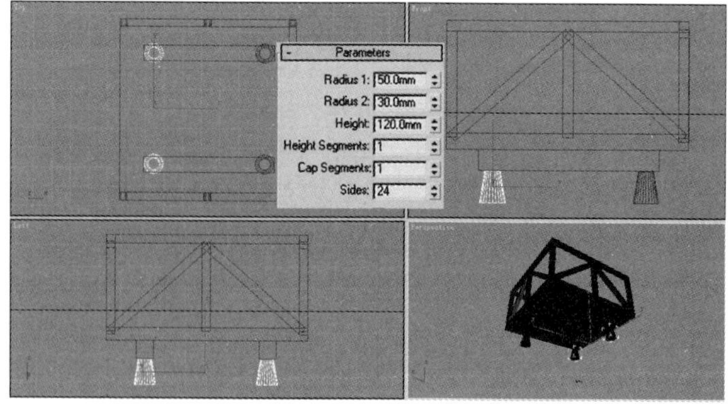

图3－1－33 创建Box物体及参数设置

⑭ 在几何体创建命令面板中选择Cone（锥体），创建沙发四脚。参数设置及位置如图3-1-34所示。

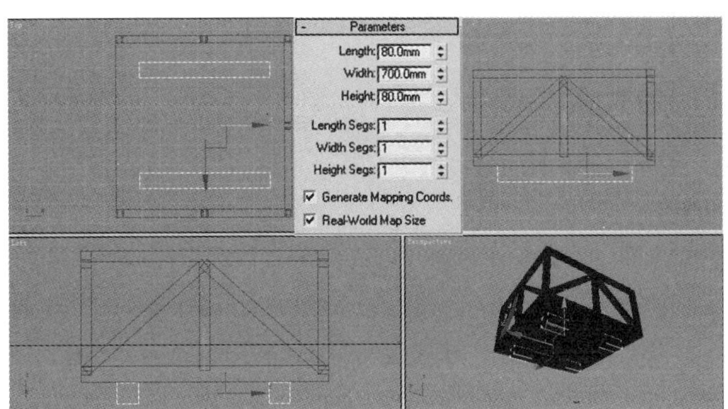

图3-1-34 创建Cone物体及参数设置

⑮ 在几何体创建命令面板选择Extended Primitives（扩展几何体）对象类型中的ChamferBox，在Top视图中创建一个倒角矩形。命名为“坐垫”。参数及位置如图3-1-35所示。

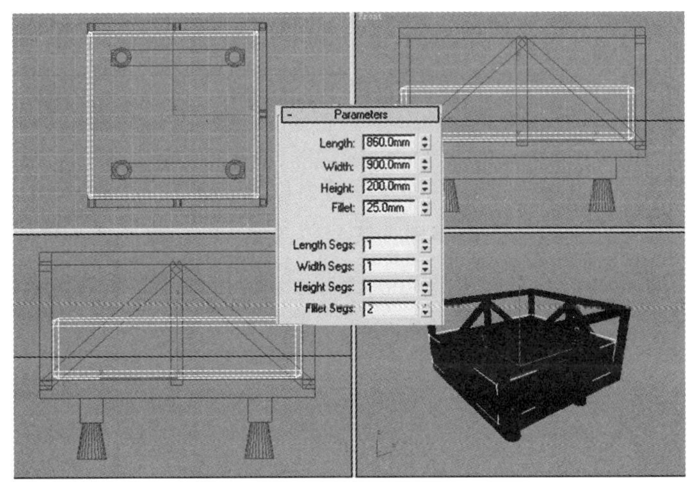

图3-1-35 创建一个倒角矩形

⑯ 用同样方法创建沙发靠背。具体位置及参数设置如图3-1-36所示。

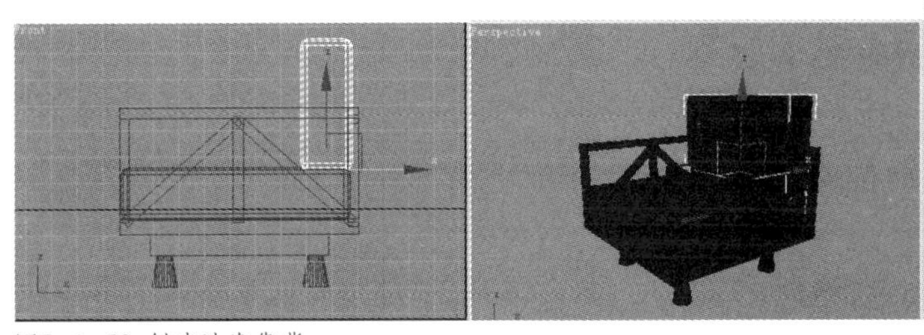

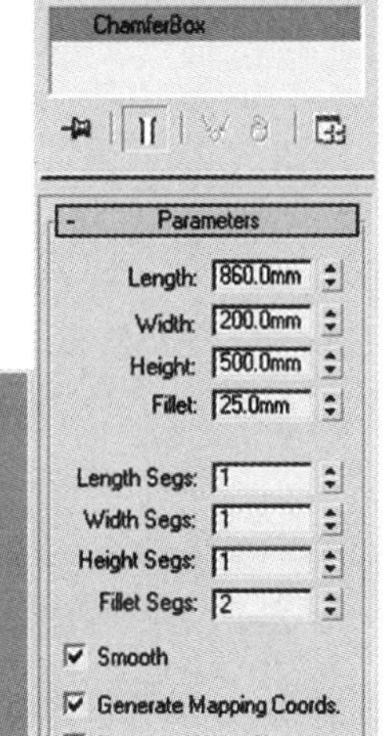

图3-1-36 创建沙发靠背

⑰ 在层工具对话框中单击茶几图层的隐藏图标，取消茶几的隐藏。调整茶几与沙发的位置，并镜像复制沙发。图3-1-37为最终的材质渲染效果(见P151页彩图）。

2. 中式餐桌椅

通过本小节的建模练习，将学习使用Loft放样与布尔运算建模。

(1) 餐桌的制作

① 这次我们学习直接使用参数输入法创建物体，击活Top视图，在创建几何体命令面板选择Box，在Keyboard Entry卷展栏输入参数，如图3-2-1所示。按Create按钮确认后视图中将自动创建一个设定了大小与空间位置的Box物体。

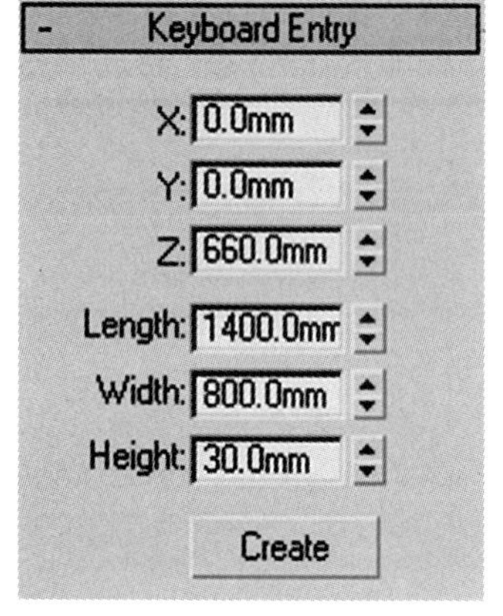

图3-2-1 创建参数设置

② 在Create（创建)命令面板的Shapes(形状)选项面板中，选择Object Type(物体类型)卷展栏下的Rectangle按钮，打开工具栏上的三维捕捉，确认设置为Vertex顶点捕捉，在Top视图捕捉刚才创建的Box的四个顶点，创建一个矩形。

③ 在修改命令面板修改名称为“桌面”。在Modifier List（修改编辑器列表）中选择Bevel修改器，选取Parameters卷展栏中的Smooth Across Levels选项，在Belve Values卷展栏下设置倒角参数。如图3-2-2所示。

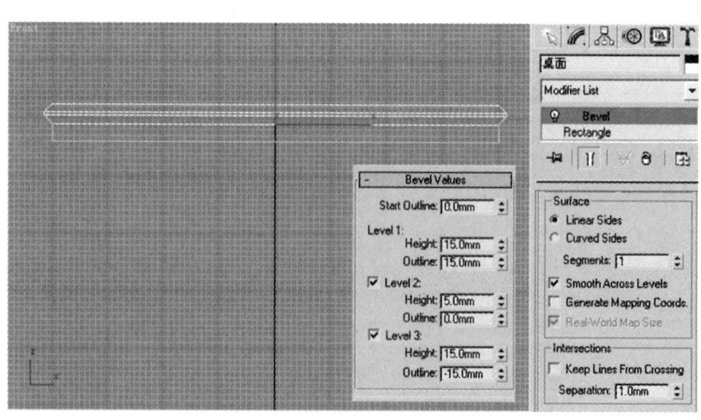

图3-2-2 使用Bevel修改器

④ 关闭捕捉，在创建几何体命令面板选择Cylinder，在Top视图中创建圆柱物体，命名为“桌脚”。参数及位置如图3-2-3所示。并复制另外三个桌腿，复制方式为Instance（关联）。如图3-2-4所示。

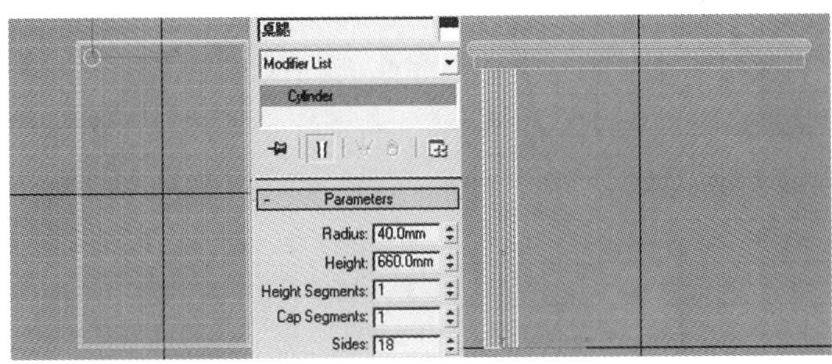

图3-2-3 创建圆柱体

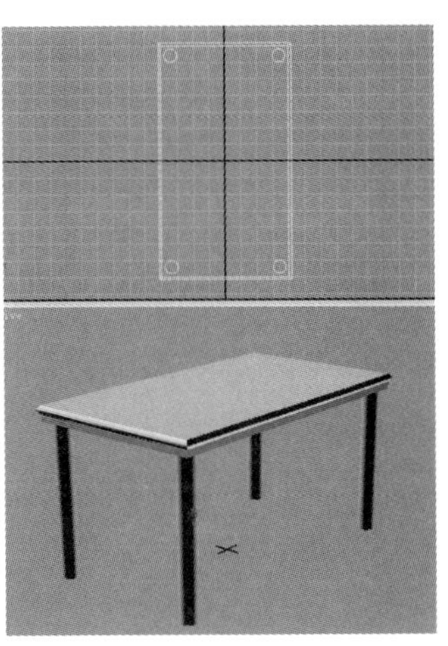

图3-2-4 复制圆柱体

⑤ 在创建形状命令面板选择Line，在Front视图中创建图形。如图3-2-5所示。

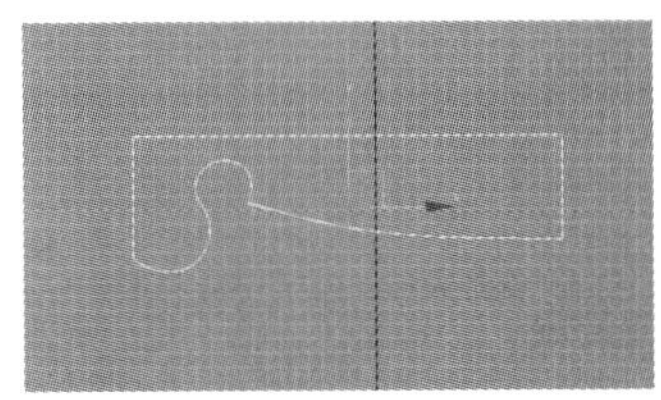

图3-2-5 创建Line图形

⑥ 在Modifier List（修改编辑器列表）中选择Extrude修改器，在Parameter参数栏设置Amount值为20mm。在名称栏中命名为“构件”。如图3-2-6挤出厚度。

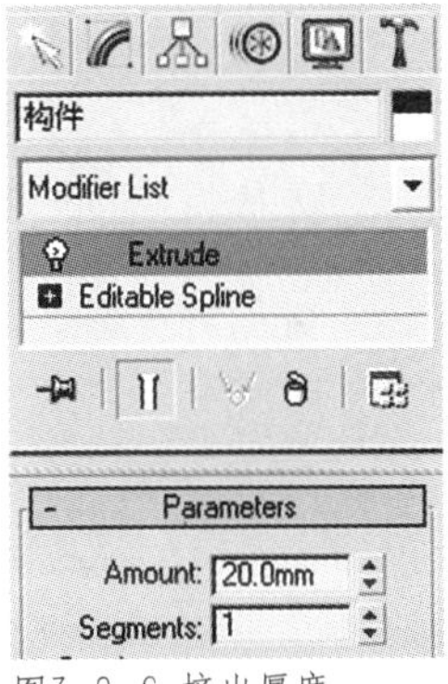

图3-2-6 挤出厚度

⑦ 在Modifier List（修改编辑器列表）中选择Symmetry修改器，在Parameters卷展栏中选择X轴，勾选Flip。在堆栈中单击Symmetry左侧的加号展开，点选Mirror，使之亮黄显示，在Front视图中沿X轴向右移动镜像轴，如图3-2-7所示。再次单击Mirror，退出镜像轴编辑状态。

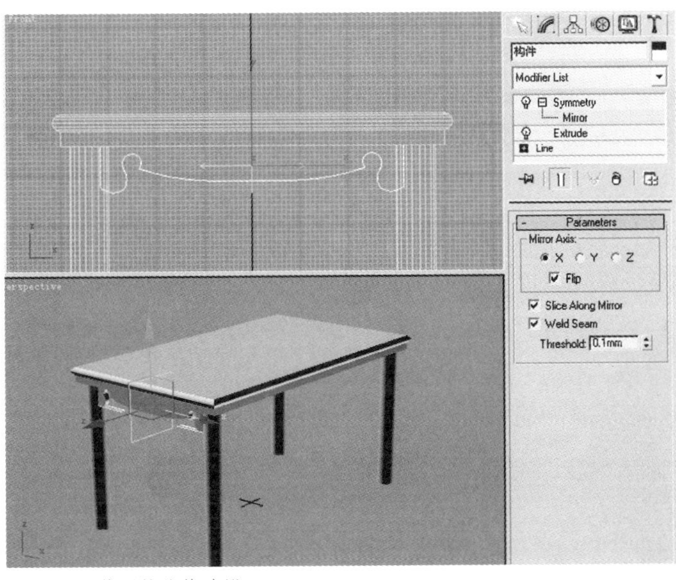

图3-2-7 使用镜像修改器

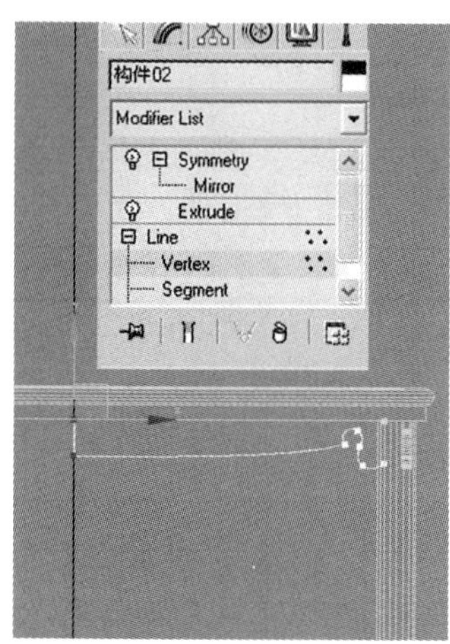

图3-2-8 修改Line节点

提示： 在创建形状对称的物体时，我们通常先创建一半，另一半使用镜像方式生成。Symmetry修改器可以使镜像物体无缝衔接。

⑧ 在工具栏上打开角度捕捉。按住Shift键，使用旋转工具在Top视图中，旋转构件90度。在弹出的Clone（克隆）对话框中选择Copy复制方式。

⑨ 在堆栈中选择Line下的Vertex子级，在Left视图中选择左侧的两个点移至餐桌中部略偏左。如图3-2-8所示。

⑩ 选择Symmetry下的Mirror，沿X轴向左移动镜像轴至餐桌中部，如图3-2-9所示。再次单击Mirror，退出镜像轴编辑状态。

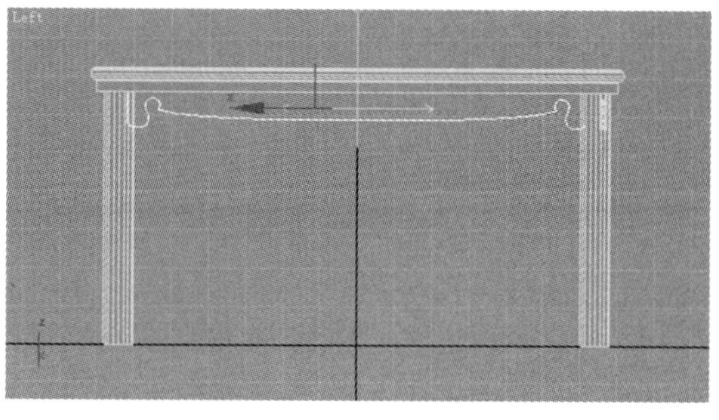

图3-2-9 移动镜像轴

⑪ 移动复制其他构件，如图3-2-10所示。

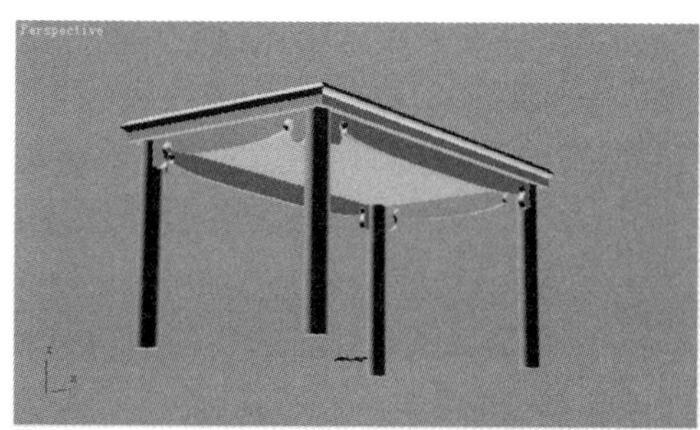

图3-2-10 移动复制

⑫ 选择Shapes(形状)创建命令面板中的Rectangle按钮，打开Vertex三维捕捉，在Top视图中捕捉桌面倒角的四个点（桌面最上部的点）创建矩形，修改矩形参数如图3-2-11所示。

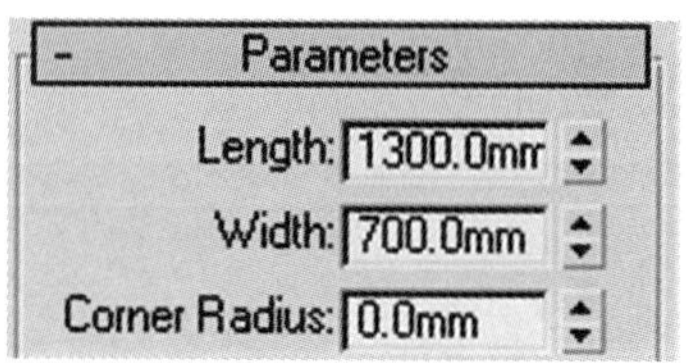

图3-2-11 矩形参数

⑬ 选择创建形状面板中的Circle,继续在视图中创建一个半径为3mm的圆形。

⑭ 选择上一步创建的矩形，在创建命令面板的创建类型下拉菜单中选择Compound Objects选项。选择Object Type(物体类型)栏中的Loft按钮（图3–2–12）。在随后展开的参数面板中选择Get Shape按钮，单击上一步创建的圆形。放样出一根线条。如图3–2–13所示。

图3–2–13 放样

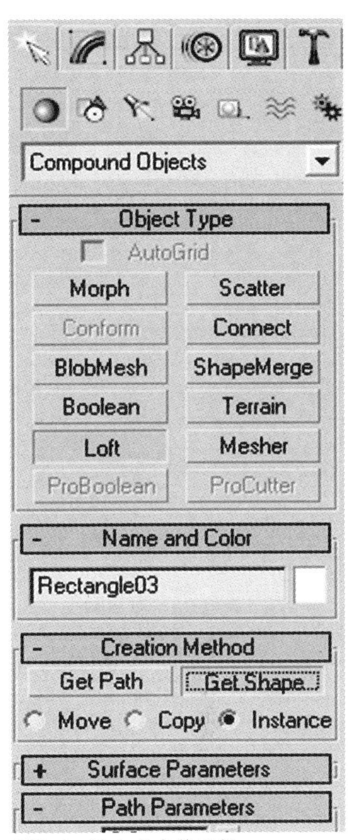

图3–2–12 Loft参数面板

⑮ 选择桌面，在创建Compound Objects类型中选择ProBoolean类型,在参数面板中选择Start Picking按钮(图3–2–14)，单击刚创建的线条。使用超级布尔运算制作出桌面上的条纹。餐桌创建完成。如图3–2–15所示。

图3–2–15 餐桌模型

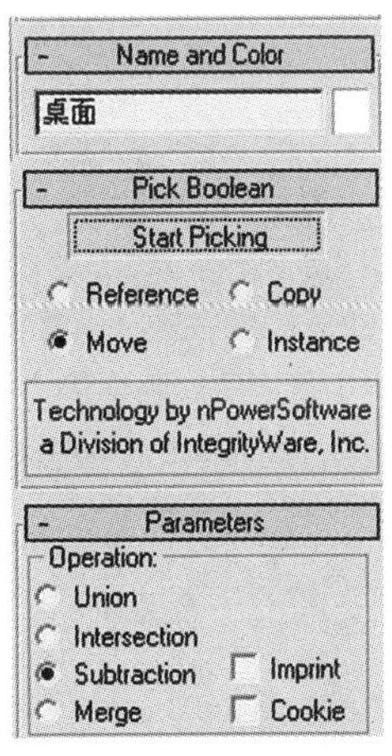

图3–2–14 超级布尔运算面板

(2) 创建餐椅

① 选择整个餐桌，并通过Group菜单建立组，命名为“餐桌”。在餐桌上单击右键，在弹出的快捷菜单中选择Hide Selection。隐藏建好的餐桌。

② 在Top视图中创建一个ChamferBox（倒角长方体）

提示： 之前曾使用图层对话框隐藏物体，前提是被隐藏物体处于独立的层。对于同一层中的物体可以使用快捷菜单来隐藏。

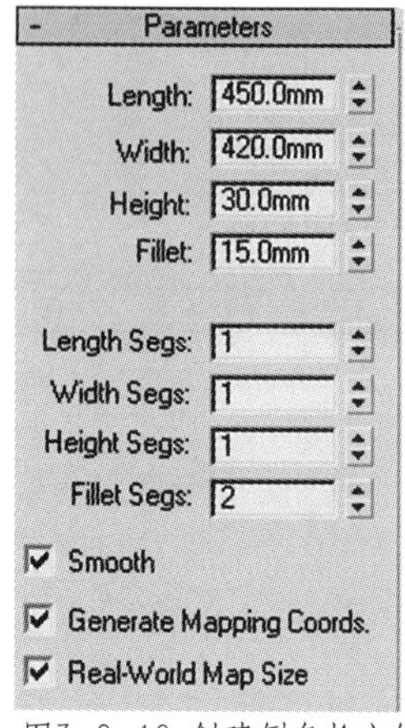

图3-2-16 创建倒角长方体

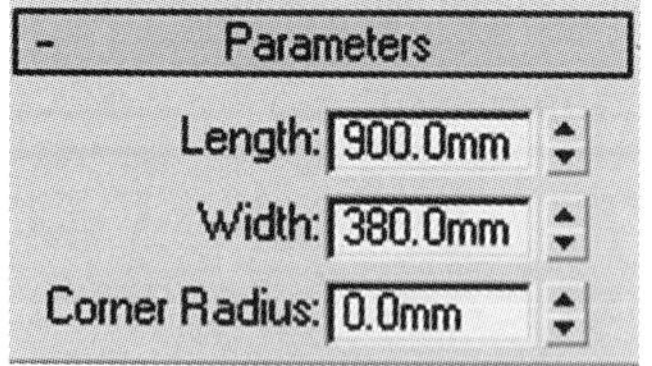

图3-2-17 创建矩形

命名为“椅面”。参数设置如图3-2-16所示。在Front视图中向上移动400mm。

③ 在Left视图中创建一个Rectangle(矩形)，参数设置如图3-2-17所示。

④ 选择对齐工具，然后将鼠标移到“椅面”上单击，在弹出的对齐对话框中设置X轴中心对齐。如图3-2-18所示。按OK确认。

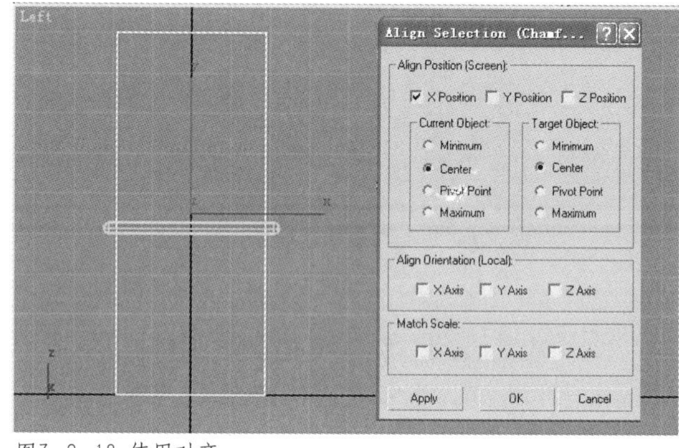

图3-2-18 使用对齐

⑤ 在Front视图中向右移，调整好位置如图3-2-19所示。

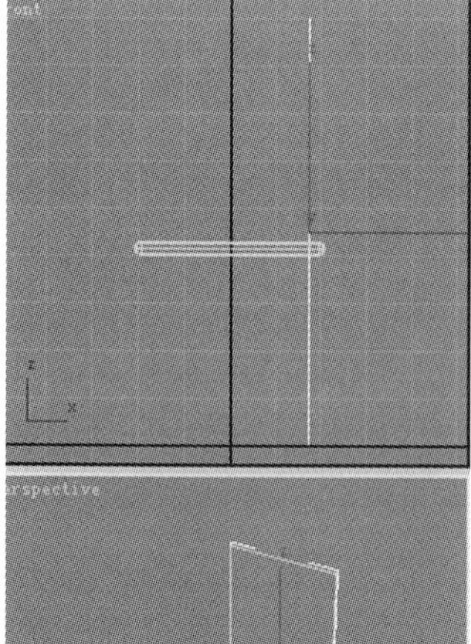
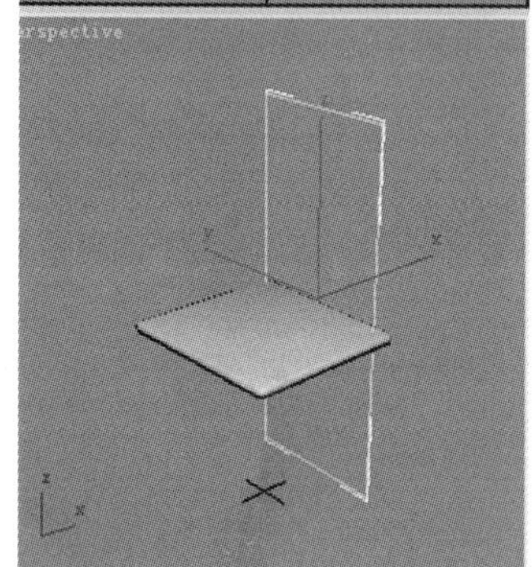

图3-2-19 调整位置

⑥ 在矩形上单击右键，在弹出的快捷菜单中选择Conver to/Conver to Editable Spline。转化为可编辑的样条曲线。

⑦ 在修改命令面板堆栈中展开Editable Spline，选择Segment（线段）子级，在视图中选择矩形底部及一侧的线段，按键盘上的Delete键删除。

⑧ 选择Vertex(点)的子级别，在视图中选择顶部转角处的点，在Geomerty卷展栏下设置Fillet的值为20mm。产生倒圆效果。如图3-2-20所示。

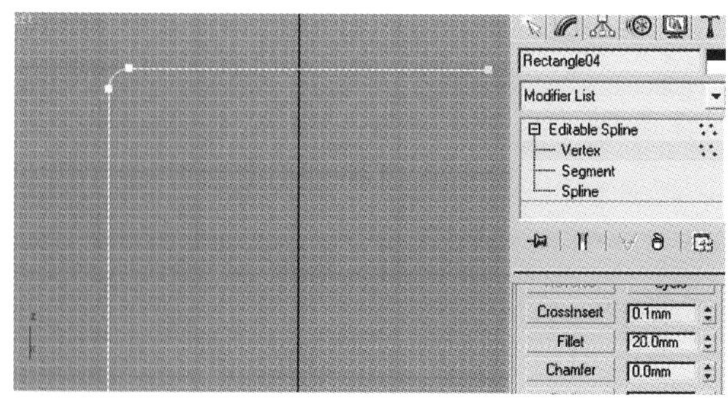

图3-2-20 倒圆角

⑨ 选择Geomerty卷展栏下的Rifine按钮，鼠标移至侧面线段椅面高度位置单击，插入一个点。关闭Rifine按钮。移动顶部点的位置，并调整曲线手柄，最终形状空间如图3–2–21所示。

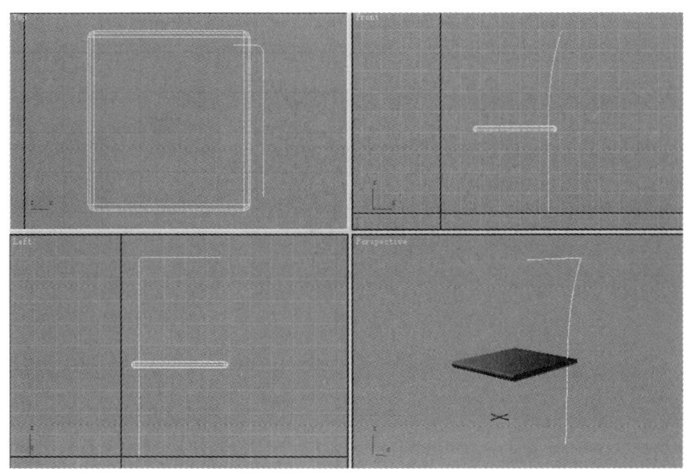

图3–2–21 调整空间曲线形状

⑩ 在视图中创建一个半径为15mm的Circle(圆形)，作为放样的截面图形。选择上一步刚编辑好的样条曲线，作为放样路径。进行放样。

⑪ 在Modifier List（修改编辑器列表）中选择Symmetry修改器,在Parameters卷展栏中选择X轴，勾选Flip。镜像出另一半。如图3–2–22所示。

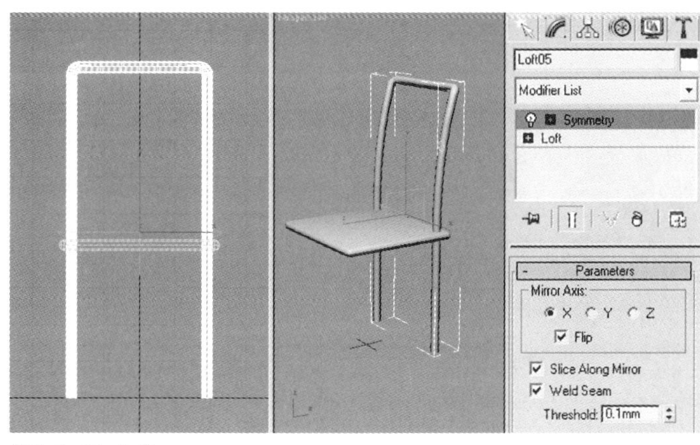

图3–2–22 镜像

⑫ 在视图中创建Cylinder(圆柱)物体，命名为“椅腿”。参数设置如图3–2–23所示。复制并移至适当位置。如图3–2–24所示。

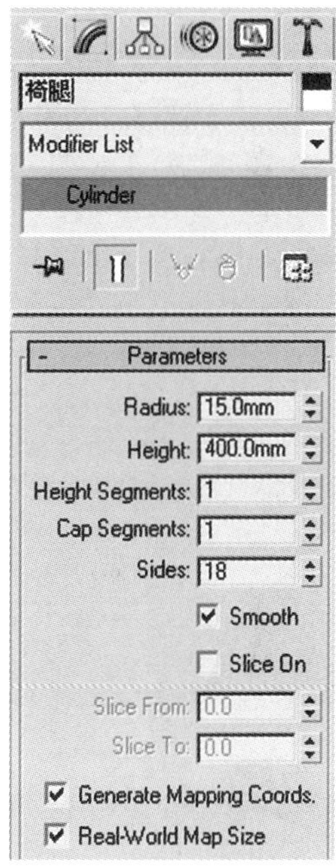

图3–2–23 创建参数

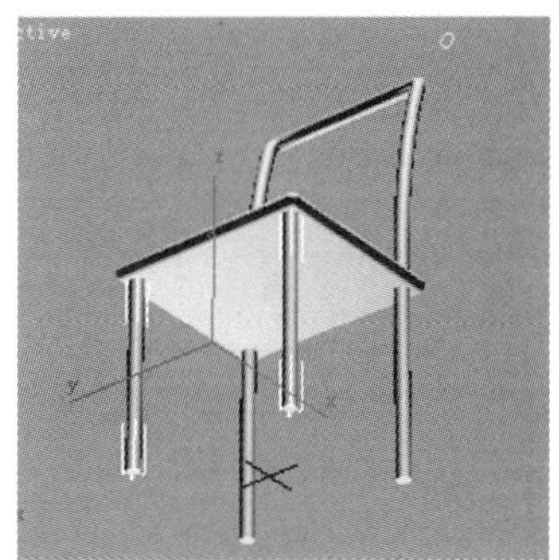

图3–2–24 创建椅腿

⑬ 依然使用Cylinder（圆柱）创建椅子的横档。如图3-2-25所示。

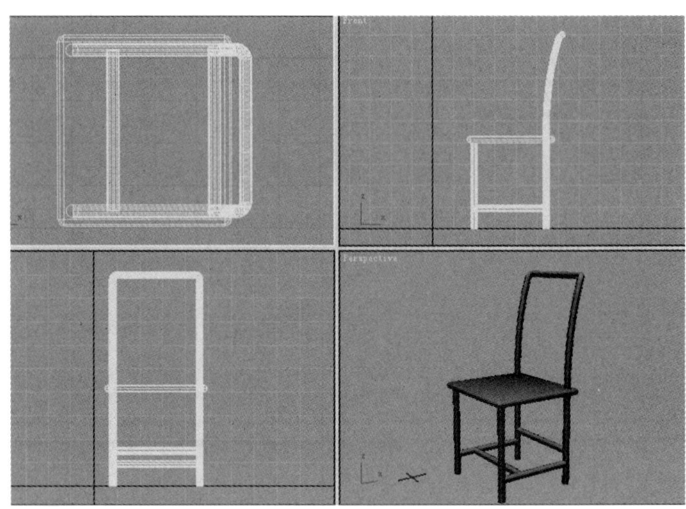

图3-2-25 创建横档

⑭ 使用Line（线）在视图中创建形状如图3-2-26所示。

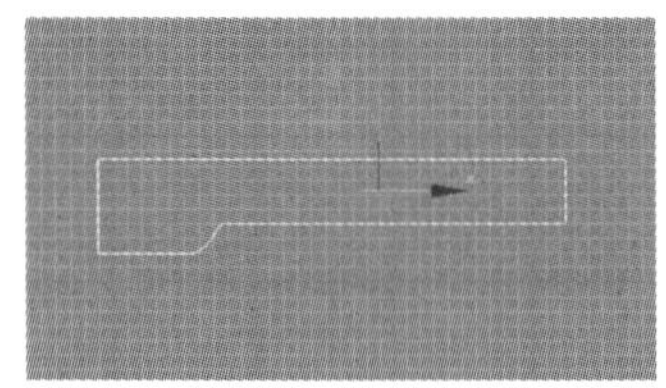

图3-2-26 创建线形

⑮ 参照前面创建桌子构件的方法——先使用Extrude挤出厚度20mm，再使用Symmetry修改器镜像。创建出椅子构件。如图3-2-27所示。

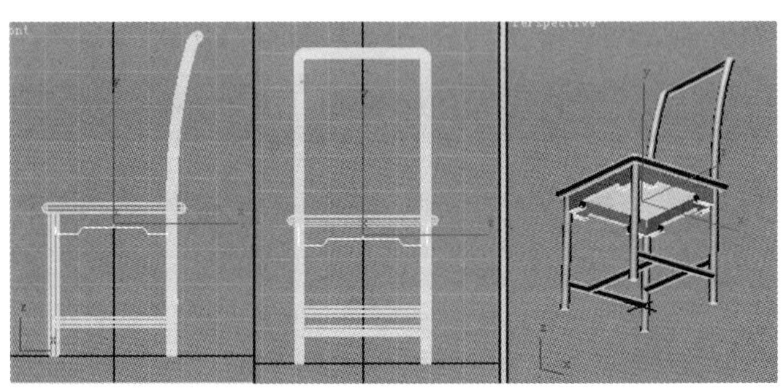

图3-2-27 创建构件

⑯ 下面来创建椅子镂花的靠背。在Front视图中使用Line（线）在椅背处创建一条曲线，形状如图3-2-28所示。

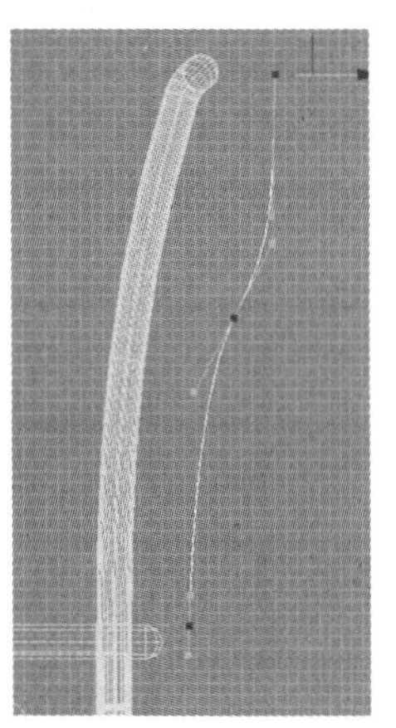

图3-2-28 创建曲线

⑰ 在堆栈中选择Spline子级，使用Geometry栏下的OutLine创建轮廓线，OutLine值为15mm。如图3-2-29所示。

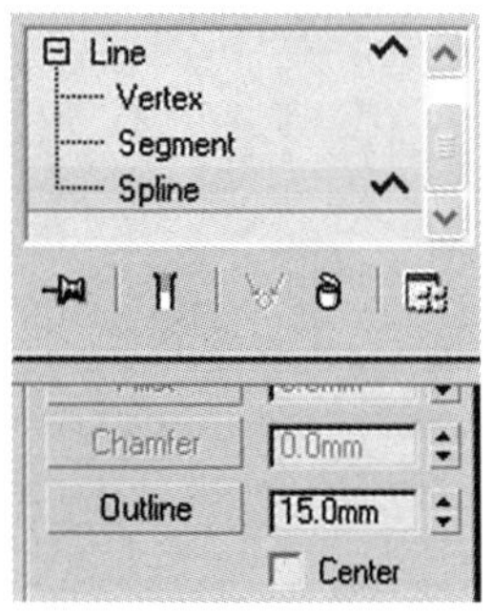

图3-2-29 创建轮廓

⑱ 使用Extrude修改器挤出宽度，Amount值为150mm，使用对齐工具与椅面居中对齐。如图3-2-30所示。

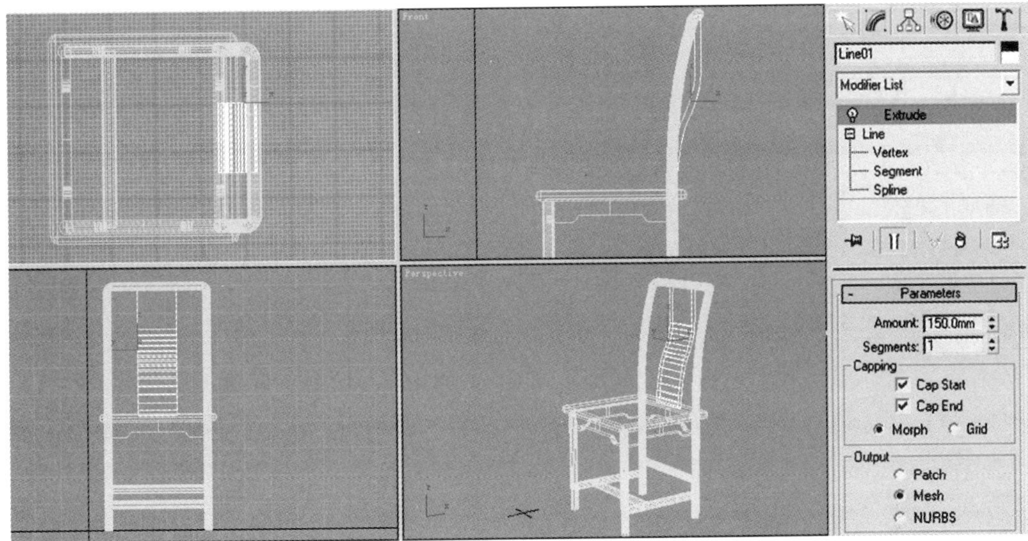

图3-2-30 挤出宽度

⑲ 使用Line（线）勾勒镂空花纹的形状。如图3-2-31所示。

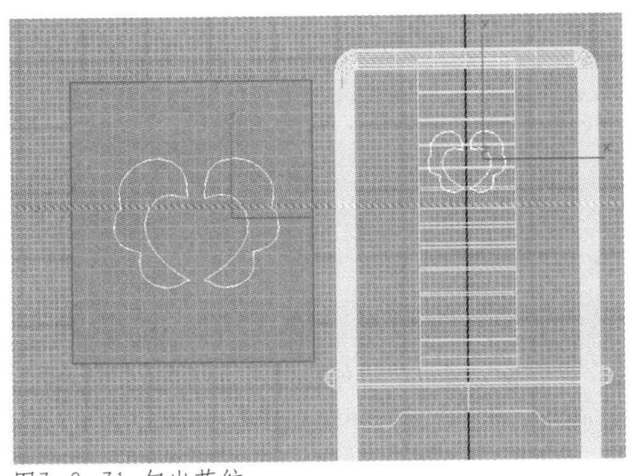
图3-2-31 勾出花纹

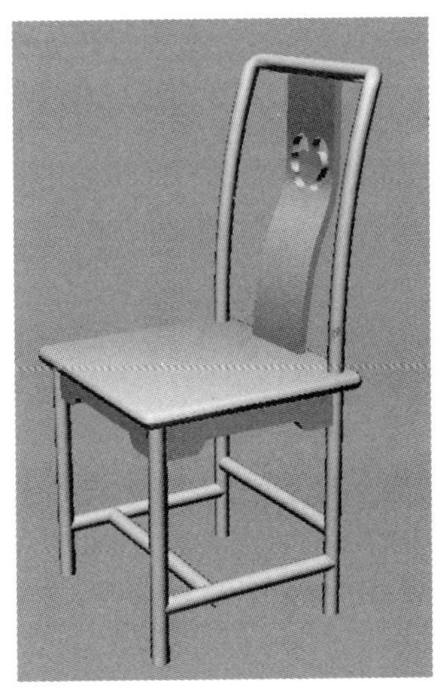
图3-2-32 椅子完成模型

⑳ 然后使用Extrude修改器挤出厚度（宽于靠背厚度）。再使用超级布尔运算镂出靠背花纹。椅子创建完成。如图3-2-32所示。

㉑ 选择整个椅子建立群组，命名为“椅子”。在视图中单击右键，在快捷菜单中选择Unhide All。显示前面创建的桌子。调整位置，并复制餐椅，最终如图3-2-33所示。

材质渲染效果如图3-2-34所示（见P151页彩图）。

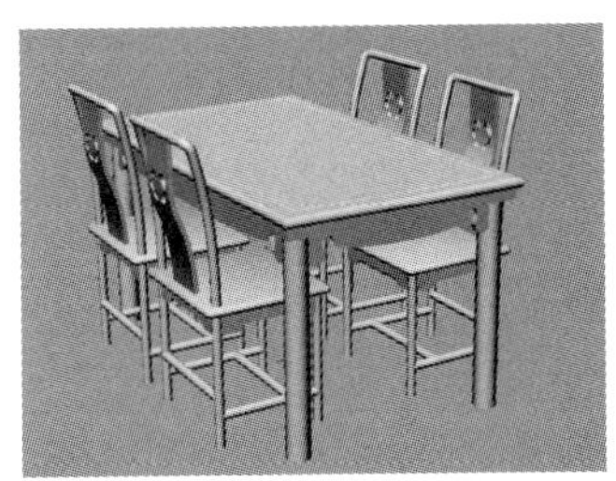
图3-2-33 桌椅组合

3. 沙发与多边形建模

本小节将通过一组沙发的创建学习多边形建模方法。

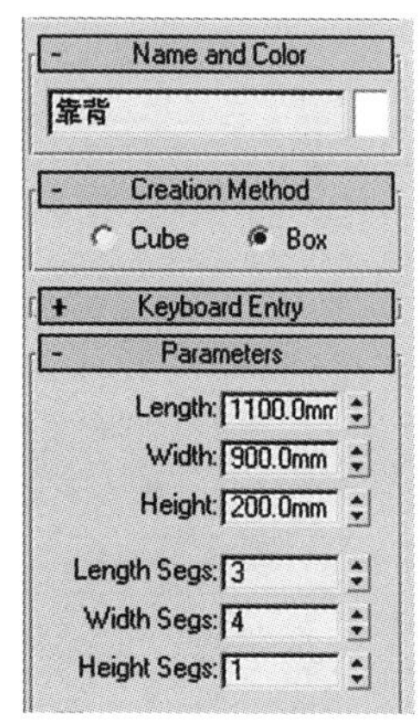

图3-3-1 创建参数

(1) 在Front视图创建一个Box物体。

选择Create(创建)命令面板的Geometry(几何体)选项，在Object Type(物体类型)卷展栏选择Box按钮，在Front视图中创建Box物体，在Name and Color参数栏里命名为“靠背”。在Parameters参数栏设置Length：1100mm；Width：900mm；Height：200mm。Length Segs：3；Width Segs：4；Height Segs：1。如图3-3-1所示。

(2) 把Box物体转变为可编辑的多边形物体。

在“靠背”物体上击右键，在弹出的快捷菜单中选择Convert To/Convert to Editable Poly。

(3) 编辑修改多边形物体

① 切换至 perspective视图，把光标移至perspective视图左上角的文字上，单击右键，在弹出的快捷菜单中选择Edged Faces，使物体的边线显示。

提示： 在选择点（或线、面）时，单击的方式只能选中当前视图位置的单个点（线、面），要选择多个点（线、面），可以同时按住ctrl键选取。或使用选取框选取的方式。

② 在修改命令面板中选择Verter子选项，使用Select and Move工具，在Front视图中分别选择中间两排点，向上移动调整节点的位置。如图 3-3-2所示。

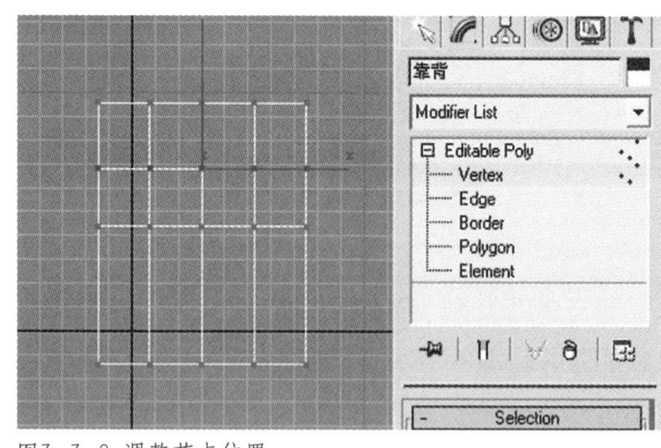

图3-3-2 调整节点位置

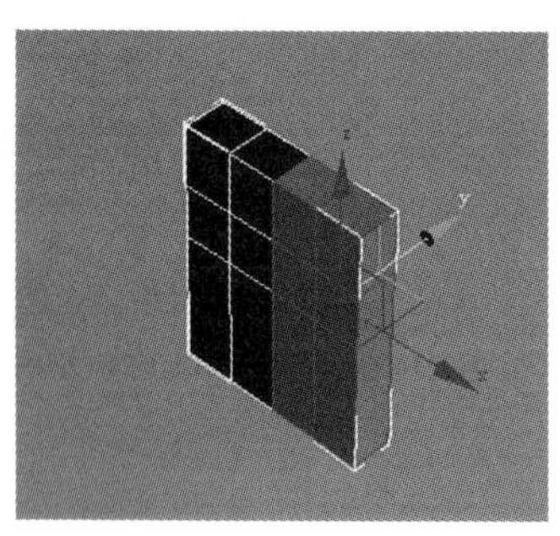
图3-3-3 选择面

③ 在修改命令面板中选择Polygon子级选项，编辑物体的面。在Front视图中框选右侧一半的面，如图3-3-3所示。按键盘delete键删除。

④ 在修改命令面板中选择Polygon子选项，编辑物体的面。在Front视图中点选左下部的面。如图3-3-4所示。

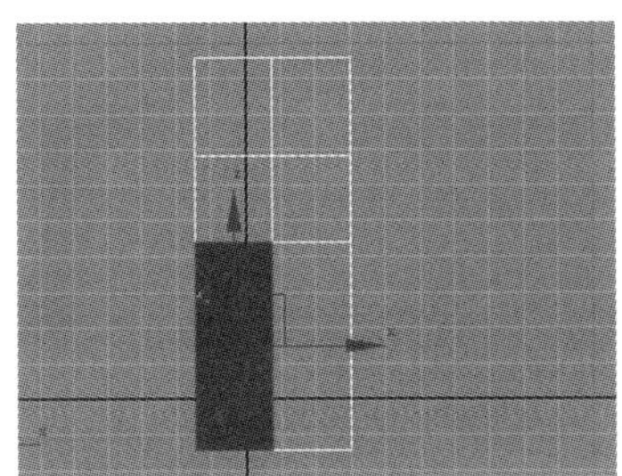

图3-3-4 选择面

⑤ 向上拖动命令面板，点击Edit Polygons卷展栏Extrude右侧的参数设置按钮。在弹出的对话框中设置Extrusion Height的参数值为200mm。如图3-3-5所示。按Ok键确认。

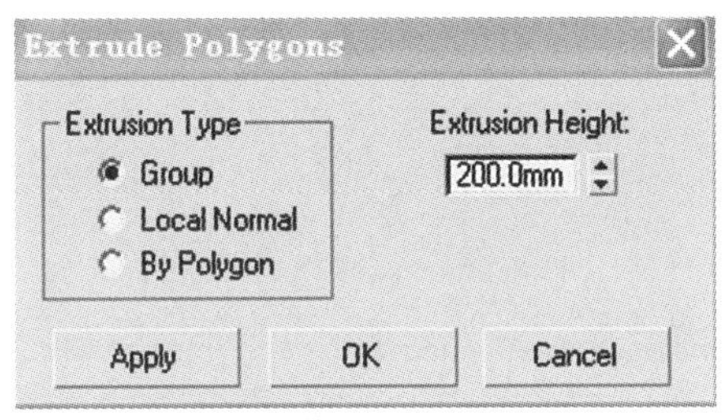

图3-3-5 面挤压参数

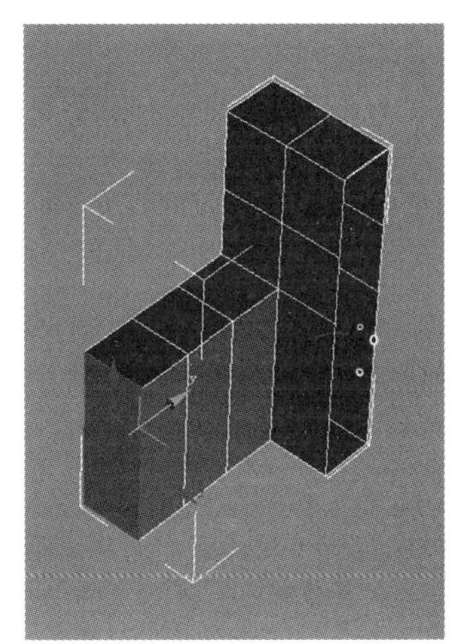

图3-3-6 挤压成形

⑥ 重复上一操作两次，最终如图3-3-6所示。

⑦ 在修改命令面板中选择Edge子选项，编辑物体的边线。配合使用Orbit工具旋转观察物体的各个角度，使用选择工具选择所有转折处的边，以及扶手与靠背的接缝处的边。如图3-3-7所示。

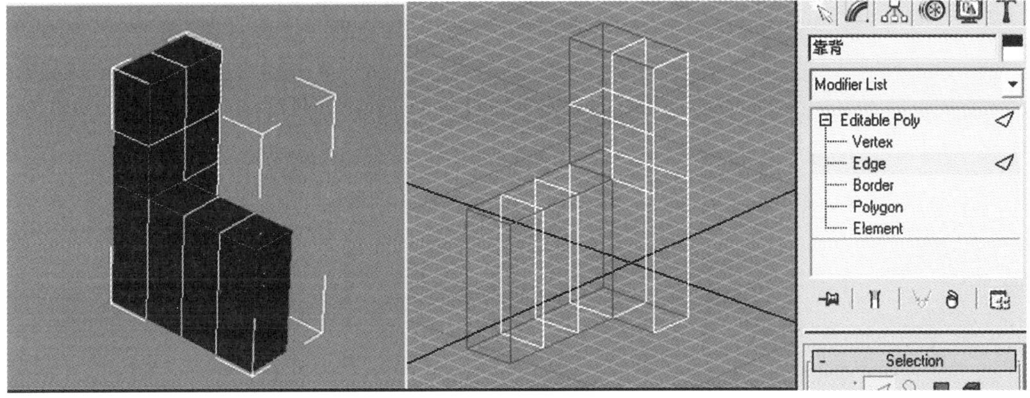

图3-3-7 选择边线

⑧ 向上拖动修改命令面板，选择Chamfer右侧的按钮，在弹出的对话框中设置 Chamfer Amount值为10mm，如图3-3-8所示。给转折处倒角。

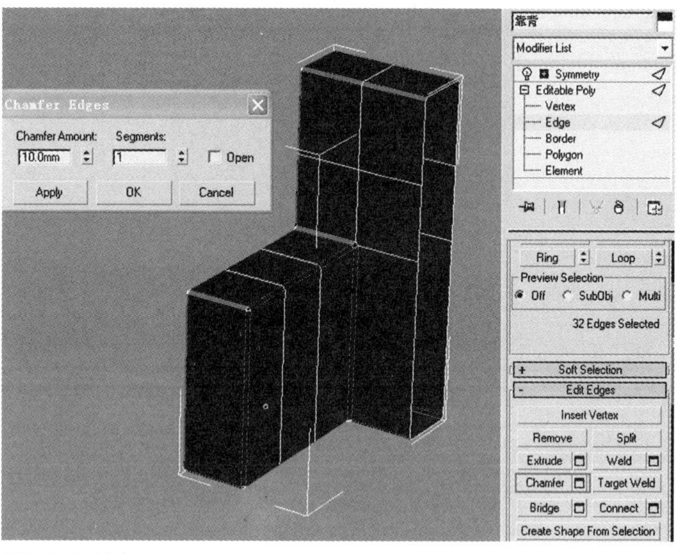

图3-3-8 倒角

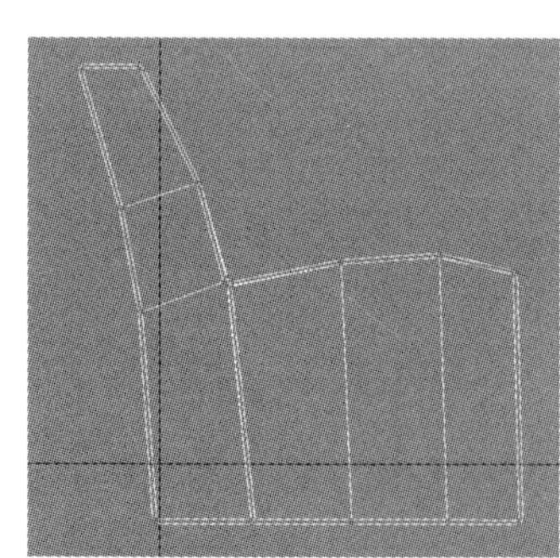

图3-3-9 修改外形

⑨ 切换至Left视图，在修改命令面板中选择Verter子选项，编辑物体的节点。使用工具栏中的Select and Move工具，选择相应的点适当移动位置，修改物体形状。如图3-3-9所示。

⑩ 切换至Front视图，用Select and Move工具适当移动调整点的位置，修改靠背的形状。如图3-3-10所示。再切换至Top视图，使用Select and Move工具适当移动调整点的位置，修改扶手的形状。如图3-3-11所示。

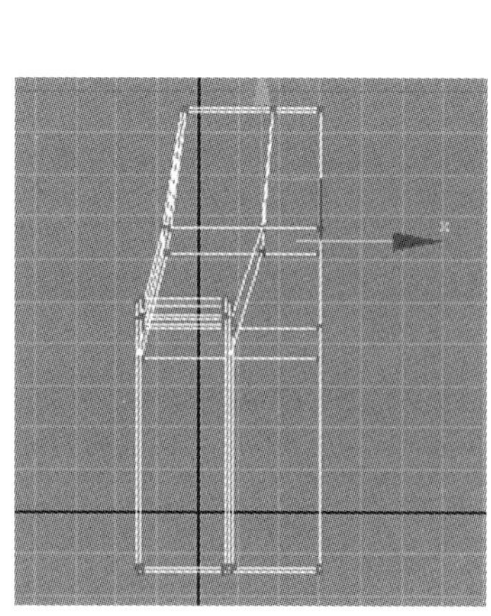

图3-3-10 修改靠背形状

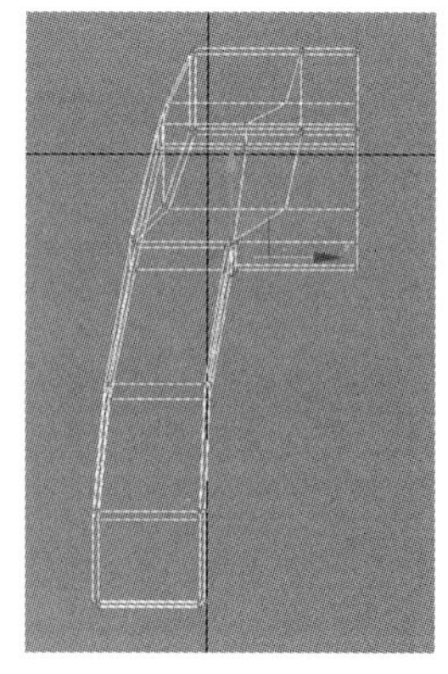

图3-3-11 修改扶手形状

⑪ 切换至 perspective视图，配合使用Orbit工具旋转观察物体的各个面，按住ctrl键，选择扶手与靠背接缝处的面 。如图3–3–12所示。

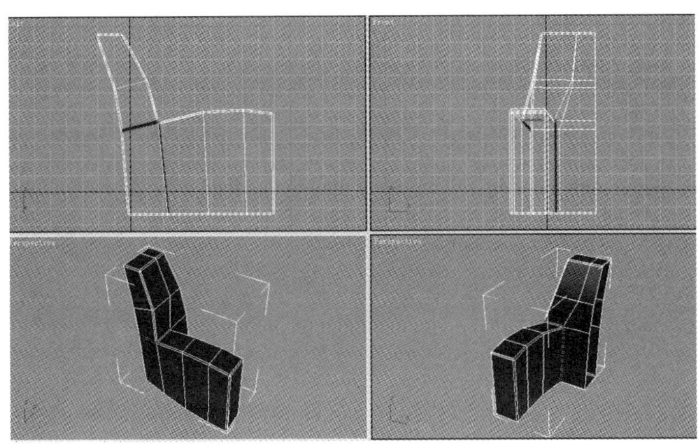

图3–3–12 选择面

⑫ 在修改命令面板中，点击Edit Polygons卷展栏下Bevel右侧的参数设置按钮。在弹出的对话框中设置Bevel Type为Local Normal， Height值为–5mm、Outline Amount值为–2mm。如图3–3–13所示。按OK键确认。

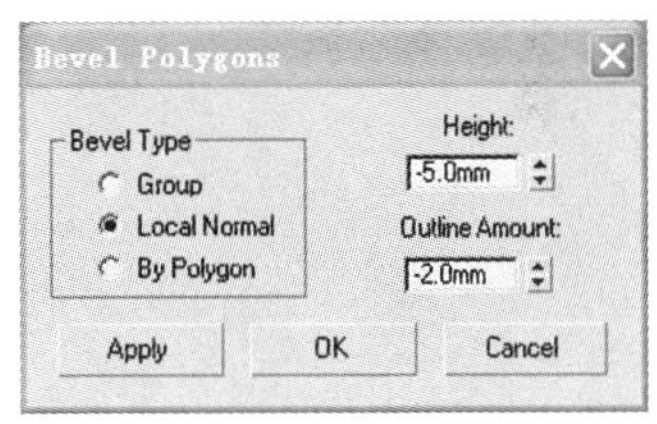

图3–3–13 Bevel参数

⑬ 重复上一步，再做一次Bevel。

⑭ 在修改命令面板的堆栈中单击Editable Poly,使之显示为灰色，退出子物体编辑状态。

(4) 镜像沙发的另一半

在修改命令面板的下拉菜单中选择Symmetry修改命令。在Parameters卷展栏设置镜像轴为X轴，并勾选Flip复选框。镜像出另一半沙发。如图3–3–14所示。

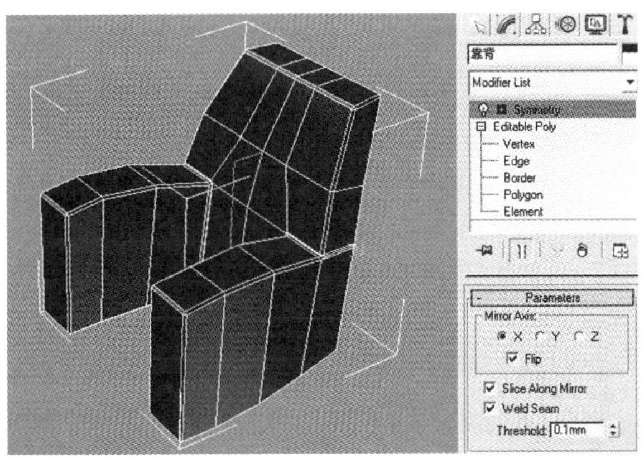

图3–3–14 镜像

(5) 光滑处理多边形物体。

在修改命令面板的下拉菜单中选择Mash Smooth修改命令。在Subdivision Amount卷展栏中设置Lterations的值为2。如图3-3-15所示。

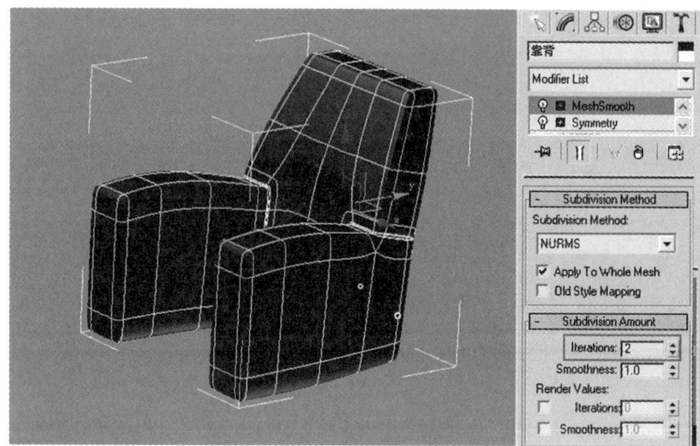

图3-3-15 光滑

按F9键，快速渲染perspective视图，观察发现沙发看上去柔软度不够。靠背的侧面有些扭曲，扶手的外形也需要继续调整。

(6) 继续调整多边形物体的外形。

① 在修改命令面板的堆栈中选择Editable Poly，回到多边形编辑状态。

② 选择点的级别，进入节点编辑状态，在 perspective 视图中，旋转观察物体的各个角度，找到需要调整的点，适当调整物体外形。然后点选靠背中间的点向外拉。如图3-3-16所示。在调整物体节点时要注意移动的轴向，配合使用其他视图观察调整，直至外形看上去舒适。

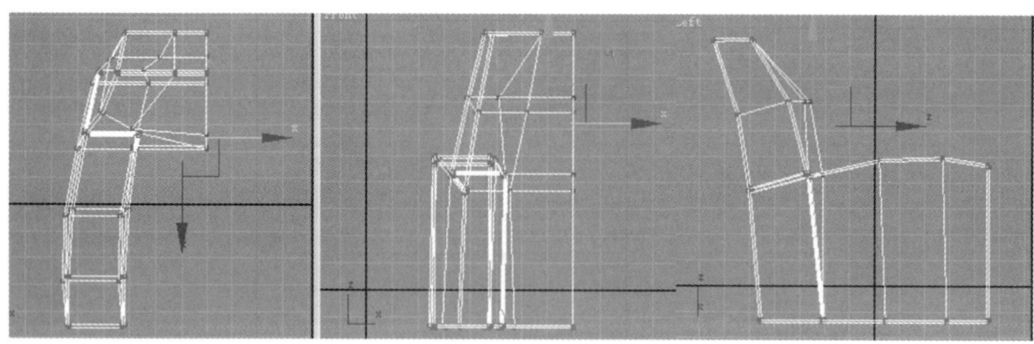

图3-3-16 调整外形

③ 在修改命令面板中选择Edit Geometry卷展栏下的Cut按钮。在扶手外侧面，边到边单击，切出两条线。如图3-3-17所示。然后选择侧面的点往外侧移动少许。如图3-3-18所示。适当使外形有向外鼓出的效果。

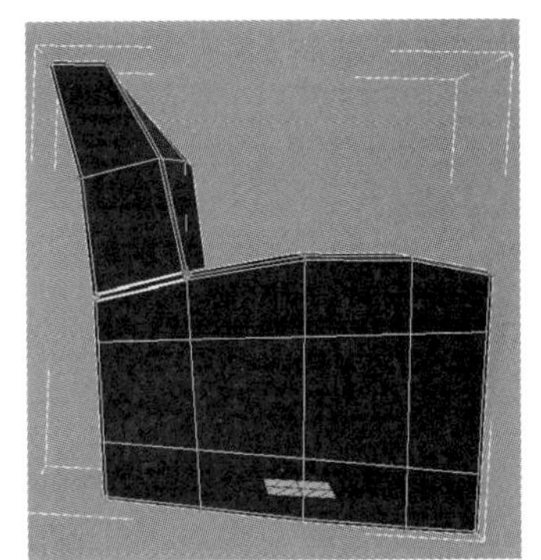
图3-3-17 使用Cut添加线

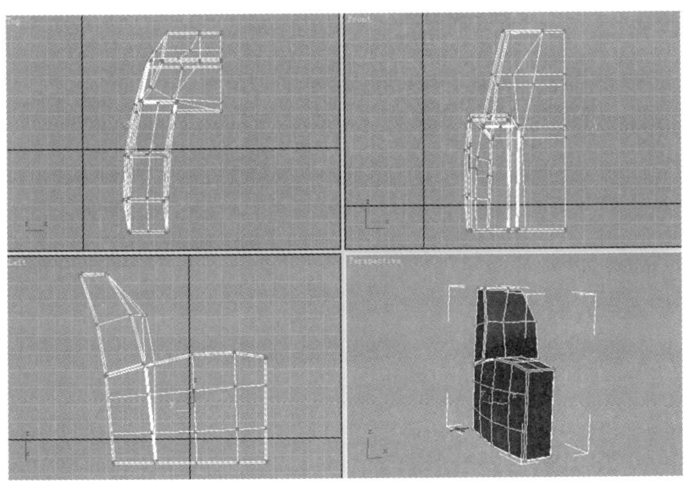
图3-3-18 调整点位置

④ 同样移动节点使扶手上部的面略为凸起。如图3-3-19所示。

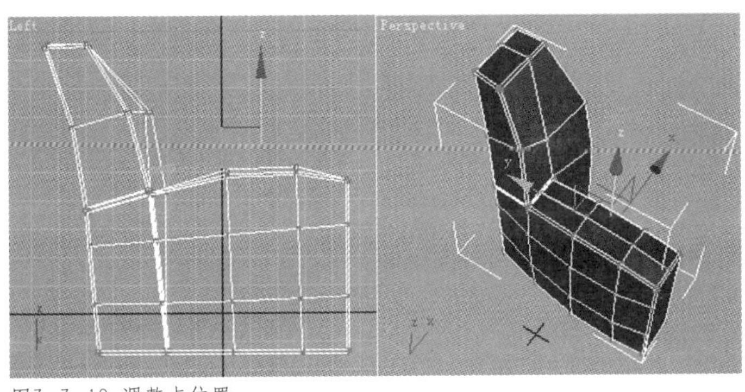

图3-3-19 调整点位置

⑤ 在堆栈中点选Mash Smooth，回到最终的光滑修改状态，得到外形如图3-3-20所示。

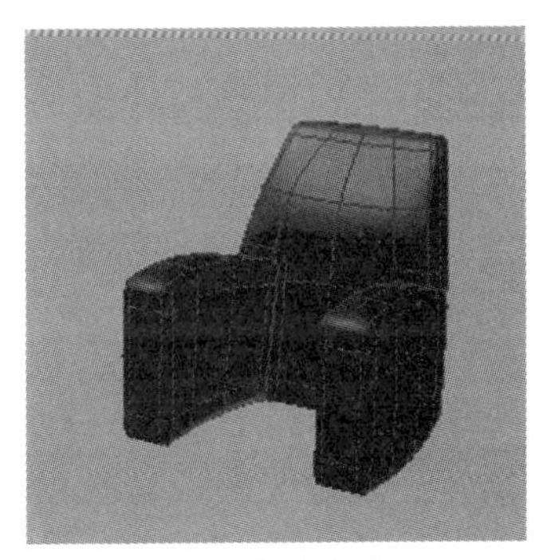
图3-3-20 调整好的效果

(7) 创建沙发底坐及坐垫。

① 在创建命令面板选择Geometry按钮，在下拉菜单中选择Extended Primitives。然后选择Object Type卷展栏下的ChanferBox按钮，在Top视图拖动鼠标创建一个

倒角的矩形ChanferBox01。设置参数Length:670mm；Width:650mm；Height:200mm；Fillet:20mm，Fillet Seg值为2。适当移动，调整位置。如图3–3–21所示。

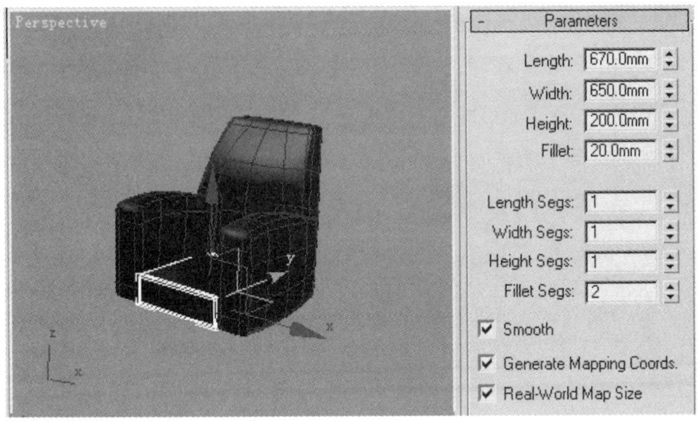

图3–3–21 创建底座

② 切换至Front视图，使用移动工具锁定Y轴（Y轴为亮黄色），按住Shift键，向上移动。在随后弹出的Clone Options对话框中选择Copy，Number为1。在修改命令面板中修改ChanferBox02的Height参数值为60mm。把ChanferBox02叠放在ChanferBox01上面。如图3–3–22所示。

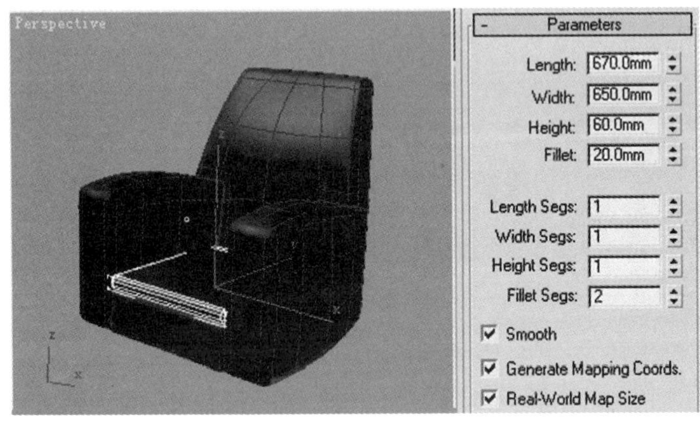

图3–3–22 创建坐垫

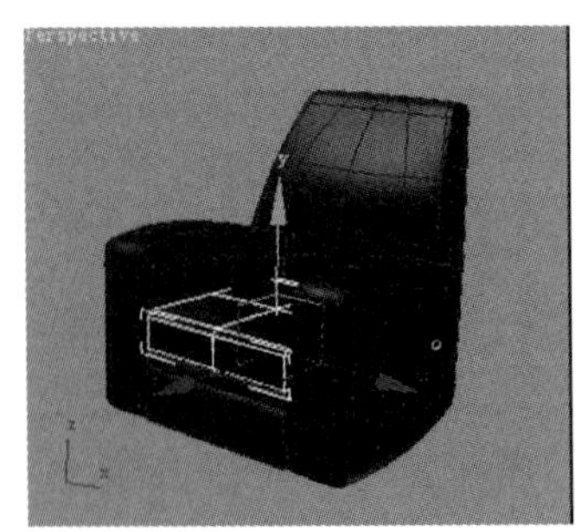
图3–3–23 创建底座

③ 用同样的方法向上拷贝一个ChanferBox，在修改命令面板修改名称为“坐垫”。参数Height:150mm；Length Seg:2；Width Seg:2； Fillet Seg:1。叠放在ChanferBox02上面。如图3–3–23所示。

④ 在物体“坐垫”上单击右键，在弹出的快捷菜单中选择Convert To/Convert to Editable Poly。

⑤ 在修改命令面板中选择Polygon子级，选择“坐垫”上部的四个面。点击Edit Polygons卷展栏下Bevel右侧的参数设置按钮。在弹出的对话框中设置Bevel Type为Group， Height值为35mm、Outline Amount值为-35mm。如图3-3-24所示。按OK键确认。

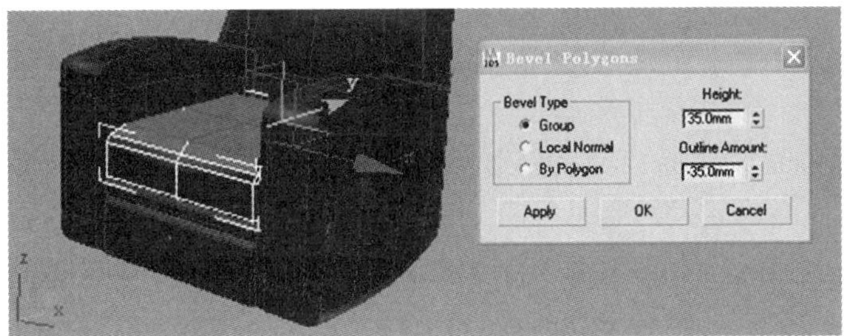

图3-3-24 编辑面

⑥ 在修改命令面板中选择Vertex子级，适当调整“坐垫”节点的位置。如图3-3-25所示。

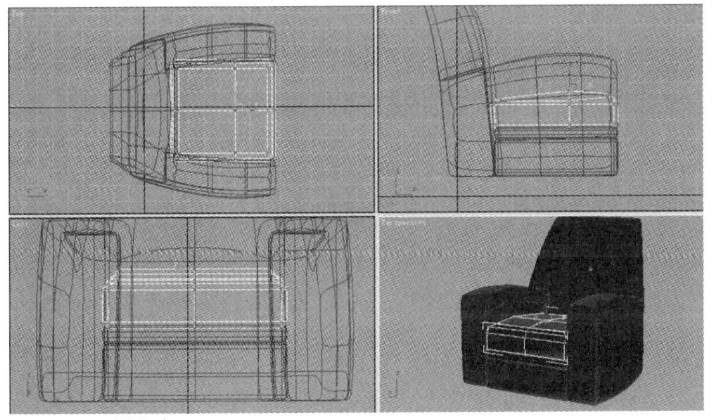

图3-3-25 调整点

⑦ 在修改命令面板的堆栈中单击Editable Poly,使之显示为灰色，退出子物体编辑状态。并在修改命令面板的下拉菜单中选择Mash Smooth修改命令。在Subdivision Amount卷展栏中设置Lterations的值为2。如图3-3-26所示。

⑧ 选择创建命令面板Geometry/Standard Primitives/Box。在Top视图拖动鼠标创建一个Box01，作为沙发脚。设置参数Length:100mm；Width:100mm；Height:100mm。

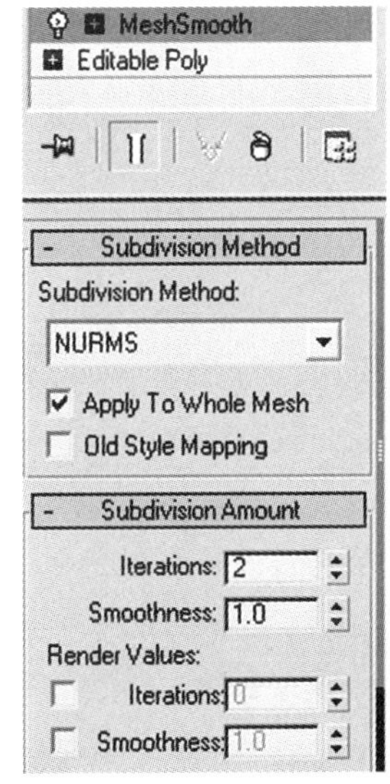

图3-3-26 MashSmooth修改器

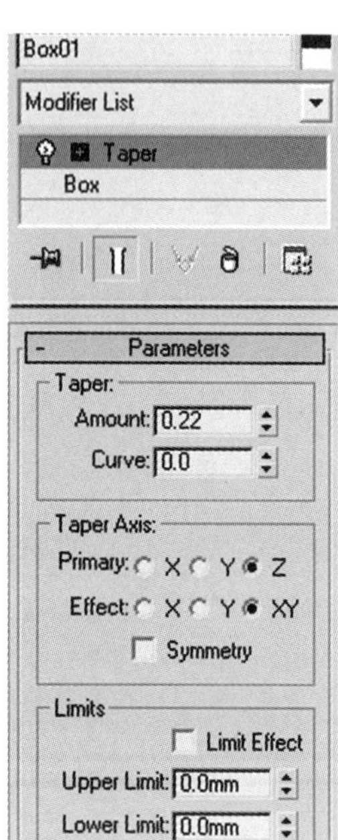

图3—3—27 Taoer参数

⑨ 在修改命令面板的下拉菜单中选择Taper修改命令。设置Amount参数值为0.22。如图3—3—27所示。

⑩ 移动复制出另外三个放于沙发底部。如图3—3—28所示。

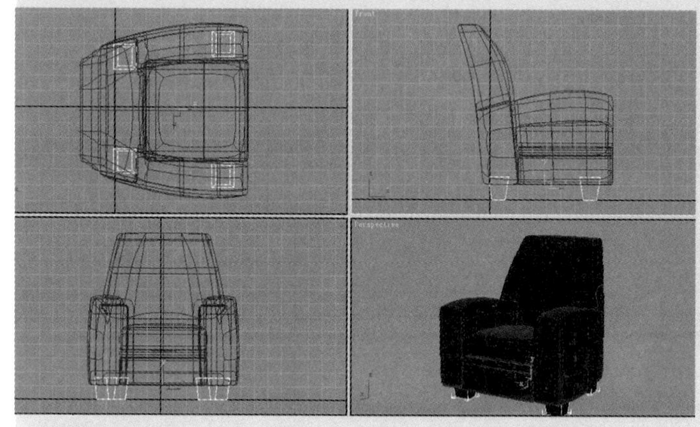
图3—3—28

沙发制作完成。最终渲染效果如图3—3—29所示（见P152页）。

本章重点与习题：

1．什么是工作视图？怎样切换？
2．3ds Max中有哪些常用的建模方法？
3．怎样提高建模的效率？

第四章 效果图材质表现

为创建好的模型赋予材质是效果图表现中很重要的一步。质感的体现直接影响效果图的质量。合理的材质应用不仅可以简化模型的制作，还可以起到画龙点睛、事半功倍的效果。本章将通过实例，学习3ds Max中材质编辑的方法。

1. 材质编辑器

在3ds Max中通过材质编辑器制作所需材质。材质的颜色、质感、凹凸、反射及纹理都可以通过材质编辑器实现。

通过单击主工具栏的按钮，或者按M键会弹出材质编辑器对话框。如图4-1-1所示。

材质编辑器主要可分为四部分：菜单栏、样本视窗、工具栏、参数面板。

(1)样本视窗

样本视窗是我们观察材质效果的窗口，总共可以显示24个样本球。样本球的数量与材质的数量没有必然的联系，样本视窗的作用是负责显示材质效果而非储存。材质是被存储在场景文件或保存在材质库中，使用时可以从场景或材质库中调用，调用的材质便会在样本视窗中显示。

场景中被使用过的材质被称为热材质，也称为同步材

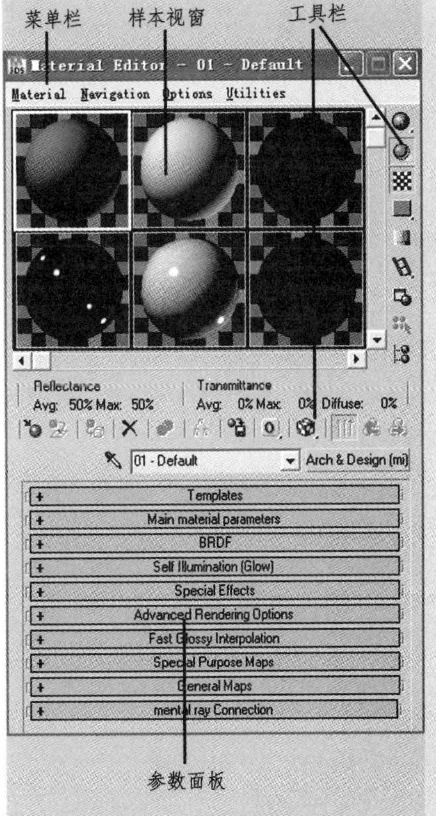

图4-1-1 材质编辑器

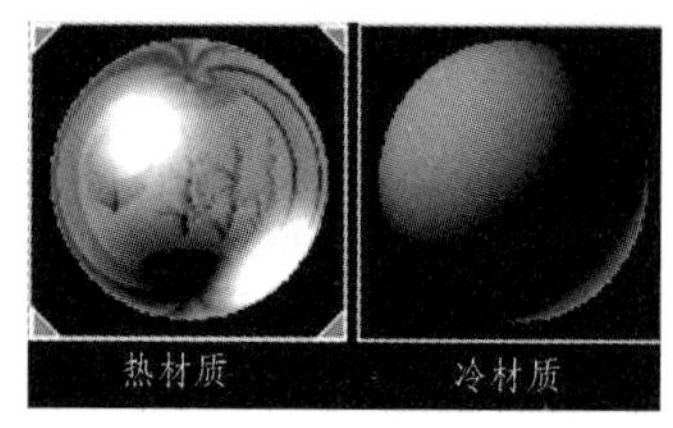

图4-1-2 材质示例球

质。在样本视窗中四角会显示为白色。对同步材质做任何修改都会改变场景中相应的物体的材质。如果材质没有被使用，则为冷材质。如图4-1-2所示。

(2)工具栏

① 垂直工具栏

样本视窗右侧的工具栏被称做垂直工具栏，垂直工具栏主要用到的工具按钮有：

Sample Type（样本类型）按钮用于选择材质样本的显示形式。3ds Max为我们提供了3种样本显示方式，它们分别是球体、圆柱体和正方体。我们通常根据观察需要，选择一种比较合理的样本显示方式。

Backlight（背光）该按钮用于模拟在样本模型背后放置一个辅助光源，以增加一种背光效果。

Background（背景）按钮用于在样本视窗中增加彩色方格背景。该功能主要针对透明材质。打开该按钮，有助于直观地显示材质的透明属性。

Sample UV Tiling（UV样本重复）按钮用来测试贴图重复的效果，对材质本身没有影响。重复的方式有4种模式。

Select by Material（根据材质选择）通过此按钮可以根据当前材质选择场景中使用此材质的所有物体。

Material/Map Navigator （材质/贴图导航器）可以察看当前材质的各个层级，并可以在材质层级中导航。

② 水平工具栏

样本视窗下侧的工具栏被称做水平工具栏，主要用到的工具按钮有：

Get Material（获取材质）按钮可以打开材质浏览器，通过材质浏览器我们可以很方便地对当前材质库中的材质进行浏览、选取以及对材质库进行读写等操作。

Put Material to Scene（替换场景中同名材质）按钮可以将当前样本视窗中的材质替换当前场景中所有与此材质同名的物体材质，起到更新作用。

Assign Material to Selection（为选中对象指定材

质）按钮可以将当前样本视窗中的材质赋予到场景中被选定的物体上。

Reset Map/Mtl to Default Settings(恢复到默认状态)让材质复位，通常在样本球用完的时候会用到。

Make Material Copy(复制材质)用于为当前材质制作复本。

Put to library（保存到材质库)将选定材质存到材质列表中。

Show Map in Viewport(贴图显示)使热材质在视图中显示出来。

Show End Result（显示最后结果）显示材质最终效果。

Go to parent（回到父层级）转到当前层级的上一级。

Go Forward to Sibling（到兄弟层级）在当前层级内快速跳到下一贴图或材质。

Pick Material from Object（从对象捡取材质）可以从场景中获取材质

01 - Default 材质名称下拉列表框，用来为当前材质取名和重新命名。养成为材质命名的习惯可以使工作更有条理。

Standard 材质类型按钮，单击此按钮会弹出材质类型选择对话框。3ds Max自带了非常丰富的材质类型，但对于只是制作效果图材质而言，涉及的范围较小，难度也不是很大。我们最常用的是标准材质。

2. 贴图坐标

当我们为物体赋予材质后，渲染时贴图不一定能正确显示出来，这就像穿衣服，有了漂亮的衣服还不够，还要讲究怎么穿。所以通常我们要给物体设置一个贴图坐标，作为贴图的“指导”。

对于Box、Sphere等基本的几何体通常可以自动产生贴图纹理。但这往往不能够满足物体对贴图的要求，贴图坐标修改器则弥补了这方面的不足。特别是对于一些相对复

图4-2-1 贴图坐标修改器

杂的表面。经过编辑的多边形、面片等物体都不具备贴图坐标。要正确显示贴图必须为它们指定UVW map贴图坐标修改器。

在修改命令面板的Modifier List下拉列表中可以找到UVW Map贴图坐标修改器。如图4-2-1所示。

(1) 参数面板

UVW Map修改器参数面板分为四部分：贴图参数栏、通道栏、对齐选项组、显示选项组。如图4-2-2所示。

① 贴图参数栏

这里提供了6种贴图方式。6种贴图方式分别针对不同形状的三维对象，不规则形体也可以用其中一种近似的方式代替。

Planar(平面方式)：二维图片以平面方式投射到三维对象上，这是贴图类型中使用最广的一种，在建筑中多适用于平面对象，如墙面、地面、顶面等。

Cylinder(圆柱贴图)：二维图片以柱状方式投影到对象表面，适用于圆柱等柱状模型。

Spherical(球面贴图)：将一张矩形二维图片以球状投射到场景对象表面，该方式主要用于一些近似球状的三维模型。

Shrink Map(包裹式贴图)：这是一种对球状贴图方式的补充。在球状贴图中贴图会在两极位置产生极点，即贴图收缩变形，而且在球体的一侧会产生接缝。而包裹式贴图就像包裹一样将一张二维图片包裹在球体表面。与球状贴图不同，它只有一个极点而无接缝，但在包裹会合处会产生图像变形。

Box(六面贴图)：该方式给场景对象的6个表面同时赋予贴图，就好像有一个盒子将对象包裹起来。这种贴图方式避免了由于Planar平面贴图方式对垂直表面产生的条纹变形。六面贴图方式在效果图制作中使用相当广泛，尤其适用于为建筑外墙贴各种类型的面砖或为方柱贴面。

Face(面片贴图)：这种贴图方式与场景对象表面的分格密度直接关联。使用Face类型的贴图材质不需要为物体指

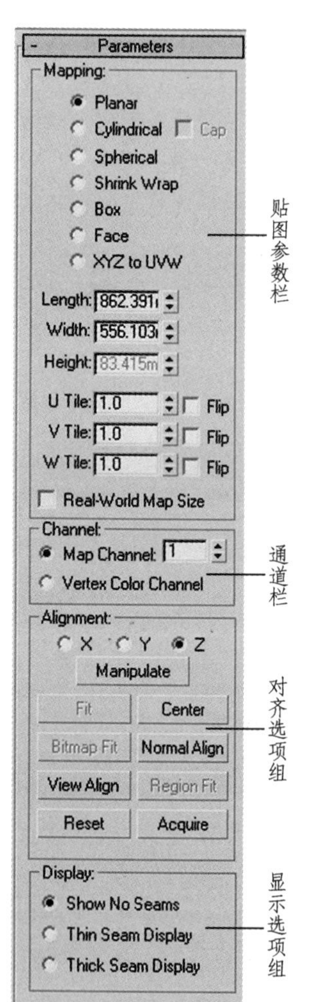

图4-2-2 贴图坐标修改器

定贴图坐标同样能获得很好的贴图效果，因为它能够在忽略U V W贴图轴的情况下自动的将位图贴到物体的每一个面上。因此，Face贴图方法特别适用于各种方形实体的贴图。Face贴图方式作用在曲面上时会产生适配变形，如对于球体，贴图将向极点收缩；对于锥体，贴图将向顶点收缩。

② 通道栏

默认的贴图通道号为1，每个对象最多可以有99个U V W贴图通道。修改器可向任何同道发送坐标。对于一个有多重材质的对象可以对不同材质指定不同的通道号。

③ 对齐选项组

可以设定Gizmo贴图适配在特定的范围。

④ 显示选项组

设置楼缝的显示方式。

(2) Gizmo子级

当为一个物体指定了UVW Map贴图修改器后，在修改命令面板堆栈中展开UVW Map左侧的加号展开修改器，可以看到Gizmo子级，点击后显示为亮黄色击活状态，此时视图中的贴图坐标相应显示为亮黄。可以对它进行移动、旋转、缩放等操作。如图4-2-3所示。

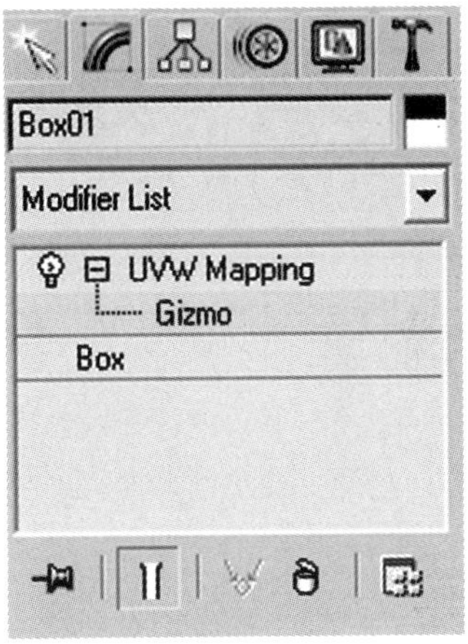

图4-2-3 Gizmo子级

3. Standard（标准）材质

标准材质类型是3ds Max材质编辑器最基本的材质类型，它提供了比较直观的模型表面设定方法。

(1)标准材质参数面板

① Shader Basic Parameters

如图4-3-1所示，左边的下拉列表用来选择高光类型。分别是：Blinn、Metal、Phone、Oren-Nayer-Blinn、Anisotropic、Strauss、Multi-Layer，不同材质的物体可以设置不同的高光类型。

图4-3-1 Shader Basic Parameters

另外还提供4种不同的渲染方式：Wire（线框）可以使此材质的物体呈线框渲染、2-Sided（双面）材质的双面都被渲染，可用于模拟透明及镂空材质、Face Map（面贴图）物体的每个面都被赋予贴图、Faceted（面状）使物体产生面状的不平滑的明暗效果。

② Blinn Basic Parameters

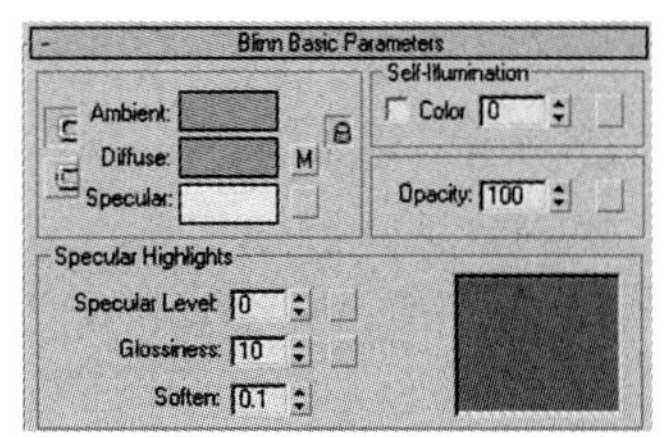

图4-3-2 Blinn Basic Parameters

如图4-3-2所示，物体最后渲染的色彩是通过其表面材质和受光影响共同决定的。3ds Max把材质的明暗关系、颜色特性用3个不同的参数来定义，它们分别是：Ambient(环境区)、Diffuse(漫射区)和Specular(高光区)。它们分别对应控制着阴影部分、光照部分和高光部分的颜色。

Ambient(阴影区颜色)：用于控制材质阴影区域的颜色。该部分的颜色一般较暗，具有Diffuse区的颜色特征。

Diffuse(漫射区颜色)：过渡区也称漫反射区。位于物体阴影区与高光区之间，Diffuse的颜色控制着材质绝大部分可见区域，材质的主体颜色往往通过这部分来表现。

Specular(高光区颜色)：用来控制高光区的颜色，通常该颜色为Diffuse区色彩增亮之后的颜色，一般情况下该区域颜色接近白色。

它们右侧的灰色按钮是用来指定贴图的，点击它们可以直接进入该颜色区的贴图层级，进行贴图的指定。

在Blinn Basic Parameters（明暗模式基本参数）还有Self-Illumination(自发光)、Opacity（不透明）、反光强度、反光范围等参数设置。其中Self-Illumination参数的调整可以使材质具有自身发光的效果，我们在制作灯具时，通常使用带有自发光性质的材质。Opacity参数的设置可以使材质的透明度发生变化，可以产生透明或半透明效果。

③ Maps（贴图）

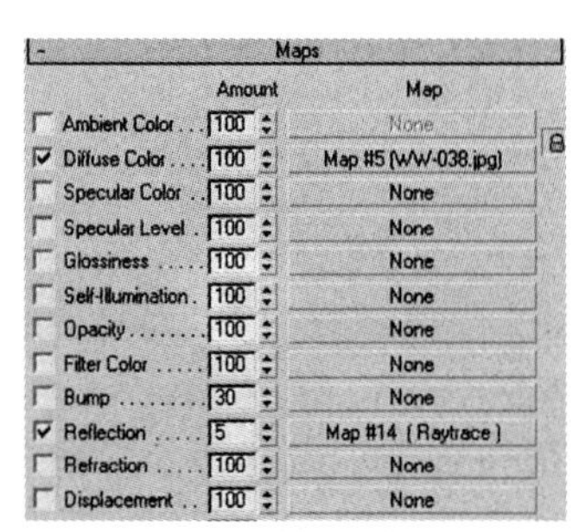

图4-3-3 Maps 贴图通道

如图4-3-3所示，在这一卷展栏里有12类贴图通道。利用贴图通道，可以产生丰富的材质肌理。

Diffuse贴图通道

在所有的贴图类型当中，Diffuse贴图是最常被使用的贴图类型。物体表面的颜色、纹理、图案等特征都是通过它来表现。Diffuse贴图的强度取决于Amount值。当该值为

0时，Diffuse贴图完全不起作用；当该值为0～100之间时，Diffuse贴图将与Diffuse颜色按照一定比例混合，共同影响材质的效果；当该值为100时，Diffuse颜色将完全被Diffuse贴图所代替。

Opacity**贴图通道(不透明贴图通道)**

不透明贴图通道也称阻光贴图通道或透空贴图通道。Opacity贴图通过位图的明暗关系来控制材质表面的透明效果。位图中黑色的部分为完全透明，白色的部分则为完全不透明，介于黑色与白色之间的色调则会呈现出不同程度的透明度。在效果图制作中通过不透明贴图通道可以改变场景对象的轮廓，使简单的模型体现出复杂的外形结构。如栏杆、树木、镂空物体等。在效果图中不透明贴图通常和纹理贴图、凹凸贴图结合使用。如图4-3-4所示的椅面透空网格效果只是在不透明贴图通道上使用了网状纹理贴图。

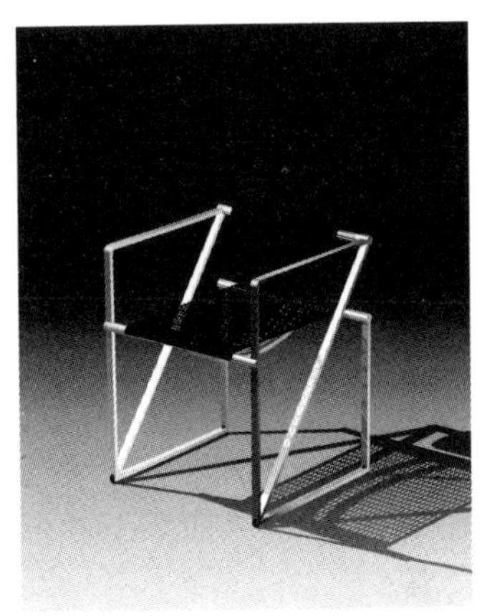

图4-3-4 使用透空贴图通道效果

Bump**(凹凸贴图通道)**

Bump贴图通道通过贴图来模拟场景对象表面的凹凸变化。凹凸贴图的效果由3个因素决定：贴图亮度分布、Amount值大小、场景光源的位置。当Amount值大于0时，位图中黑色部分将给人以凹陷感，而白色部分则产生凸起的感觉。Amount值大于0，则亮度值越大，表面越凸出；若Amount值小于0，则亮度值越小，表面越凹陷。Bump贴图通道非常适合模拟材料表面微弱的凹凸变化，如粗糙的墙面、砖墙、凹凸不平的砂石路及瓷砖接缝等。但如果想制作比较深的凹陷，最好还是使用建模的方法或置换贴图来完成。

Reflection**(反射贴图通道)**

反射是物体对周围环境的一种映像，表面光滑的材料或多或少都有反射现象存在。尤其是一些特殊材质如玻璃和金属，其表面纷繁复杂的光影变化往往需要通过反射来表现。在反射贴图通道中有4种模拟反射效果的方法。

A.使用位图贴图来模拟反射

该方法将位图直接用于反射贴图通道，以模拟玻璃和金属表面丰富的光影变化。

B.利用Raytrace贴图类型来模拟反射效果

Raytrace（光影跟踪)贴图的引入使3ds max能更准确地制作出反射和折射效果。

C.使用 Reflection／Refraction贴图类型模拟反射

该方法也被称为自动反射方式。但只能应用于曲面场景，无法模拟平面反射。

D.使用Flat Mirror模拟平面反射

在3D Studio MAX中模拟平面反射通常有两种方法：一种是使用Raytrace贴图类型，虽然该方法能准确地计算出镜面反射，但使用它来制作镜面需要花费更长的渲染时间；另一种方法是使用Flat Mirror，利用它我们可以既快捷又准确地制作出镜面反射的效果。在效果图中制作水面倒影和大理石地面等的反射效果都可用到Flat Mirror。

(2) 标准材质实例练习

下面将通过一些常用材质的制作来学习使用标准材质。

打开“实例\材质\标准材质练习\标准材质.max”[①]文件，该场景中有一组杯盘放于桌面上。我们将为杯子制作透明玻璃材质，勺子为不锈钢材质，还有白瓷盘及木质桌面。

在工具栏中选择按钮，打开材质编辑器。

① 设置环境贴图

● 在Rendering菜单中选择Environtion，在弹出的对话框中点击Environment Map下的灰色长按钮，在随后出现的文件选择对话框中选择“标准材质练习\贴图\餐厅大堂.jpg。”[②]如图4-3-5所示。

● 把这个贴图从环境设置对话框中的长按钮拖至材质编辑器的一个示例球上进行复制。在弹出的对话框中选择Instance（关联）。

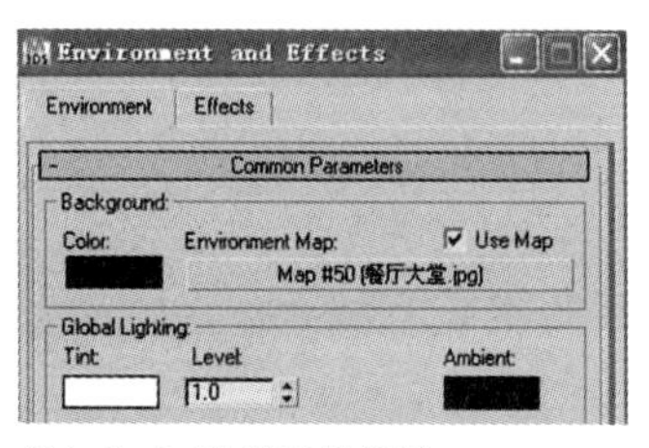

图4-3-5 设置环境贴图

提示： 当我们复制贴图时可以使用拖拽的方式。选择要复制的源贴图，按住鼠标左键不放，移至目标窗口或贴图通道。并在随后弹出的对话框中选择复制方式。

① www.cucp.com.cn（本书所有实例文件均从该网址下载）

② www.cucp.com.cn

● 然后在材质编辑器中编辑这个贴图。Coordinates 参数栏的参数设置如图4-3-6所示。

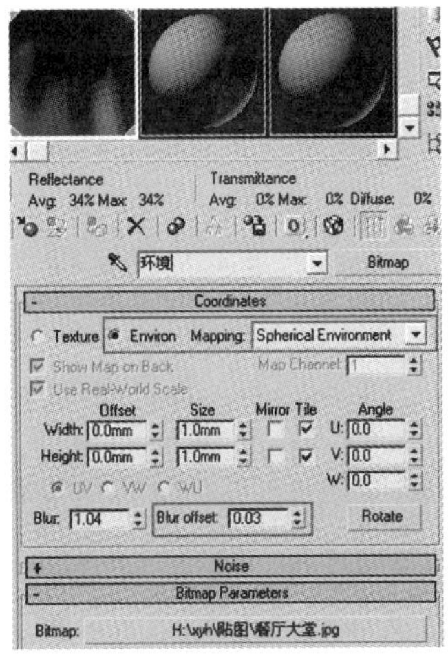

图4-3-6 调整贴图参数

② 制作桌面材质

● 选择桌面物体，在材质编辑器示例窗中选择一个材质球，命名为“木材”，按钮赋予桌面。如图4-3-7所示。

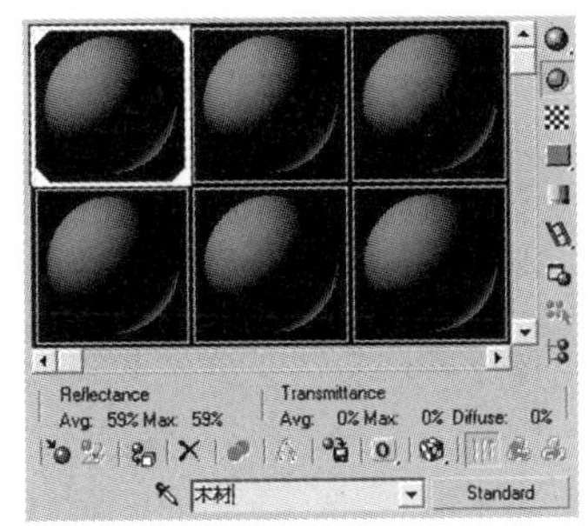

图4-3-7 赋予材质

● 展开Maps（贴图）参数栏，点击Diffuse Color右边的灰色长按钮，在弹出的材质贴图浏览器中选择Bitmap（位图贴图）。如图4-3-8所示。在随后出现的文件选择对话框中选择“标准材质练习\贴图\木纹02.JPG”[①]，如图4-3-9所示。

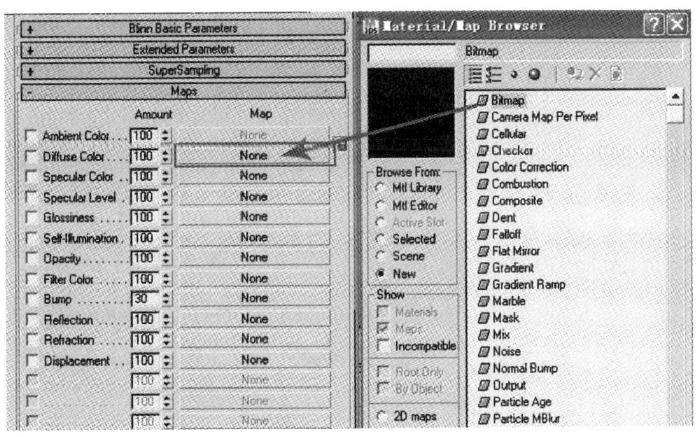

图4-3-8 设置贴图

图4-3-9 木纹02

● 在贴图参数面板的Coordinates 参数栏取消Real-World Map Size的勾选，其他参数设置如图4-3-10所示。

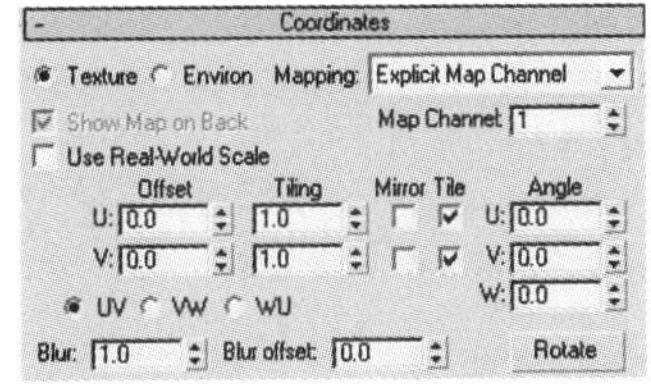

图4-3-10 Coordinates参数

● 为桌面材质设置反射效果，按钮回到父级，在Maps参数栏点击Reflection(反射）右边的灰色长按钮，在弹出的材质贴图浏览器中选择Raytrace，给Reflection(反射通道）设置Raytrace贴图。在随后出现的贴图参数面板保

① www.cucp.com.cn

持默认设置，按 钮回到父级，设置Amount值为10。如图4-3-11所示。

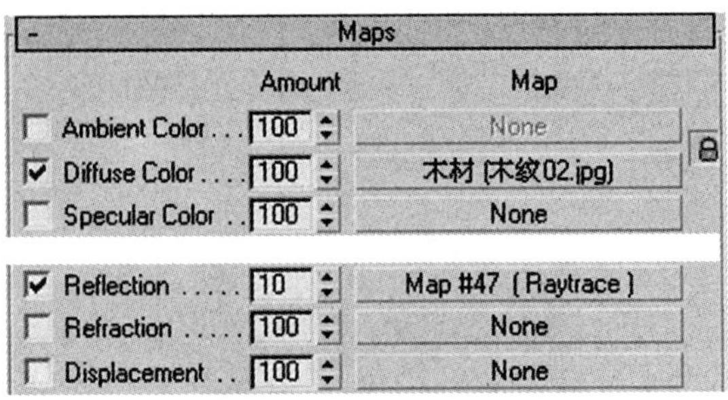

图4-3-11 Maps参数

③ 制作玻璃杯材质

● 选择杯子，另选一个示例球，命名为“玻璃”，按 指定给杯子。

● 在Blinn Basic Parameters参数栏设置高光值，如图4-3-12所示。

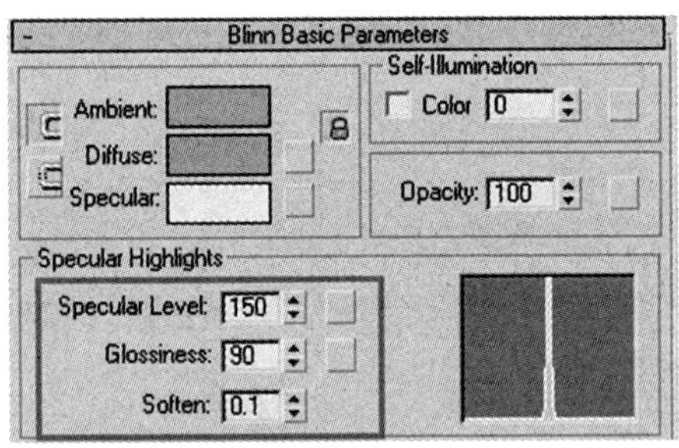

图4-3-12 Blinn材质参数

● 在Maps参数栏中为Refraction（折射通道）设置Raytrace贴图，在贴图参数栏Trace Mode下选择Refrac-tion。如图4-3-13所示。玻璃材质完成。

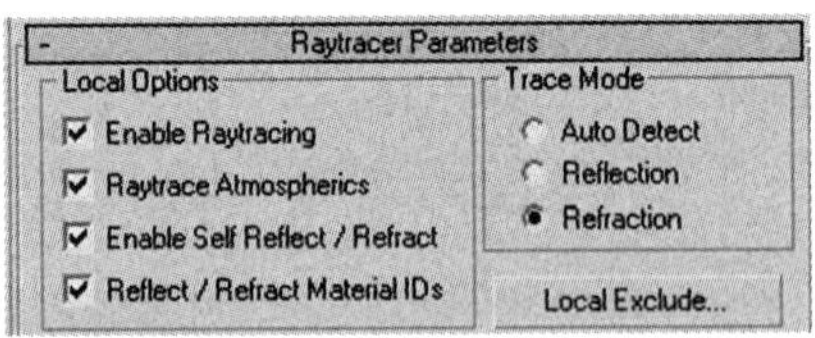

图4-3-13 Raytrace贴图参数

④ 制作不锈钢材质

● 选择勺子，另选一个示例球，命名为“不锈钢”，按 钮指定给勺子。

● 在 Shader Basic Parameters参数栏选择Metal高光

类型，基本参数设置如图4-3-14所示。

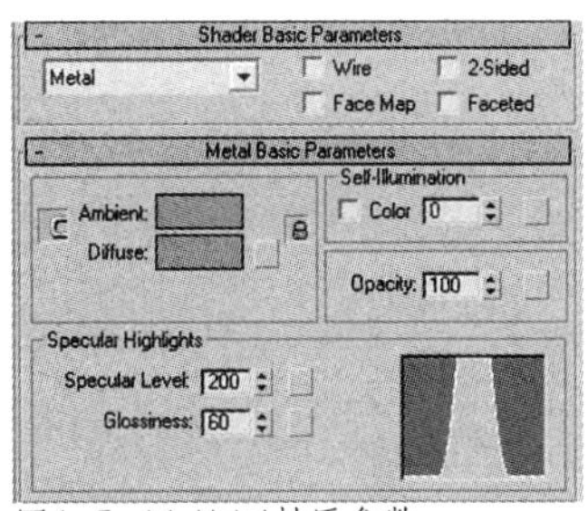

图4-3-14 Metal材质参数

• 在Maps参数栏点击Reflection(反射通道）右边的灰色长按钮，在弹出的材质贴图浏览器中选择Raytrace贴图。这是一个完全反射周围环境的金属材质。按F9键快速渲染Camera视图。如图4-3-15所示。会发现由于使用的环境图是暖色调的，勺子看上去颜色太暖，和不锈钢的冷灰色有差距，下面我们尝试使用假反射。

图4-3-15 真反射效果

• 点击Reflection(反射通道）右边的灰色长按钮，把原来的Raytrace贴图换成Bitmap，然后选择“标准材质练习\贴图\CHROMIC.JPG”①，一张冷灰色的金属贴图。再次渲染视图，如图4-3-16所示。发现这次完全不受环境影响，显得很生硬。最后我们尝试结合真假反射效果。

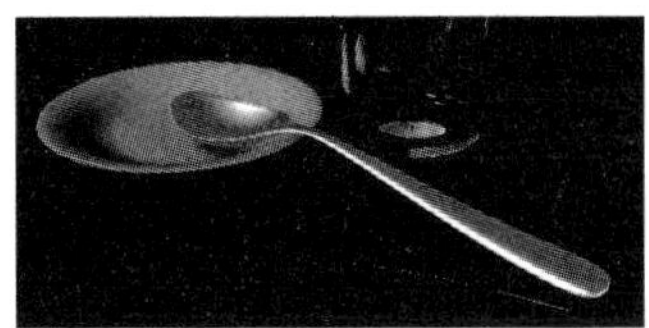
图4-3-16 假反射效果

• 把Reflection(反射通道）的贴图改回Raytrace，在Raytrace Parameters参数栏下点击Background栏中的灰色长按钮，在此使用一个Gradient（渐变）贴图。如图4-3-17所示。

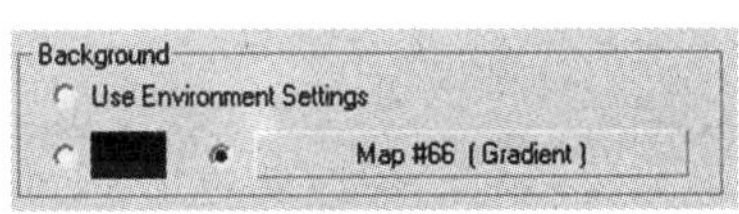

图4-3-17 设置背景贴图

• 给Color#1、Color#2通道分别使用两张位图贴图。一张是暖色环境图，一张是刚才使用的假反射图。参数设置如图4-3-18所示。Color#1、Color#2通道位图的Coordinates 参数栏的参数设置同此图。最后渲染视图，勺子不仅反射了环境物体，而且颜色不是太暖，有不锈钢的冷灰色调，也有环境的微微的暖色。

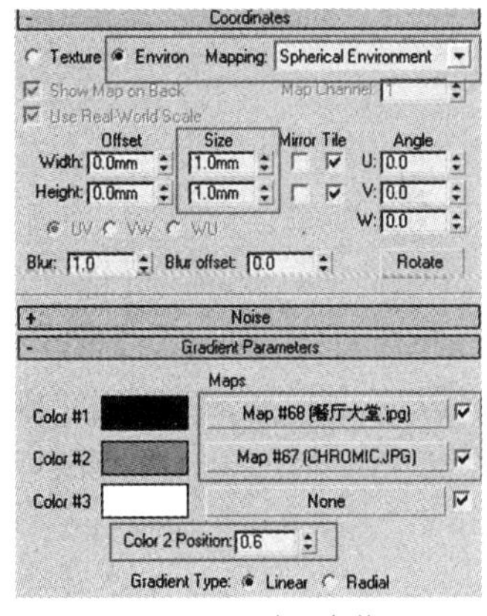

图4-3-18 Gradient贴图参数

⑤ 制作瓷盘材质。

• 选择盘子，另选一个示例球，命名为“白瓷”，按钮指定给勺子。

• 在Blinn Basic Parameters参数栏点击Diffuse色块，在弹出的颜色设置对话框中调整颜色为白色。设置高光值。如图4-3-19所示。

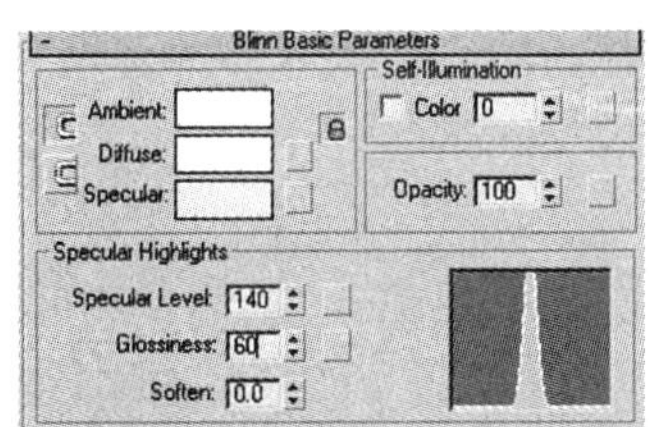

图4-3-19 Blinn材质参数

• 为Reflection(反射通道）设置Raytrace贴图，调整Amount值为5。材质设置完成。

① www.cucp.com.cn

● 按工具栏上的 钮，或按键盘F9键渲染Camera视图，效果如图4-3-20所示。（见P152页彩图）这一案例使用的是扫描线渲染方式，无论使用哪种材质类型，材质编辑的基本道理都是一样的。只是不同的渲染计算方式对材质类型的要求不一样。比如使用VRay渲染器，就无法兼容Raytrace（光迹跟踪）特性。

4. Multi/Sub-Object（多重/次对象材质）

(1)多重/次对象材质参数面板

这是一种比较常用的复合材质。这种材质可以包含多种子材质，物体不同的面可以使用不同的子材质。使用这种材质的物体必须可以进入子物体级别，如转换成Editable Mash编辑方式，或使用Edit Mash编辑修改器，因为必须为特定的面设置特定的ID号，当这个ID号与子材质的ID号对应时，多重/次对象材质才会生效。

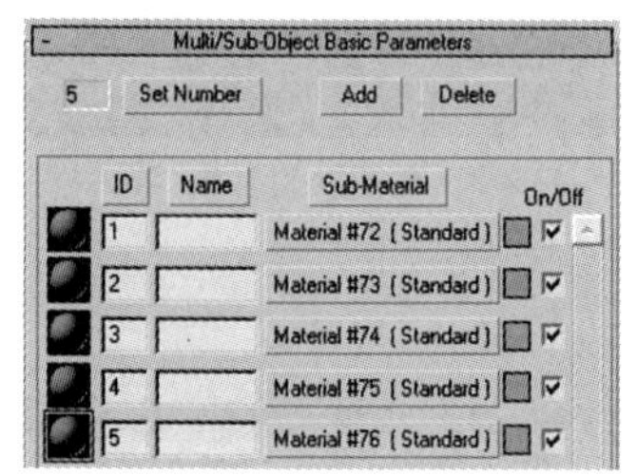

图4-4-1　多重/次对象材质参数面板

观察Multi/Sub-Object（多重/次对象）材质的设置面板。如图4-4-1所示。

按Set Number钮可以设定使用多少个子材质，材质数量显示在左边的显示框内。

单击Add钮可以增加一个子材质，单击Delete钮则删除当前选中的子材质。

材质球右边为材质ID号，单击后面的长按钮可以进入子材质级别，进行子材质的设定。子材质可以是标准材质也可以是复合材质。由此可以想象，材质的变化几乎是无限的。

(2)多重/次对象材质实例练习

打开“实例\材质\多重子材质练习\瓶.max”① 文件，该场景中有一个沐浴露瓶。

① 选择瓶体，在材质编辑器的样本视窗中为它指定一个材质球。

② 单击材质名称旁的Standard按钮，在弹出的Material/Map Brower 对话框中双击Multi/Sub-Object，在随后弹出的 Replace Material对话框中选择 Discard Old

① www.cucp.com.cn

Material，按OK键确认。如图4-4-2所示。

③ 单击1号材质球右侧的灰色长按钮，进入1号材质编辑面板。单击Diffuse旁的色块，在弹出的颜色面板中调成浅蓝色，具体参数如图4-4-3所示。调节Specular Highlight的值，产生材质高光，参数如图4-4-4所示。

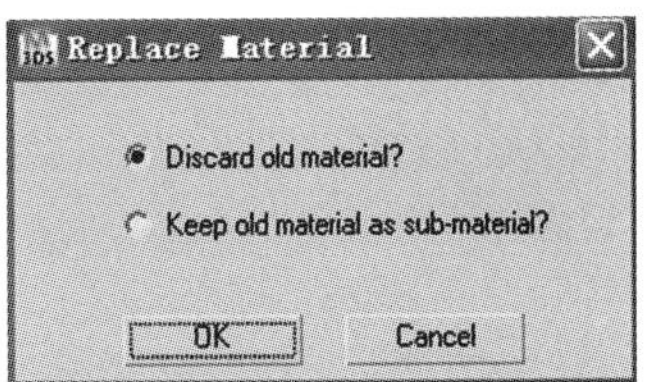

图4-4-2 Replace Material对话框

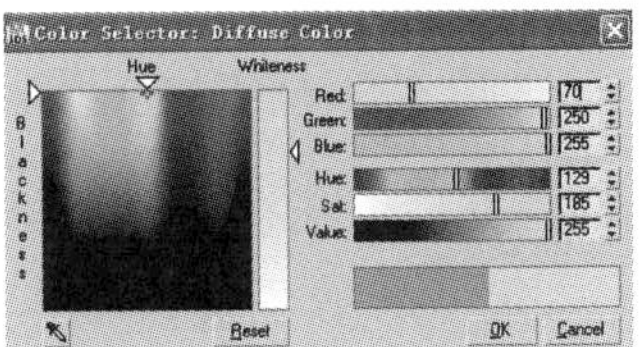

图4-4-3 颜色参数

④ 按钮返回。用同样方法设置2号材质的颜色为白色，高光设置同上。

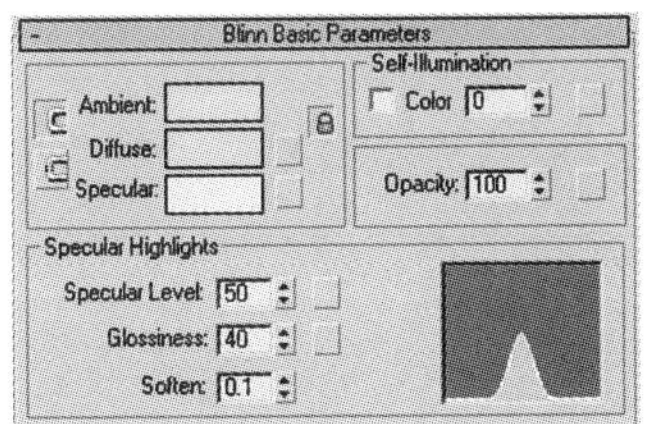

图4-4-4 1号材质参数

⑤ 进入3号材质编辑面板，在Map卷展栏中为Diffuse通道指定Bitmap贴图，并选择“多重子材质练习\贴图\商标.jpg”[①]文件。贴图参数设置如图4-4-5所示。

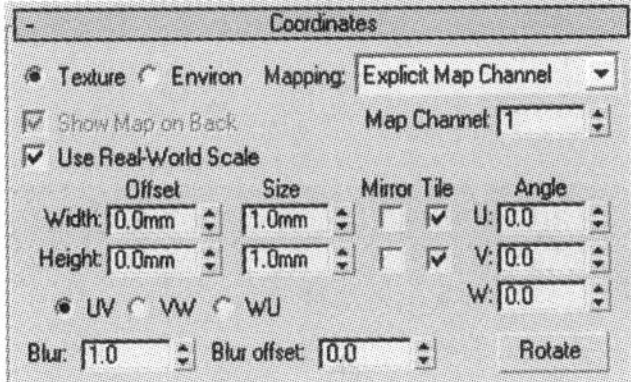

图4-4-5 3号材质贴图参数

⑥ 按两次钮返回父材质级别。材质设置完成。材质球如图4-4-6所示。

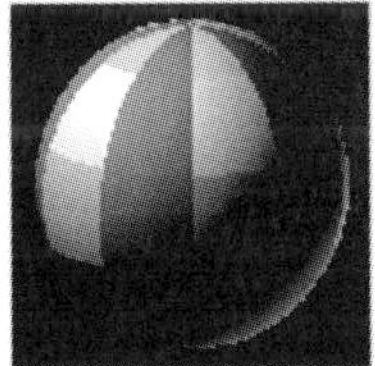
图4-4-6 多重子材质

⑦ 下面为物体面指定ID号。选择瓶体，在修改命令面板选择面的级别，选取瓶盖上的面。如图4-4-7所示。

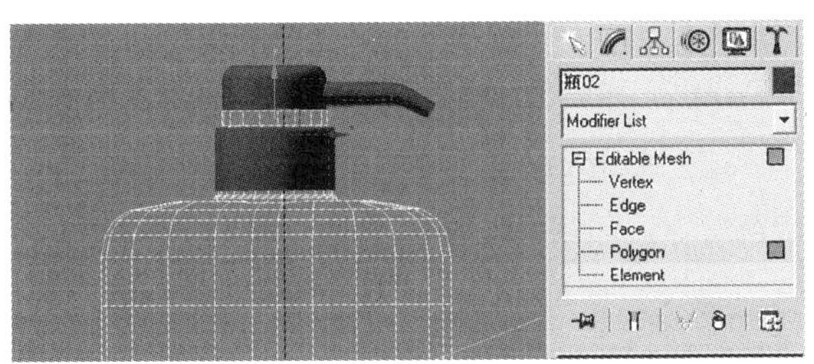

图4-4-7 选择面

⑧ 在修改命令面板设置ID号为1。如图4-4-8所示。

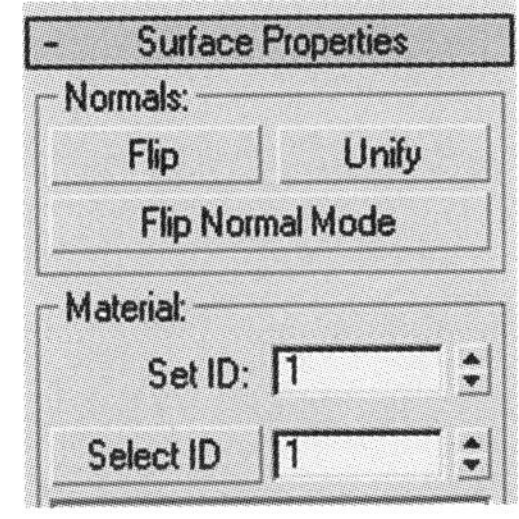

图4-4-8 设置ID号

⑨ 选择Edit菜单下的Select Invert，反选其他的面，在修改命令面板设置ID号为2。如图4-4-9所示。

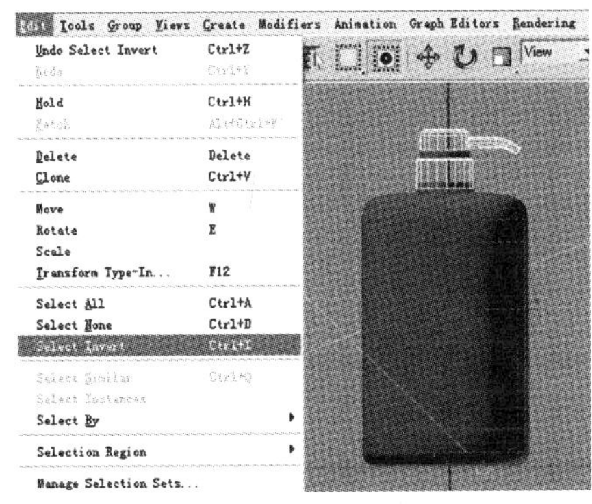

图4-4-9 反选面

① www.cucp.com.cn

⑩ 选择瓶身中间的面，如图4-4-10所示。设置材质ID号为3。

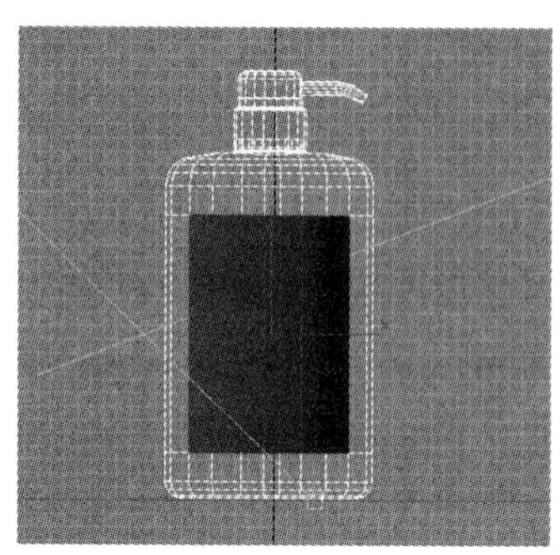

图4-4-10 选择瓶身中间的面

⑪ 保持面的选择状态，在修改器下拉菜单中选择UVW Map修改器。保持Plane选项，取消Real-World Map Size的勾选。

⑫ 点击UVW Map修改器右侧的加号，展开后选择Gizmo，击活坐标编辑状态。使用旋转工具旋转贴图坐标，直至与Front视图平行（垂直于地面，与瓶身保持一致）。

⑬ 点击 Alignment栏中的Fit按钮，使贴图坐标与所选的面适合对齐。如图4-4-11所示。

图4-4-12 渲染效果

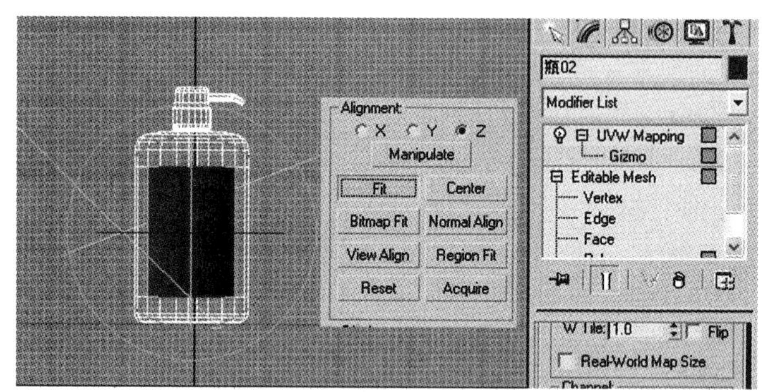

图4-4-11 编辑贴图坐标

⑭ 渲染后的效果如图4-4-12所示。

5. Architectural（建筑材质）

Architectural（建筑材质）是3ds Max7以后新增的材质系统，它列出的材质模板几乎包含了所有建筑表现领域中的材质。使用更为简单、快速、准确。

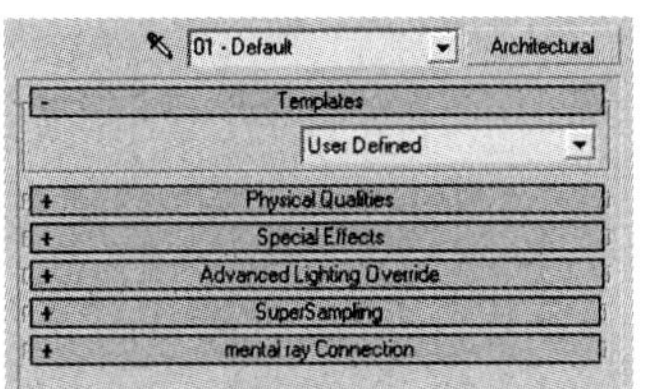

图4—5—1 建筑材质参数面板

(1)建筑材质参数面板

如图4—5—1所示为建筑材质的参数面板。

① Templates卷展栏

在Templates卷展栏的下拉列表里可以选择建筑材质系统的材质类型。

Ceramic Tile Glazed:光滑的瓷砖表面，可以用来表现地面瓷砖的效果。

Fabric：布料，可表现纺织品或布艺效果。

Glass—clear：清玻璃或透明玻璃。

Glass—Translucent：磨砂玻璃或半透明玻璃。

ldeal Diffuse：理想漫反射。

Nasonry：瓦，用于表现毛石及砖等效果。

Metal：金属。

Metal—brushed：拉丝金属。

Metal—flat：平面的金属。

Metal—polished：镜面不锈钢或金属。

Mirror：镜子。

Paint Flat：平面的油漆或漫反射漆。

Paint GlOSS：反射很强的油漆。

Paint Semi—gloss：亚光漆。

Paper：纸。

Paper—translucent：半透明的纸。

Ptastic：塑料。

Stone：石头或石材。

Stone polished：抛光的石材。

Use Defined：用户自定义。

Use—defined Metal：用户自定义金属。

Water：水。

Wood Unfinishedz：未抛光的木材。

Wood Varnished：抛光木材。可以表现表面附清漆的木材效果。

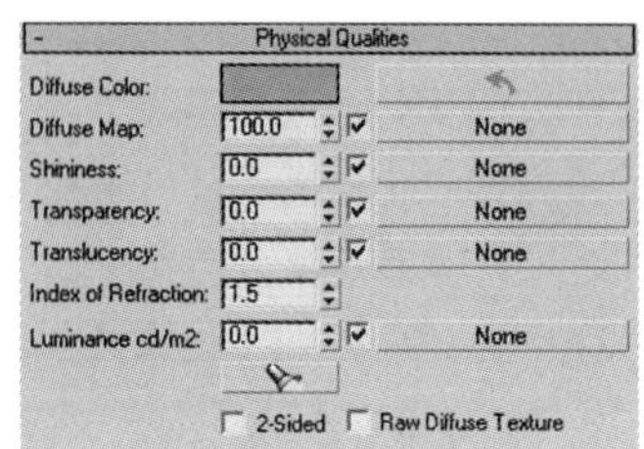

图4-5-2 Physical Qualities卷展栏

② Physical Qualities卷展栏

这一卷展栏用于定义材质的物理性质。如图4-5-2所示。

Diffuse Color（过渡色）：与标准材质类似，用于设置材质的过渡色。

Diffuse Map（过渡色贴图）：用于表现材质纹理。

Shininess（光滑度）：用于设置材质的反射和高光强度。

Transparency（透明度）：设置材质的透明程度。

Translucency（半透明度）：设置材质的半透明效果。

Index of Refracton（折射率）：设置透明物体的折射属性。

Luminance cd/m^2（发光强度）：设置材质的自发光，要配合光能覆盖材质使用才能实现真正的发光效果。

2-Side（双面属性）：勾选后打开材质双面属性。

Raw Diffuse texture（未处理的过渡色纹理）：勾选后该材质将以平面色块或未经处理的图片进行渲染。

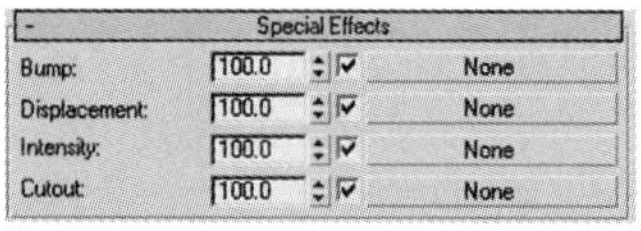

图4-5-3 Special Effects卷展栏

③ Special Effects卷展栏

使用贴图通道控制材质表面凹凸、置换、透明剪切等特效。如图4-5-3所示。

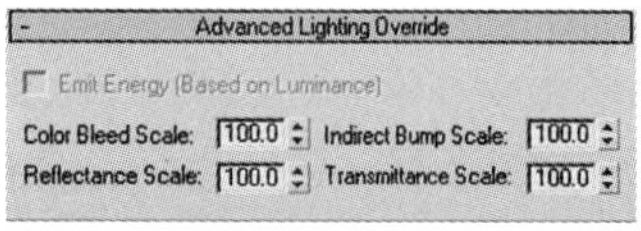

图4-5-4 Advanced Lighting Override卷展栏

④ Advanced Lighting Override卷展栏

这一卷展栏集合了光能覆盖材质大多数常用的参数。在使用光能传递渲染时控制材质的反射程度、颜色逼出等。如图4-5-4所示。

Emit Energy(BasedonLuminance)：选择它可让自发光物体放射出能量。

Color BLeed Scale：颜色溢出比例。

Reflectance Scale：反射比例。

Indirect Bump Scale：间接光影响凹凸效果比例。

Transmittance Scale：透射比例。

(2)建筑材质实例练习

打开“实例\材质\建筑材质练习\“建筑材质.max”① 文件，该场景是洗手间的一部分。

① 首先制作墙面瓷砖。选择“墙”，在材质编辑器中

① www.cucp.com.cn

为其指定一个材质球。单击材质名称旁的Standard按钮，在弹出的Material/Map Brower 对话框中双击Architectural，设置为建筑材质类型。

② 在Templates卷展栏选择Ceramic Tile Glazed（光滑瓷砖）材质。

③ 在Physical Qualities卷展栏为Diffuse Map通道指定Bitmap位图贴图。选择“建筑材质练习\贴图\石材01”[①]。贴图参数保持默认。

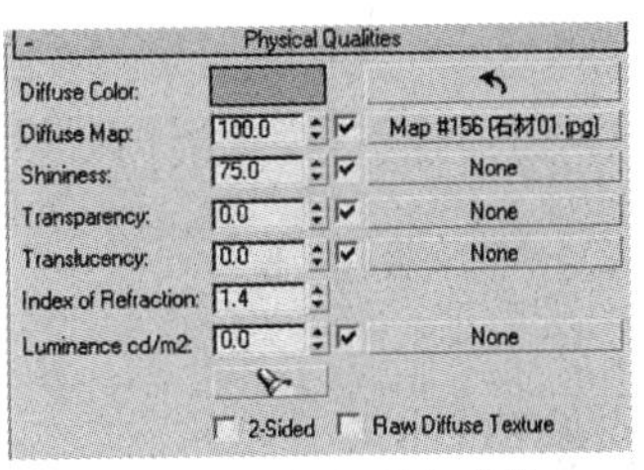

图4-5-5 Physical Qualities参数

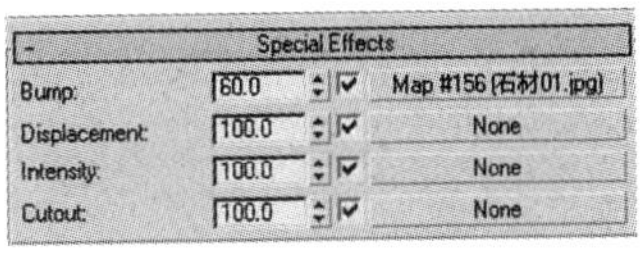

图4-5-6 Special Effect参数

④ 按钮回到父级，设置Shininess值为75(图4-5-5)。展开 Special Effect卷展栏，拖拽Diffuse Map通道上的贴图“石材01”至Bump通道。在随后弹出的对话框里选择Instance。把贴图用关联的方式复制到Bump通道。设置Bump值为60。如图4-5-6所示。

⑤ 在修改命令面板中给“墙”增加一个UVW Map修改器。参数设置如图4-5-7所示。

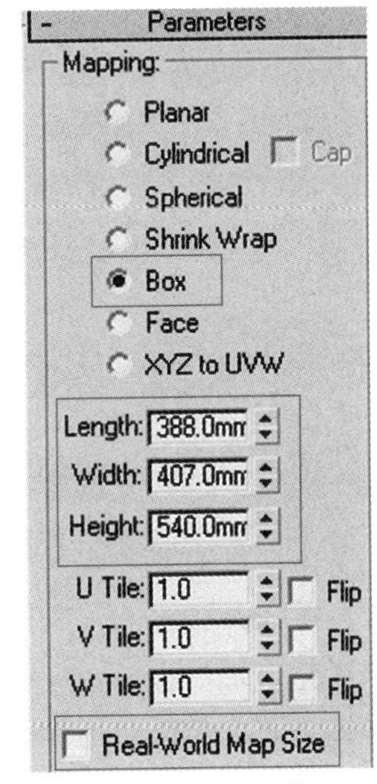

图4-5-7 贴图坐标参数

⑥ 制作镜面材质。选择“镜子”，在材质编辑器中为其指定一个材质球。设定为建筑材质类型。

⑦ 在Templates卷展栏选择Mirror（镜子）材质。

⑧ 制作不锈钢材质。选择一个空白材质球，赋予“毛巾架”和“龙头”，并设为建筑材质类型。

⑨ 在Templates卷展栏选择Metal-Polished（镜面不锈钢）材质。

⑩ 制作台盆的白瓷材质。选择一个空白材质球，赋予“台盆”。设定为建筑材质类型。

⑪ 在Templates卷展栏选择Ceramic Tile Glazed（光滑瓷砖）材质。在Physical Qualities卷展栏调整Diffuse Color的颜色为白色。

⑫ 制作玻璃杯材制，选择一个空白材质球，按钮赋予“杯子”。设定为建筑材质类型。

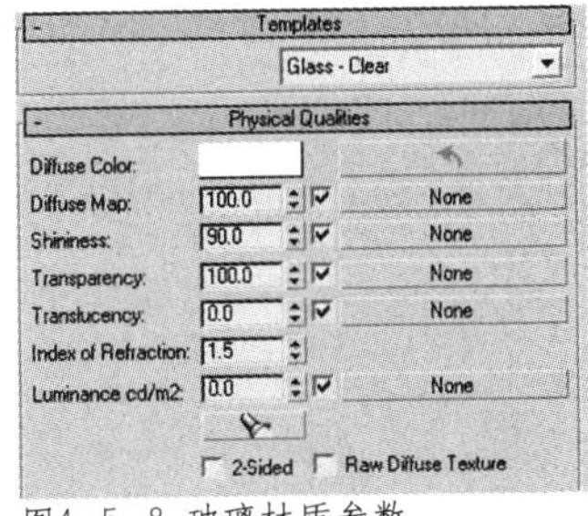

图4-5-8 玻璃材质参数

⑬ 在Templates卷展栏选择Glass-Clear（清玻璃）材质。在Physical Qualities卷展栏调整Diffuse Color的颜色为白色。设置Shininess值为90。如图4-5-8所示。

⑭ 用同样的方法制作玻璃隔板材质，设置Diffuse

① www.cucp.com.cn

Color的颜色为浅绿色。如图4–5–9所示。赋予“隔板”物体。

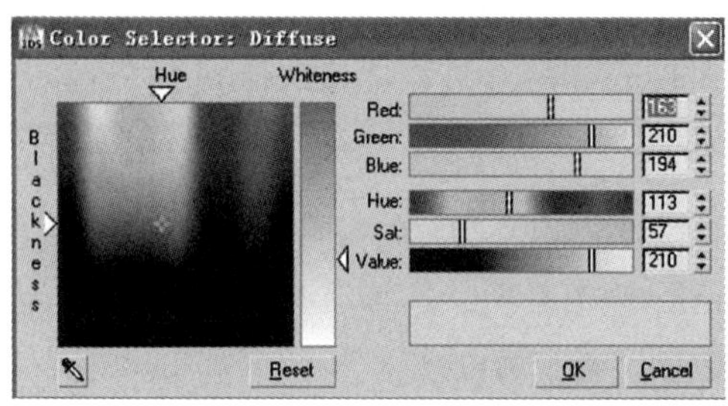

图4–5–9 玻璃颜色参数

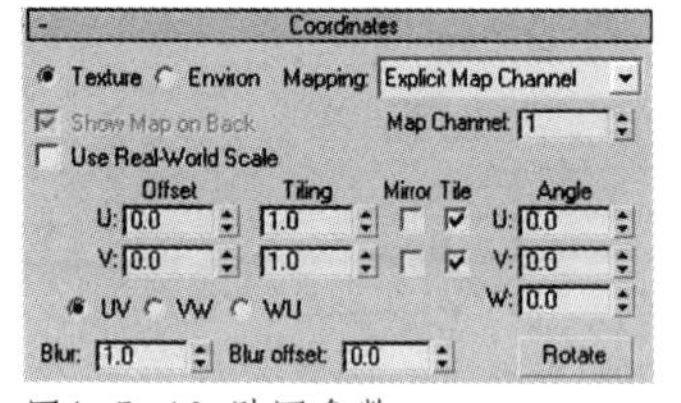

图4–5–10 贴图参数

⑮ 制作木纹贴面板材质。选择一个空白材质球，按钮赋予“台面”。设定为建筑材质类型。

⑯ 在Templates卷展栏选择Wood Varnished（抛光木材）材质。在Physical Qualities卷展栏为Diffuse Map通道指定Bitmap贴图，选择“建筑材质练习\贴图\木纹02”①。在贴图参数面板的Coordinates 参数栏取消Real–World Map Size的勾选，其他参数设置如图4–5–10所示。

⑰ 制作毛巾材质，选择一个空白材质球，赋予“毛巾”。设定为建筑材质类型。

⑱ 在Templates卷展栏选择Fabric（布料）材质。在Physical Qualities卷展栏为Diffuse Map通道指定Bitmap贴图，选择“建筑材质练习\贴图\布纹01”②。贴图参数 保持默认。

⑲ 按钮回父级，展开Special Effect卷展栏，为Bump通道指定Bitmap贴图，选择“建筑材质练习\贴图\布纹01–2”③文件作为贴图纹理。参数保持默认。

⑳ 为“毛巾”设置贴图坐标。增加一个UVW Map修改器。选择planar贴图方式。取消Real–World Map Size的勾选。在堆栈中击活Gizmo，在Front视图中旋转贴图坐标90度。点击Alignment栏中的Fit按钮，使贴图坐标与毛巾大小相适应。

㉑ 材质设置完成，最终材质渲染结果如图4–5–11所示（见第153页彩图）。

①②③ www.cucp.com.cn

6．VRay材质

VRay渲染器能够兼容3ds Max的大部分材质和贴图。但是在VRay渲染器中使用VRay材质会获得更快的速度，还能产生更好、更真实的渲染结果。

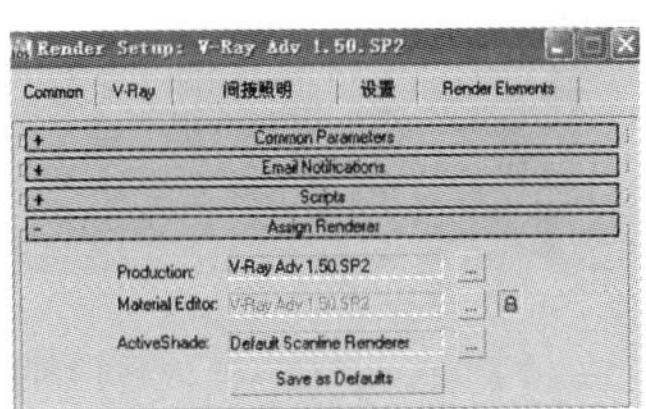

图4-6-1 选择VRay渲染器

要使用VRay材质与贴图，必须安装并击活VRay渲染器，这些材质和贴图才可以在材质/贴图浏览器中出现。并在材质编辑器中正确显示。安装VRay渲染插件后，单击工具栏的按钮，或按键盘上的F10键，在弹出的Render Setup(渲染设置）面板选择Common选项卡，展开Assign Renderer卷展栏，单击Production后的灰色小按钮，在随后弹出的渲染器选择对话框里选择VRay渲染器。结果如图4-6-1所示。此时VRay材质及贴图才会出现在材质/贴图浏览器中。

(1) VRayMtl材质

VRayMtl材质是VRay渲染器中最常用的材质。与3ds Max材质相比，它能够获得更准确的物理照明，它的反射和折射参数调节更简便，配合运用不同的纹理贴图通道可以产生更为真实的材质效果。VRay渲染器不能兼容3ds Max的Raytrace（光迹跟踪）材质和贴图，也不支持建筑材质。但是使用VRayMtl材质制作玻璃、不锈钢等具有反射、折射效果的材质在设置上更方便，渲染效果也更好。

下面将利用一个简单的场景来练习使用VRayMtl材质。打开“实例\材质\VRay材质练习\“VRayMtl材质.max”[①]文件，该场景中只有一个平面物体和一个茶壶。已经设置渲染器为VRay渲染器。

① 环境设置

由于场景比较简单，为了丰富渲染效果，下面为场景设置环境贴图和HDRI照明。

- 按F10键打开渲染设置面板，选择V-Ray选项卡，在“环境”卷展栏开启“全局照明环境覆盖”（勾选“开”）。单击后面的灰色长按钮，在弹出的Material/Map Brower （材质/贴图浏览器）中选择VRayHDRI贴

① www.cucp.com.cn

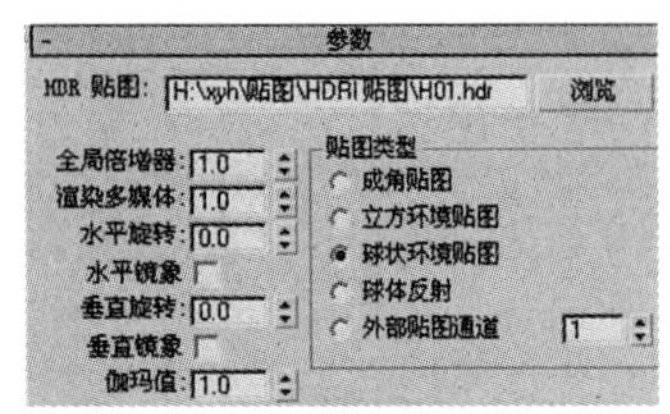

图4-6-3 VRayHDRI贴图参数

图4-6-4 VRayHDRI贴图

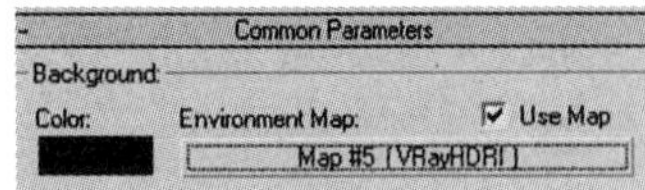

图4-6-5 环境贴图

图类型。如图4-6-2所示。

图4-6-2 设置VRayHDRI贴图

● 打开材质编辑器，把VRayHDRI贴图拖拽至材质示例窗的空白样本槽中。在随后弹出的对话框中选择Instance。在贴图参数栏单击“浏览”按钮，在弹出的选择图像对话框中选择“Vray材质练习\HDRI贴图\H01.hdr”[①]图像文件。设置贴图类型为“球状环境贴图”。如图4-6-3所示。示例窗中效果如图4-6-4所示。

● 按8键打开环境设置对话框，把示例窗中的HDRI贴图拖拽至环境贴图下的灰色按钮上，选择Instance复制方式。把这个光照贴图同时作为环境贴图。如图4-6-5所示。

② 木地板材质

● 选择“Plane01”，在材质编辑器中选择一个空白材质球赋予“Plane01”。为材质命名为“木地板”。

● 单击材质名称旁的材质类型按钮，在弹出的Material/Map Brower 对话框中找到并双击VRayMtl。

● 在Map（贴图）卷展栏为漫反射通道指定Bitmap位图贴图。选择“Vray材质练习\贴图\木地板1A.jpg”[②]。在Coordinates 参数栏取消Real-World Map Size的勾选，设置贴图参数如图4-6-6所示。为反射通道指定Bitmap位图贴图。选择“Vray材质练习\贴图\木地板1B.jpg”[③]。设置贴图参数同上。Amount值为15。把反射通道的贴图拖拽至凹凸通道，在Copy对话框中选择Instance。Amount值为5。如图4-6-7所示。图4-6-8为渲染效果。

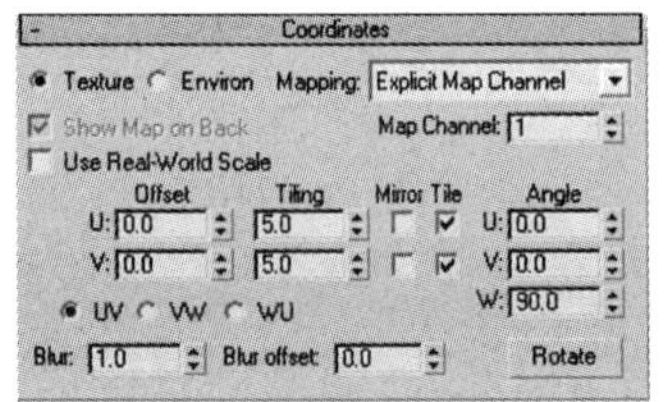

图4-6-6 木地板贴图参数

提示： 为反射通道指定相同纹理的贴图，可以使反射根据纹理凹凸产生相应变化，看上去更真实。

贴图			
漫反射	100.0	☑	Map #8 (木地板1A.jpg)
粗糙度	100.0	☑	None
反射	15.0	☑	Map #9 (木地板1B.jpg)
折射率	100.0	☑	None
反射光泽	100.0	☑	None
菲涅耳折射	100.0	☑	None
各向异性	100.0	☑	None
自旋	100.0	☑	None
折射	100.0	☑	None
光泽度	100.0	☑	None
折射率	100.0	☑	None
透明	100.0	☑	None
凹凸	5.0	☑	Map #9 (木地板1B.jpg)
置换	100.0	☑	None
不透明度	100.0	☑	None
环境		☑	None

图4-6-7 木地板贴图通道

图4-6-8 木地板渲染效果

①②③ www.cucp.com.cn

③ 金属材质

● 制作镜面不锈钢材质

选择“茶壶”，在材质编辑器中选择一个空白材质球赋予“茶壶”。为材质命名为“金属”。设置为VRayMtl材质类型。

在基本参数栏单击“反射”右侧的颜色块，在弹出的颜色选择对话框设置颜色为白色（R、G、B值均为255）。设置“反射光泽度”值为0.95。如图4－6－9所示。

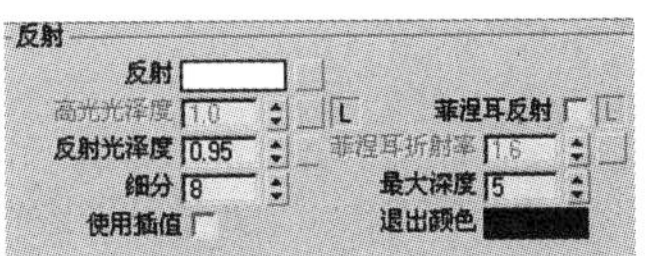

图4－6－9 镜面不锈钢材质参数

茶壶渲染效果如图4－6－10所示（见第153页彩图）。为镜面不锈钢材质。

● 改变金属颜色成为金色材质

在基本参数栏单击“漫反射”右侧的颜色块，在弹出的颜色选择对话框设置颜色为深黄（R：155，G：120，B：0）。单击“反射”右侧的颜色块，在弹出的颜色选择对话框设置颜色为金黄色（R：255，G：215，B：50）。如图4－6－11所示。渲染效果如图4－6－12所示（见第153页彩图）。

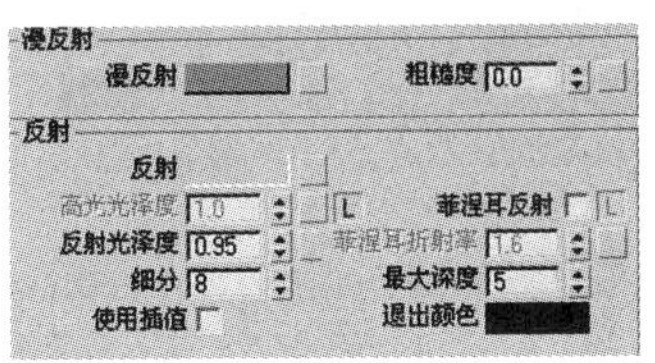

图4－6－11 改变金属颜色

● 磨砂金属材质。改变“反射光泽度”值为0.8。渲染效果如图4－6－13所示（见第153页彩图）。

提示： 反射颜色越淡，反射效果越强，反射光泽度越小，光滑效果越弱。也可以在反射通道指定纹理贴图产生磨砂或拉丝效果。

④ 玻璃材质

● 透明玻璃

另选一个空白材质球，命名为“玻璃”，赋予“茶壶”对象。设置材质类型为VRayMtl材质。单击“反射”右侧的颜色块，在弹出的颜色选择对话框设置颜色为灰色（R：60，G：60，B：60）。单击“折射”右侧的颜色块，在弹出的颜色选择对话框设置颜色为白色（R、G、B均为255）。如图4－6－14所示。

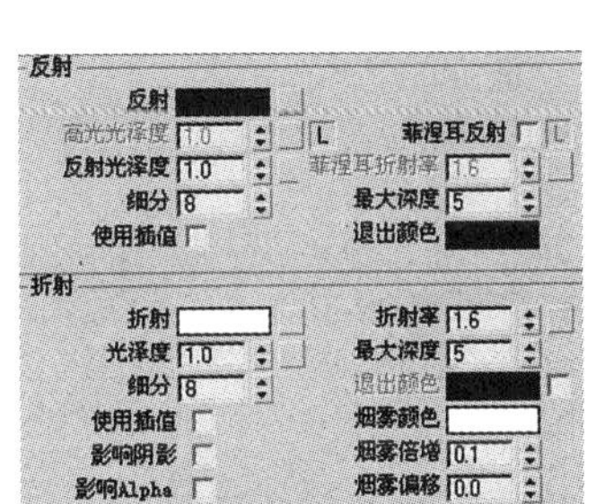

图4－6－14 玻璃材质参数

材质渲染效果如图4－6－15所示（见第153页彩图）。

● 有色玻璃

有色玻璃也是效果图中常用到的材质。继续制作有色玻璃材质。在折射参数栏中单击“烟雾颜色”右边的颜色块，设置颜色为深红色（R：200，G：0，B：0）。设置烟雾倍增值为0.1。在反射参数栏中勾选“菲涅尔反射”。如图4－6－16所示。

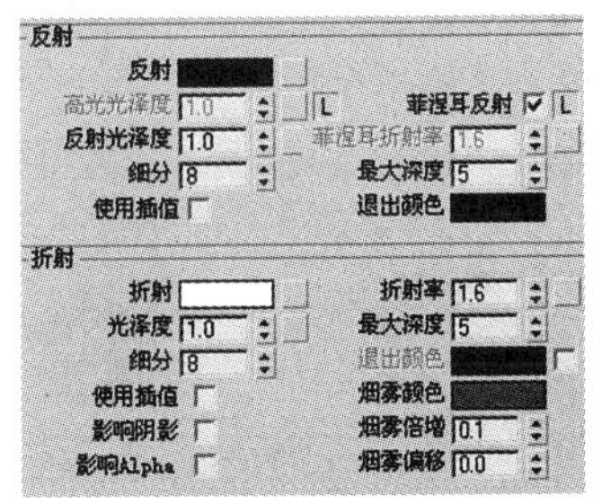

图4－6－16 有色玻璃材质参数

提示： 折射颜色越淡，折射效果越强。白色则完全透明。勾选菲涅尔反射使反射强度与入射角度有关，能模拟更真实的反射效果。

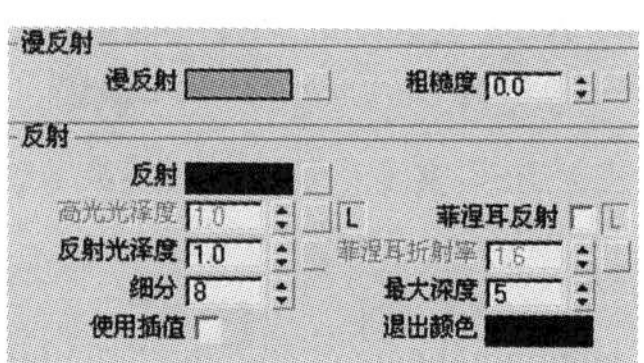

图4-6-17 “Plane01”材质颜色

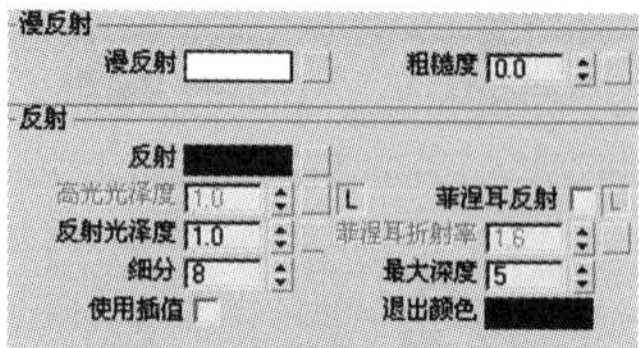

图4-6-19 白瓷材质参数

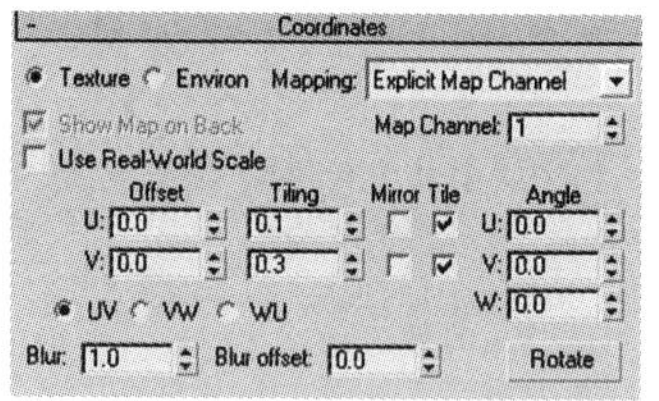

图4-6-20 竹编材质贴图参数

贴图			
漫反射	100.0	☑	Map #11 (竹编a.jpg)
粗糙度	100.0	☑	None
反射	5.0	☑	Map #12 (竹编B.jpg)
折射率	100.0	☑	None
反射光泽	100.0	☑	None
菲涅耳折射	100.0	☑	None
各向异性	100.0	☑	None
自旋	100.0	☑	None
折射	100.0	☑	None
光泽度	100.0	☑	None
折射率	100.0	☑	None
透明	100.0	☑	None
凹凸	30.0	☑	None
置换	10.0	☑	Map #13 (竹编B.jpg)
不透明度	100.0	☑	None
环境		☑	None

图4-6-21 竹编材质贴图通道

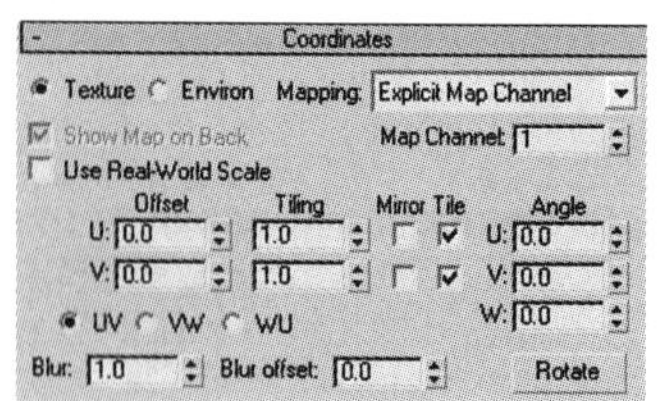

图4-6-22 竹圈材质贴图参数

为突出色彩效果，把地面改为浅色地砖材质，另选一个空白材质球赋予“Plane01”，设置为VRayMtl材质类型。设置“漫反射”颜色为浅暖色（R：196，G：187，B：125），“反射”颜色为深灰色（R：15，G：15，B：15）。如图4-6-17所示。渲染效果如图4-6-18所示（见第153页彩图）。

⑤ 制作白瓷材质。

另选一个空白材质球，命名为“白瓷”，赋予对象“茶壶”。设置材质类型为VRayMtl。单击“漫反射”右侧的颜色块，在弹出的颜色选择对话框中设置颜色为白色（R、G、B均为255）。单击“反射”右侧的颜色块，在弹出的颜色选择对话框设置颜色为深灰（R：20，G：20，B：20）。如图4-6-19所示。

⑥ 使用置换贴图制作竹编材质。

- 在视图中击右键，在弹出的快捷菜单中选择Unhide All。显示被隐藏的茶壶垫。另选一个空白材质球，命名为“竹编”，赋予“竹垫”。设置为VRayMtl材质类型。在贴图卷展栏中为“漫反射”通道指定Bitmap贴图，选择贴图文件“竹编A.jpg”①。贴图参数如图4-6-20所示。为“反射”通道指定Bitmap贴图，选择贴图文件“竹编B.jpg”②。贴图参数同上。反射值为5。将反射通道中的贴图复制到置换通道，使用VRay的置换贴图可以表现比较真实的纹理凹凸效果，设置“置换”值为10。图4-6-21所示。
- 选择竹垫外边，为其指定一个空白材质球，设为VRayMtl材质类型。设置反设颜色为（R：15，G：15，B：15的）灰色。为“漫反射”通道指定Bitmap贴图，在光盘中选择贴图文件“ww-026.jpg”。贴图参数如图4-6-22所示。

最终材质渲染效果如图4-6-23所示（见第153页彩图）。

(2) VRay灯光材质

① 打开“实例\材质\VRay材质练习\VRay灯光材质.max”③文件，该场景没有创建灯光。图4-6-24是使用

①②③ www.cucp.com.cn

默认灯光渲染效果。

② 按F10键打开渲染设置面板，选择V-Ray选项卡，在“全局开关”卷展栏中取消默认灯光的勾选。如图4-6-25所示。此时渲染场景将漆黑一片。

③ 在材质编辑器中选择一个空白材质球，赋予物体“灯”。单击材质类型按钮，在弹出的材质/贴图浏览器中选择VRay灯光材质。如图4-6-26所示。

图4-6-24 默认灯光渲染效果

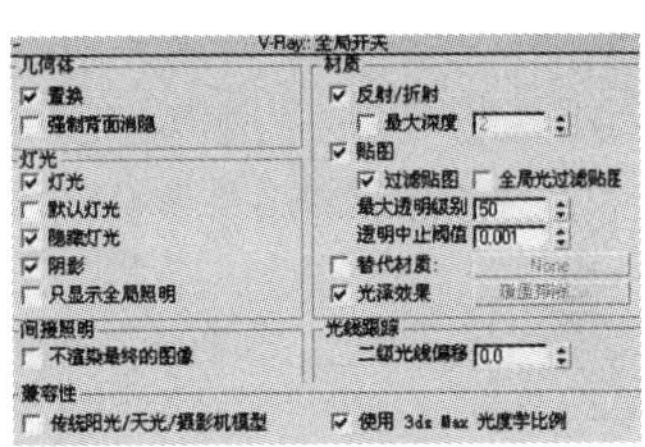

图4-6-25 取消默认灯光

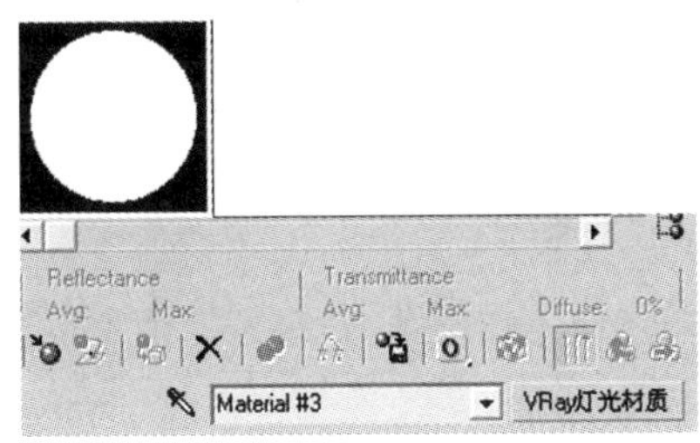

图4-6-26 选择Vray灯光材质类型

④ 在参数栏中单击颜色右边的色块，在弹出的颜色选择对话框设置颜色为浅黄（R：255，G：249，B：195）。并设置强度为2.0。单击不透明度右边的灰色长按钮，在弹出的材质/贴图浏览器中选择Fallof贴图。贴图参数保持默认。如图4-6-27所示。

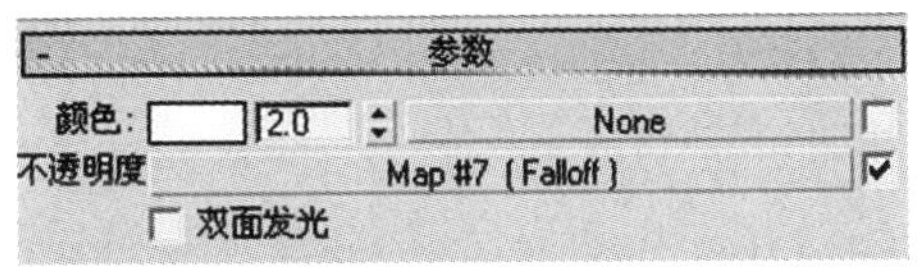

图4-6-27 VRay灯光材质参数

最终渲染效果如图4-6-28所示（见第154页彩图）。

本章重点与习题:

1. 3ds Max中有哪些材质类型?
2. 贴图与材质的关系是什么?
3. 什么是贴图通道?
4. 什么是贴图坐标?它对贴图纹理有怎样的影响?

第五章 效果图灯光运用

在现实世界中没有光就看不见事物的轮廓、颜色、纹理等。在3ds Max虚拟的三维空间中也一样，我们精心创建的模型、材质必须在一定的光照条件下才能呈现出来。为场景打造一个合适的光照环境十分重要。3ds Max提供了两种灯光类型：标准灯光类型和光度学灯光类型。另外VRay渲染器自带有VRay灯光类型。不同种类的灯光对象用不同的方法投射灯光，模拟真实世界中不同种类的光源。

无论使用哪种类型的灯光，都要依据艺术表现的基本原理来布光。我们利用绘画艺术对光照效果的分析和色彩表现的理论来绘制建筑、室内效果图。对场景而言，按光照效果我们可以把光源分为3类：主光、辅助光和背景光。

主光：通常用它来照亮场景中的主要景物及其周边区域，并且负担有投射阴影的任务。场景的明暗及投影方向一般由主光来决定，主光布置的合适与否，直接决定一幅效果图的效果。主光既可由一盏灯来完成，也可以由若干盏灯共同完成。一般来说主光应具有明确的方向性和目标性，

辅助光：通常它在摄像机的旁边用来照亮主光没有照到的黑暗区域。辅助光具有均匀布光的特性，我们常用它定义场景的基调。

背景光：布置在对象后面，使对象与背景相分离。背光

的运用使场景产生纵深感，我们通常会采用一种光照强度小于主光的灯光作为背光。

1. 标准灯光

Standard(标准)灯光系统可细分为泛光灯、目标聚光灯、自由聚光灯、目标平行光、自由方向灯、天光及面光源等。

最常用的有泛光灯、目标聚光灯、目标平行光。Target Spot(目标聚光灯)用来模拟具有明确照射范围和目标的灯光。对单一的建筑物也可用来模拟太阳光，目标聚光灯通常作为主光源使用；目标平行光、目标聚光灯的目标点可以单独调节。Target Direct (目标平行光)用来模拟自然界的平行光线，如日光、月光等。Omni(泛光灯)是一种均匀布光的灯光类型，可模拟辅助光和背景光，在实际运用中可以模拟灯具光晕的照明效果。Free Spot和Free Direct (自由聚光灯和自由平行光)多用于建筑浏览动画的制作，也可用作模拟固定射灯、台灯、舞厅激光灯的照明效果。Skylight(天光) 通常配合高级光照渲染用于室外效果图制作。

(1) Target Spot(目标聚光灯)参数

下面通过目标聚光灯参数面板来了解灯光参数设置，其他类型灯光参数功能基本类似。

图5-1-1 通用参数

① General Parameters(通用参数)

通用参数展卷栏用来设置灯光类型及阴影类型等。如图5-1-1所示。

Light Type (灯光类型) ：其中有一个下拉列表，可以选择在3种常用的灯光类型间切换。勾选On左侧的复选框，则该灯光对场景起作用，在视图中显示为黄色。取消勾选，则该灯光对场景不起作用，在视图中显示为黑色。

Shadows (阴影) ：勾选On则产生阴影，否则该灯光照射下物体不产生阴影。在下拉列表中有5种阴影方式可供选择：Shadow Map(阴影贴图) 、Adv.Ray Traced (高级光线追踪) 、mental ray Shadow Map (mental ray

阴影贴图）、Area Shadows（面阴影）、Ray Traced Shadow（光线追踪阴影）。选择其中一种阴影方式，命令面板下方就会出现相应的参数设置栏。Shadow Map（阴影贴图)的渲染速度非常快，但无法像光影跟踪那样给模型投射准确的阴影，尤其对室外建筑物而言，无法表现出清晰明确的阴影。阴影贴图法一般用于室内效果图中制作阴影。此外，阴影贴图不考虑投影对象是否透明，都一律贴上一个黑影，因此对于透明对象无法产生真实可信的阴影。因此当场景中具有透明对象时，一般应采用 Raytraced Shadows投影方式来制作透明的阴影。

Use Global Settings（使用全局设置）：该项常用于室内灯光的设置。激活该项，场景中所有已选中该项的灯光，其阴影参数将保持一致，修改任意一盏灯光的阴影参数均会影响到其他的灯光。

Exclude（排除）：该项可对场景中的对象进行有选择的照明。点取Exclude按钮可以弹出Exclude/Include（排除/包含）对话框。如图5-1-2所示。

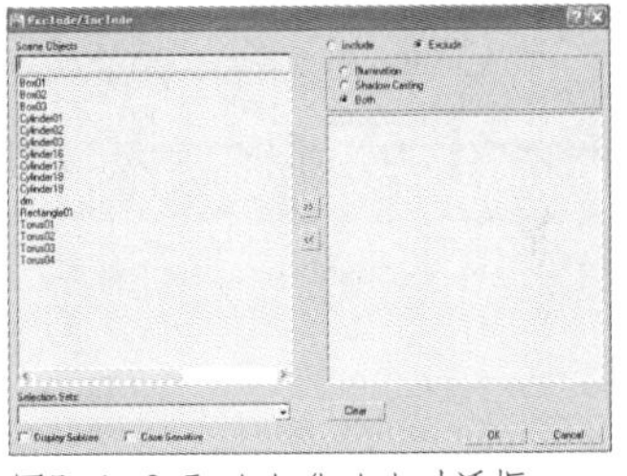

图5-1-2 Exclude/Include对话框

对话框中 Scene Object列表栏中显示的是当前场景中包含的所有对象。通过中间的箭头按钮，可以将左侧栏中的选项移至右侧列表栏中，或右侧栏中的选项移至左侧列表栏中。选择Exclude（排除），则右侧栏中显示的是被排除在该灯光照射之外的对象；若选择Include（包括），此时右侧列表栏中显示的是该灯光所能照射到的所有对象。Illumination（照明）、Shadow Casting(投影)、Both（全部）为排除灯光影响场景对象的内容。

② Intensity/Color/Attenuation（亮度/颜色/衰减）参数

Intensity/Color/Attenuation（亮度/颜色/衰减）参数卷展栏。如图5-1-3所示。

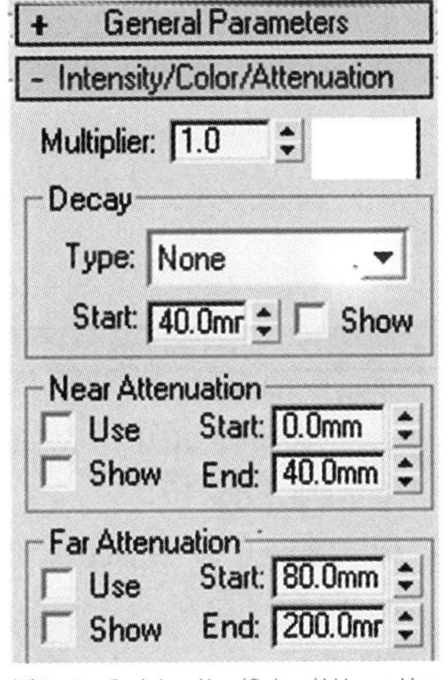

图5-1-3 Intensity/Color/Attenuation（亮度/颜色/衰减）参数卷展栏

Multiplier（倍增器）：可以设置为正值也可以是负值，用于增强或减弱灯光的亮度。

倍增器右侧的色块用来对灯光的颜色进行设定。

Decay（衰减）：该项参数与下面两项参数用于模拟距

离对灯光的影响。Type下拉列表用于设置衰减类型，Start调节衰减起始值，勾选Show则显示衰减线框。

Near Attenuation（近距衰减）：用于设置灯光由暗到亮的过程。

Far Attenuation（远距衰减）：用于设置灯光由亮到暗的过程。

③ Spotlight Parameters（聚光灯参数）

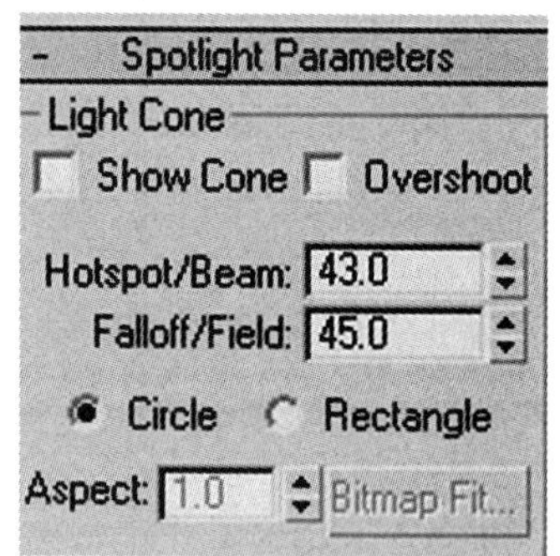

图5—1—4 Spotlight Parameters卷展栏

Spotlight Parameters卷展栏如图5—1—4所示。它的主要功能是调整聚光区的大小和衰减区的范围。

Show Cone：显示锥形框。

Overshoot：泛光化，选择后聚光灯就相当于一个泛光灯。

Hotspot/Beam：聚光区/光束。该值决定聚光区的大小。

Falloff/Field：衰减/区域。聚光区至边缘的过渡区域称为衰减区（Falloff）。该值决定衰减程度。

Circle：默认为该选项，使聚光灯照射区域为圆形。

RectangleRectangle：使聚光灯照射区域为矩形。

Aspect：用于设定矩形的长宽比。

Bitmap Fit（位图适配）：用所选位图的比例来决定聚光灯投影的比例，其功能与贴图坐标中的Bitmap Fit相同。当它与Advanced Effects（高级特效）卷展栏的Project项结合使用时则产生投影机的效果，可以将各种图案、纹理甚至动画投射到对象表面。

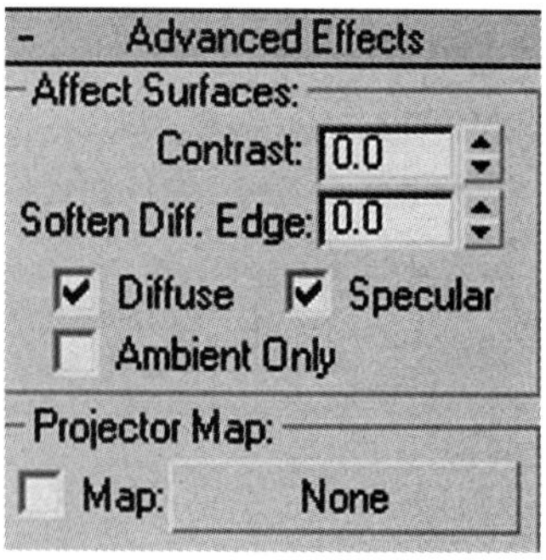

④ Advanced Effects（高级特效）

Advanced Effects（高级特效）卷展栏如图5—1—5所示。

图5—1—5 Advanced Effects卷展栏

Contrast（对比度）：该项用来调节灯光在场景对象表面产生的高光和过渡区之间的对比度，一般来说该项不宜过大，以免产生耀眼的光斑。

Soften Diff Edge（柔化边界）：柔化过渡区与阴影区之间的边界。

Diffuse（影响过渡区）：选中该项，灯光将会对场景对象的过渡区产生效果。一般情况下均应打开该项，因为Diffuse区域是一个场景对象的大部分可见区域。

Specular（影响高光区）：激活该项灯光会在场景对象表面形成高光区，在室内效果图制作中对墙面进行照明的灯光应关闭此项，以免在墙上形成光斑，破坏室内微妙的色彩和光线效果。

Projector Map（映射贴图）：通过设置贴图，可以影响灯光的颜色，并且根据贴图纹理产生奇妙效果。可用来模拟舞台效果。在制作效果图时，投影的使用会有效地为灯光增加微妙的色彩与明暗变化。使用投影贴图必须注意贴图的灰度值会影响投射该图灯光的亮度，使场景变得昏暗。这种情况下，我们可以采用以下3种方法提高灯光的亮度：

- 将灯光颜色调至趋向于白色。
- 提高Multiplier值。
- 在Photoshop中处理图片，增加图片亮度。

合理地使用投影，我们可以使一幅原本平淡无奇的画面变得色彩丰富，韵感极强。

⑤ Shadow Paramenters（阴影参数）

该参数栏用来设定灯光投射阴影的方法。如图5−1−6所示。

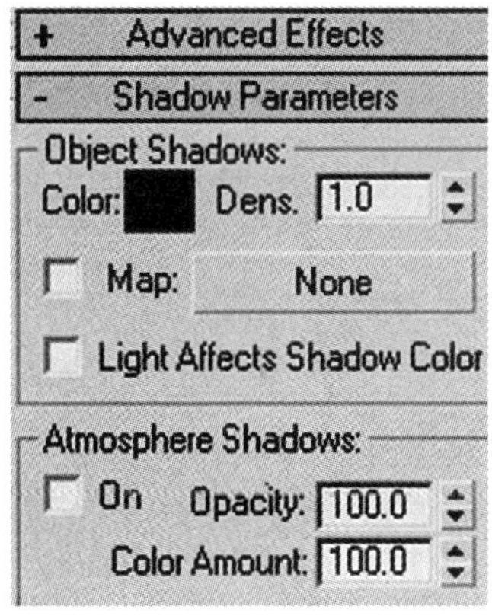

图5−1−6 Shadow Paramenters卷展栏

Object Shadows（物体阴影）：此项中的Color可用来控制阴影的颜色。Dens控制阴影的浓度，值小于1可产生较淡的阴影。

Atmosphere Shadows（大气阴影）用于控制大气阴影的颜色及不透明度。

⑥ Shadow Map Params（阴影贴图参数）

Shadow Map Params（阴影贴图参数）卷展栏如图5−1−7所示。Bias可设置阴影的偏移量。Size值越大阴影越清晰。Sample Range（采样范围），加大此值可以产生模糊阴影。

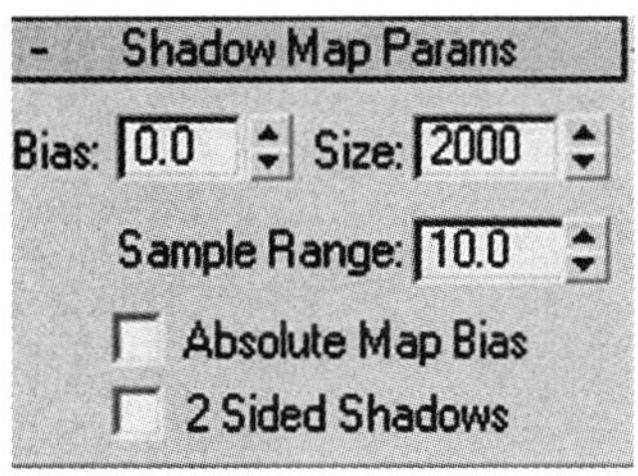

图5−1−7 Shadow Map Params卷展栏

图5-1-8 默认灯光渲染效果

提示： 在扫描线渲染方式下，当视图中创建任何一盏灯光对象后，系统默认灯光就会被自动关闭。

(2) 标准灯光实例练习

打开“实例\灯光\标准灯光\标准灯光练习.max”① 文件，文件预设渲染方式为扫描线渲染。按F9键进行快速渲染。如图5-1-8所示。场景没有创建任何灯光，目前的光照效果是3ds Max默认灯光效果。

① 创建主光源。

在创建灯光命令面板的下拉菜单中选择Standard(标准）灯光类型。选择Target Spot(目标聚光灯）。在视图中创建一盏聚光灯Spot01，目标点为茶杯。位置如图5-1-9所示。

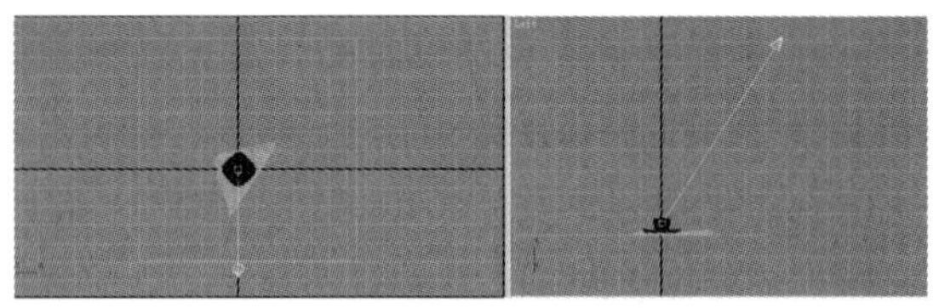
图5-1-9 创建目标聚光灯

② 在修改命令面板修改Spot01的参数。

在General Parameters(通用参数)卷展栏选择Shadow Map阴影类型，并确认勾选Shadows（阴影）on复选框，投射阴影。如图5-1-10所示。

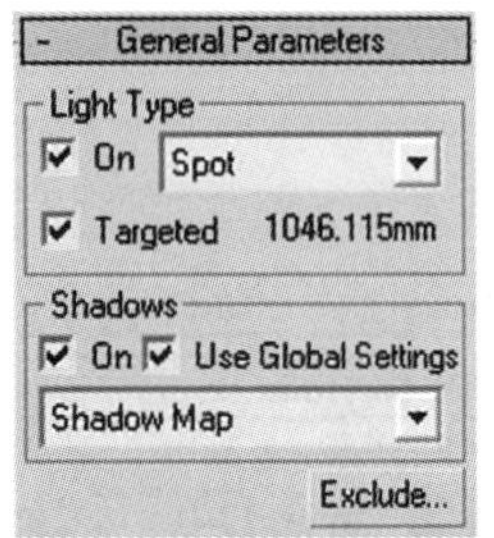

图5-1-10 通用参数

在Spotlight Parameters卷展栏中设置Hotspot/Beam和Falloff/Field值分别为30、60。如图5-1-11所示。聚光灯光锥中间的明亮的区域称为聚光区(Hotspot)，在此区域内的灯光强度不会发生衰减；外围至边缘的过渡区域称为衰减区(Falloff)。衰减区是灯光照射的极限，Fall off与Hot Spot之间距离越大，则灯光衰减越柔和。如图5-1-12为衰减距离比较。

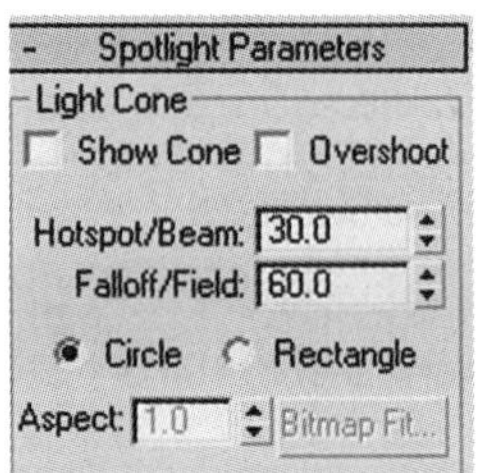

图5-1-11 聚光灯参数

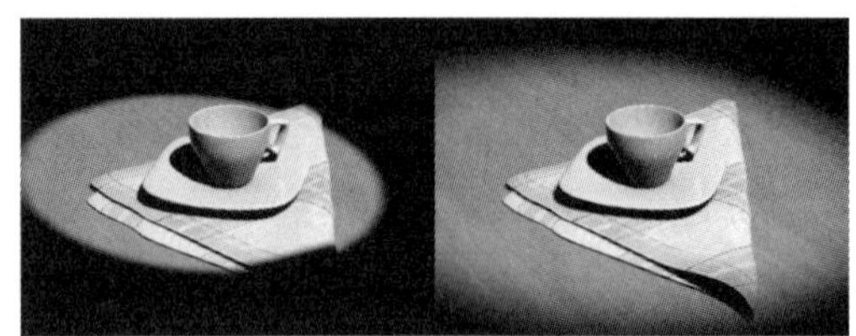
图5-1-12 衰减距离比较

聚光灯的投影形状由 Circle和Rectangle选项决定，其中Circle代表圆形投射方式，Rectangle代表矩形投射方式。如图5-1-13为投影形状比较。

图5-1-13 投影形状比较

① www.cucp.com.cn

使用Shadow Map阴影类型渲染速度非常快，但无法像光影跟踪那样给模型投射准确的阴影，需要在相应的Shadow Map Parameters（阴影贴图参数）卷展栏调整参数。设置Bias值为0，Size值为2000，Sample Range（采样范围）值为10。如图5−1−14所示。Bias值越小阴影偏移程度越小。Size值越大阴影越清晰。加大Sample Range（采样范围）值可以平滑阴影锯齿。

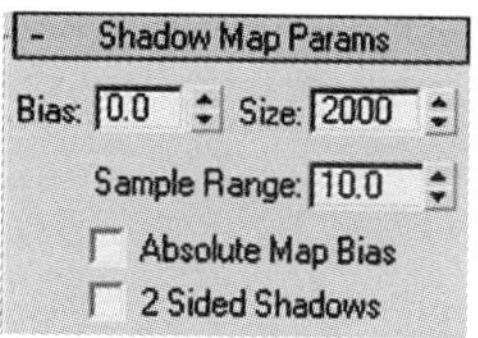

图5−1−14 阴影贴图参数

为了使投射的光线看上去比较柔和，需要调整灯光的衰减参数。修改Intensity/Color/Attenuation（亮度/颜色/衰减）卷展栏参数。单击倍增器右侧的色块，在弹出的颜色选择对话框中设置为浅黄色（R:255,G:255,B:223)。勾选Far Attenuation（远距衰减）下的Use和Show选项，并设置适当的值。如图5−1−15所示。Far Attenuation（远距衰减）用于设置灯光由亮到暗的过程。常用来模拟室内效果图中实际灯光的衰减效果。如图5−1−16为灯光衰减效果，图5−1−17为非衰减效果。

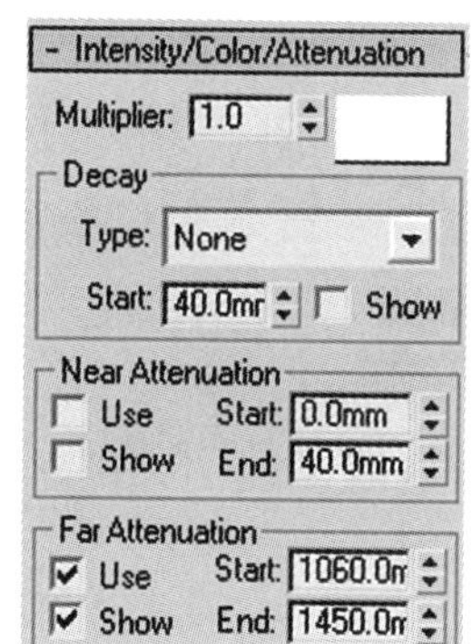

图5−1−15 亮度/颜色/衰减参数

图5−1−16 灯光衰减效果

图5−1−17 非灯光衰减效果

③ 创建辅助光

由于扫描线渲染只计算直接光照效果，不计算光线反射，所以需要增加其他灯光来模拟光线反射现象。

泛光灯(Omni)从光源向各个方向投射光线，无明确的照射目标，通常用来模拟环境光和背景光。

● 在Standard(标准）灯光类型中选择Omni（泛光灯）。在相对主光投射阴影的方向创建一盏泛光灯Omni01，位置如图5−1−18所示。

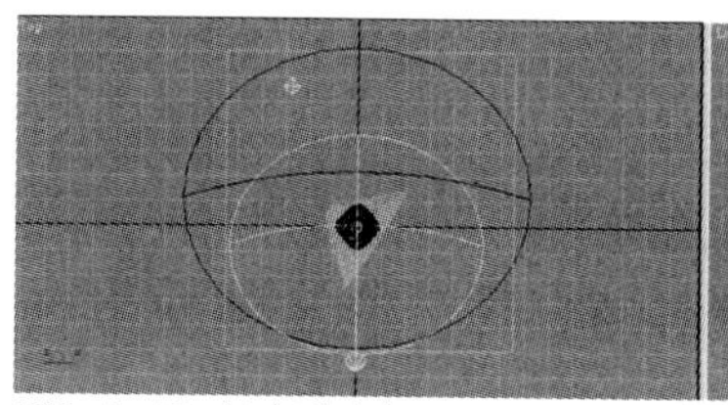
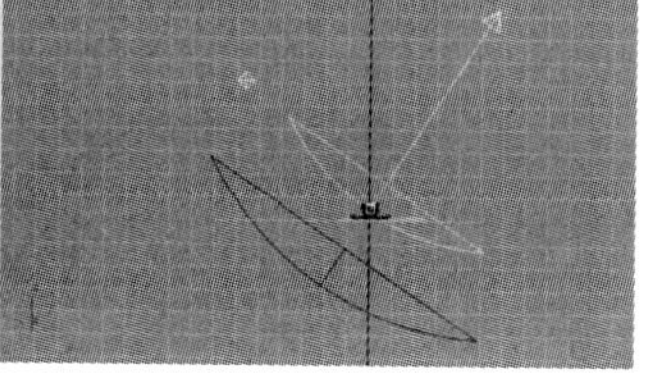

图5−1−18 创建泛光灯

● 在修改命令面板修改泛光灯Omni01的参数。

首先，取消勾选Shadows（阴影）栏的on复选框。因为阴影方向是由主光投射的，辅助光投射阴影会使光线看上去比较混乱。

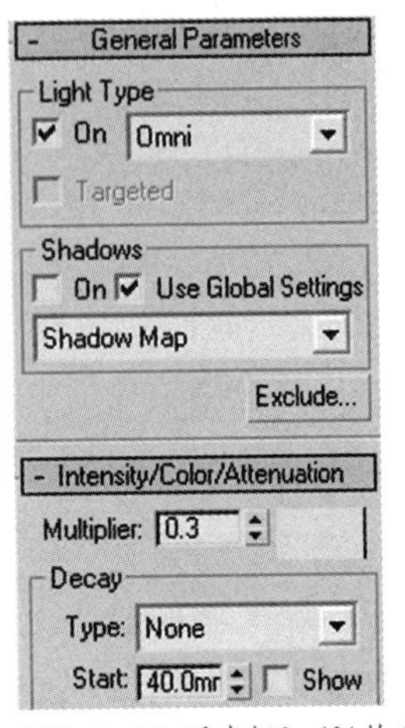

图5—1—19 泛光灯Omni01的参数

其次，修改Multiplier（倍增器）值为0.3。颜色设置为浅蓝（R:175,G:220,B:255)。与主光互补。如图5—1—19所示。

观察渲染效果，原来漆黑的投影变得比较通透。但茶杯颜色太暗。按住Shift键，使用移动工具移动Omni01，复制出Omni02，在弹出的复制对话框选择Copy。调整Omni02的位置如图5—1—20所示。修改泛光灯Omni02的颜色为浅黄。

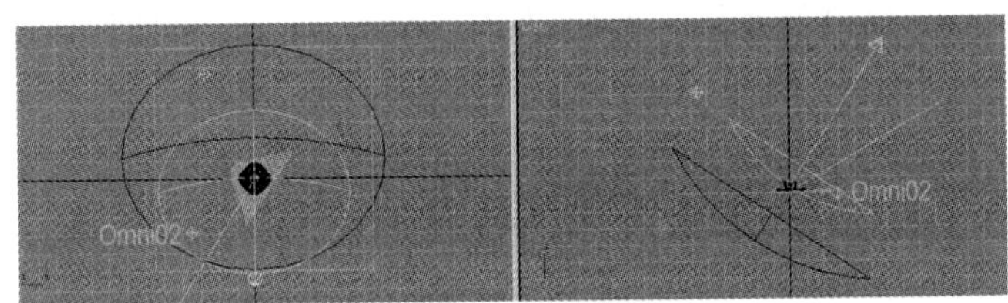

图5—1—20 泛光灯Omni01的参数

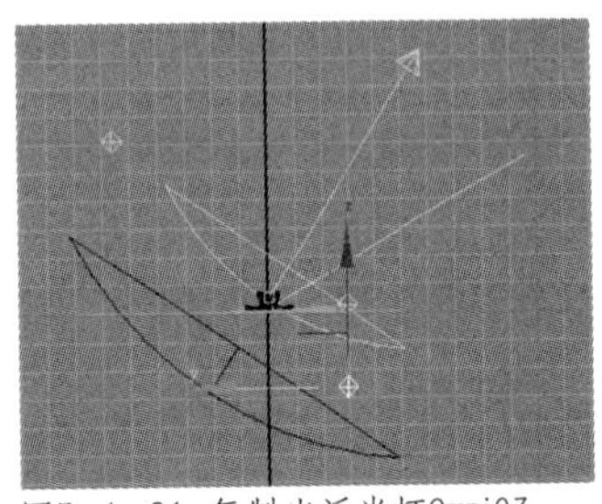
图5—1—21 复制出泛光灯Omni03

观察渲染后效果发现瓷盘显得太亮，杯子则太暗。选择聚光灯Spot01，调整Multiplier（倍增器）值为0.8。修改泛光灯Omni01的Multiplier（倍增器）值为0.4。然后按住Shift键，使用移动工具向下移动Omni02，复制出Omni03，在弹出的复制对话框选择Copy。位置如图5—1—21所示。

图5—1—22 泛光灯Omni03参数

修改Omni03的Multiplier（倍增器）值为0.2，颜色为浅蓝。如图5—1—22所示。单击通用参数栏中的Exclude按钮，在弹出的Exclude/Include对话框中选择左边框内的茶杯“cup”，然后单击中间向右的箭头按钮，使“cup”置于有边框内。选择Include选项，按OK键确认。如图5—1—23所示。从而使Omni03只对茶杯“cup”起作用。

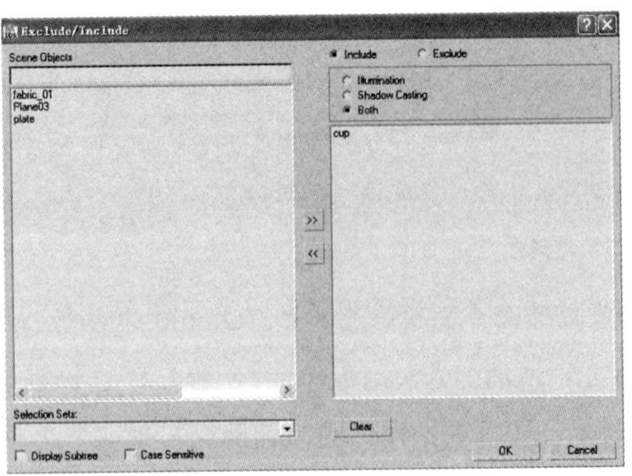

图5—1—23泛光灯Omni03的Exclude/Include 设置

由于设置了四盏灯，茶杯上出现多处高光点，必须适当地除去。选择Omni03，在修改命令面板的Advanced Effects（高级特效）卷展栏中取消Specular的勾选。如图5-1-24所示。用同样方法去除Omni01的高光。

最后渲染效果如图5-1-25所示。

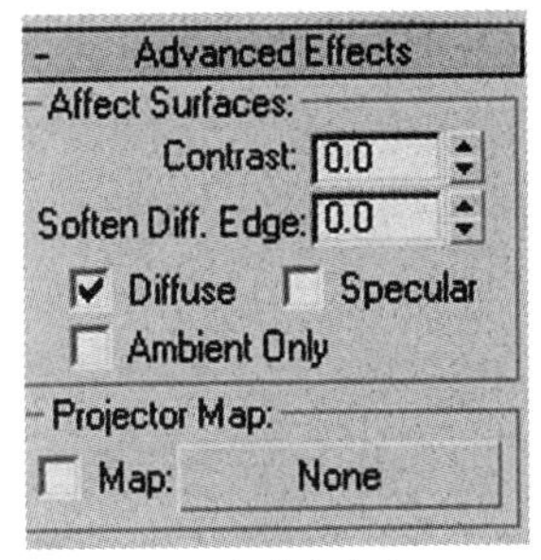

图5-1-24 去除高光点

图5-1-25 标准灯光照明效果

标准灯光的特点是渲染速度快，对场景和渲染器没有什么要求，几乎可以在任何场景中使用。这个案例场景比较简单，如果是复杂的室内空间使用扫描线标准灯光渲染需要设置大量的灯来模拟真实世界的光线反射现象，创建的灯越多，渲染的速度也会受影响，关系也越复杂，已非效果图渲染的首选，但是通过对标准灯光的练习使用或许能更好地理解掌握灯光设置的基本原理。

2. 光度学灯光系统

3ds Max在提供标准灯光类型之外，还提供了一种可以模拟真实光照效果的光度学灯光系统。我们可以通过定义光度值来精确定义灯光，如色温、强度、分布等如同真实世界的灯光特性。也可以通过使用光域网文件（照明制造商的特定光度学文件）从而设计基于商用灯光的真实照明效果。

3ds Max 2009把原来的光度学灯光类型做了整合，分成两大类：目标灯光和自由灯光类型。然后再各自细分为

图5-2-1 常规参数

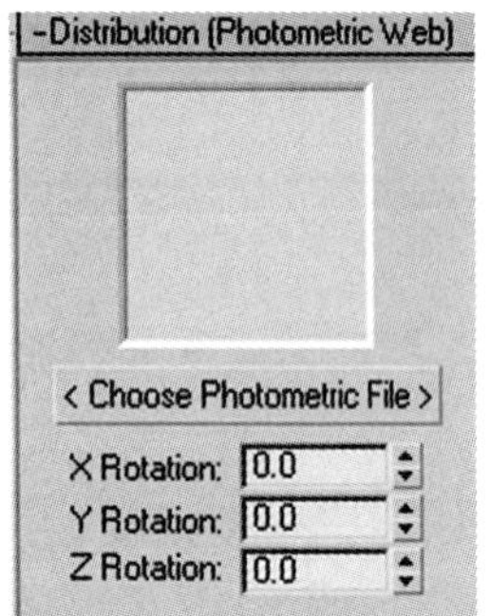

图5-2-2 光域网参数卷展栏

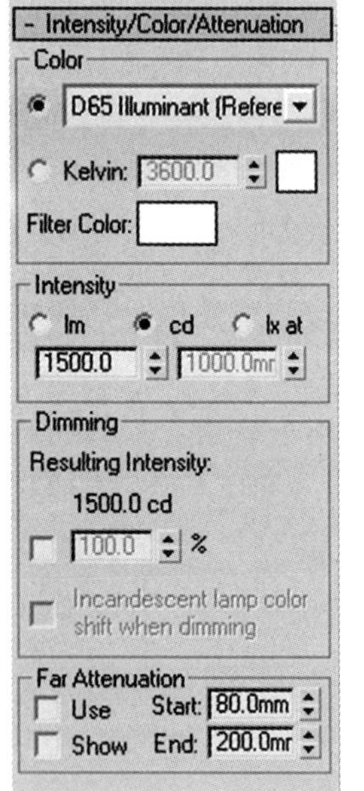

图5-2-3 亮度/颜色/衰减参数

点光源、线光源、面光源等，还增加了柱形、球形等光源类型，使灯光能适配不同的场景。目标灯光可以向目标物体投射光线,容易控制角度和距离；而自由灯光没有目标点，适合动画场景中使用。

(1) 光度学灯光参数

① General Parameters常规参数

General Parameters常规参数卷展栏如图5-2-1所示。部分参数功能与标准灯光类似。

Light Distribution Type（灯光分布类型）：通过下拉菜单可以选择四种光源投射的空间分布方式。

- Uniform Spherical（均匀球形）：向各个方向均匀投射灯光，分布效果与标准灯光的泛光灯大致相同。
- Uniform Diffuse（均匀漫反射）：在灯光方向上光线最强，随倾斜角度的增加，灯光强度逐渐减弱。
- Spotlight（聚光灯）：投射集中的光束，类似标准灯光的聚光灯。灯光强度在光束角度上衰减到50%，在区域角度上衰减到0。选择该方式后，其后将增加Distribution（Spotlight）卷展栏，可以调整聚光区的大小和衰减区的范围。
- Web（光域网）：根据光域网文件对光能量分布的要求而进行分布，根据不同的光域网文件，可产生各种十分生动的光能量分布效果。当该方式被选择时，在其后将增加Photometric Web (光域网参数)的卷展栏，如图5-2-2所示。单击Choose Photometric File按钮，可以调出相应路径下的光域网文件。下面可以设置光源的旋转方向。

② Intensity/Color/Attenuation（亮度/颜色/衰减）参数

Intensity/Color/Attenuation（亮度/颜色/衰减）参数卷展栏如图5-2-3所示。

在Color（颜色）选项组中可以从下拉列表中选择常见的灯光规格来模拟各种光谱特征。

Kelvin（开尔文）：使用色温设置灯光的颜色。

Filter Color（过滤颜色）：灯光的实际颜色是灯光颜色与过滤颜色的叠加混合。

在Intensity（强度）选项组中可以选择不同的灯光强度单位，设置灯光强度值。

在Dimming（暗淡）选项组可以通过百分比方式对灯光强度进行倍增控制。

③ Shape/Area Shadows（形状/区域阴影）参数

Shape/Area Shadows（形状/区域阴影）参数卷展栏如图5–2–4所示。

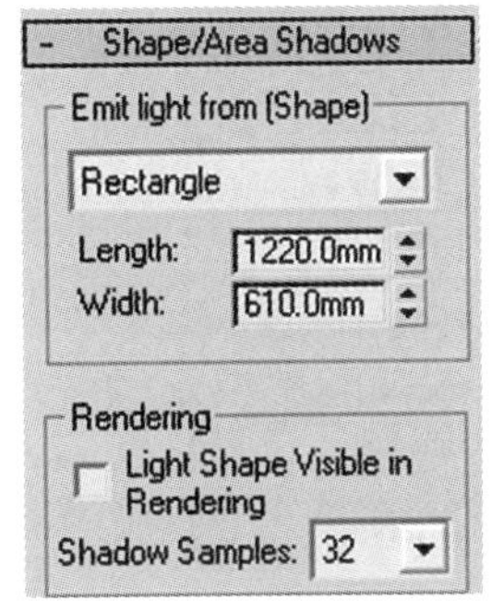

图5–2–4 形状/区域阴影参数

在Emit Light from (Shape)选项组的下拉列表框中可以选择灯光的形状。分别为点、线、矩形、圆盘、球体和圆柱体。列表框下方可以根据所选形状设置其尺寸。

在Rendering（渲染）选项组中勾选Light Shape Visible in Rendering后可以在渲染中显示灯光形状，否则只渲染光源的发光效果。另外可以设置Shadows Samples（阴影采样）值，控制区域阴影的采样品质。

图5–2–5 场景2

(2)光度学灯光使用实例

打开“实例\灯光\光度学灯光\光度学灯光.max”① 文件，场景只有一盏泛光灯作为基本照明，按F9键进行快速渲染。如图5–2–5所示。下面我们使用光度学灯光来照明场景。

① 落地灯光源

在创建命令面板选择按钮，选择photometric(光度学灯光)类型。单击Free Light（自由灯光)类型按钮，在随后弹出的提示中选择“Yes”。(当初次选择创建光度学灯光时，系统会提示：是否在环境面板打开对数暴光控制)

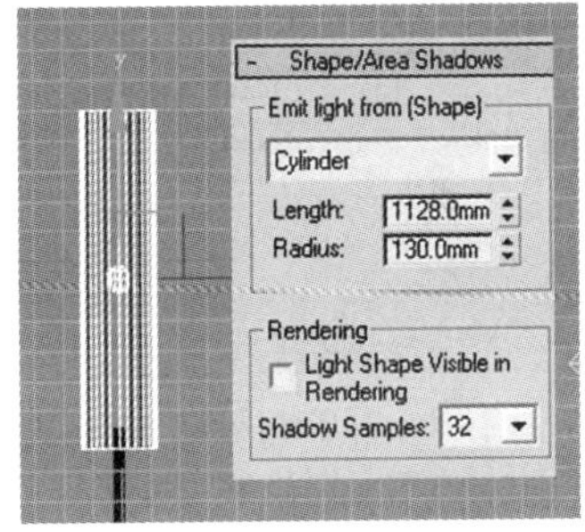

图5–2–6 创建圆柱形光度学灯光

在落地灯中间位置创建一个光度学灯，在Shape/Area Shadows卷展栏中设置光源形状为Cylinder（圆柱形光源）。并修改光源的半径和长度使其与灯的外形相当。如图5–2–6所示。

在General Parameters (基本参数)卷展栏设置阴影贴图的方式为Shadow Map,光线分布类型为Uniform spheri–

① www.cucp.com.cn

图5-2-7 基本参数卷展栏

cal。参数设置如图5-2-7所示。

Intensity / Color / Attenuation(强度 / 颜色 / 衰减)卷展栏，设置灯光的强度为400cd，参数设置如图5-2-8所示。

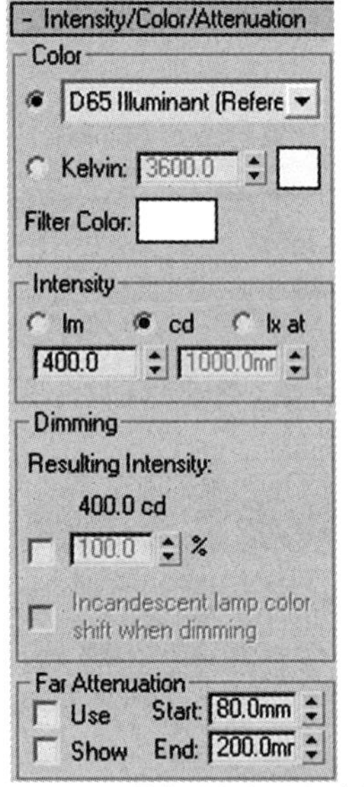

图5-2-8强度／颜色／衰减参数

渲染摄像机视图，灯光效果如图5-2-9所示。

图5-2-9 落地灯效果

Shadow Map Parameters（阴影贴图参数）卷展栏与标准灯光类似，设置参数如图5-2-10所示。

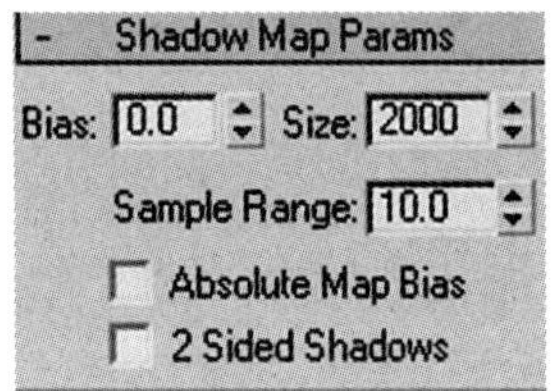

图5-2-10 阴影贴图参数

② 暗藏灯槽光源

选择Free Light（自由灯光)类型，在暗藏灯槽位置创建一个光度学灯，在Shape/Area Shadows卷展栏中设置光源形状为Line（线形光源）。并修改光源的长度值，使其与灯槽长度相当。如图5-2-11所示。

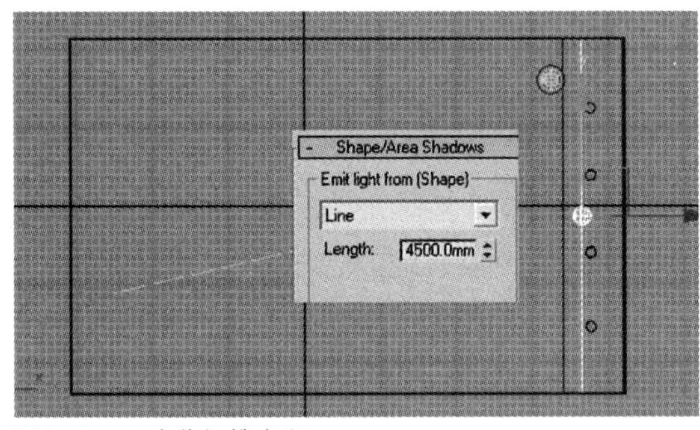

图5-2-11 暗藏灯槽光源

在Intensity / Color / Attenuation(强度 / 颜色 / 衰减)卷展栏修改灯光强度为1200cd。灯光效果如图5-2-12所示。

图5-2-12 暗藏灯槽效果

③ 射灯光源

选择Target Light（目标灯光)类型，在Front视图创建一个光度学灯光，在Shape/Area Shadows（形状/区域阴影）卷展栏中保持光源形状为Point（点光源）。位置如图

5-2-13所示。

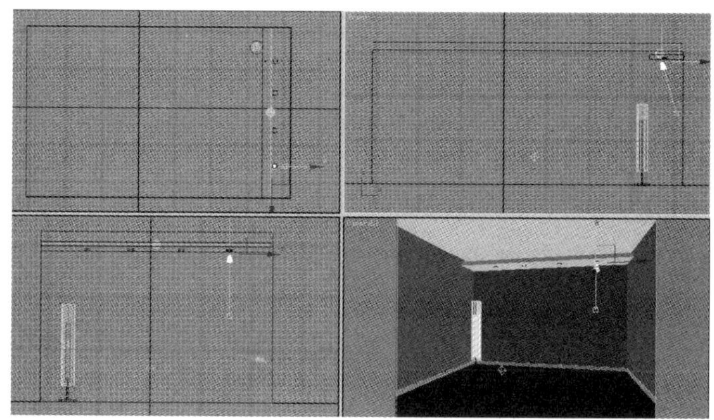

图5-2-13 目标点光源

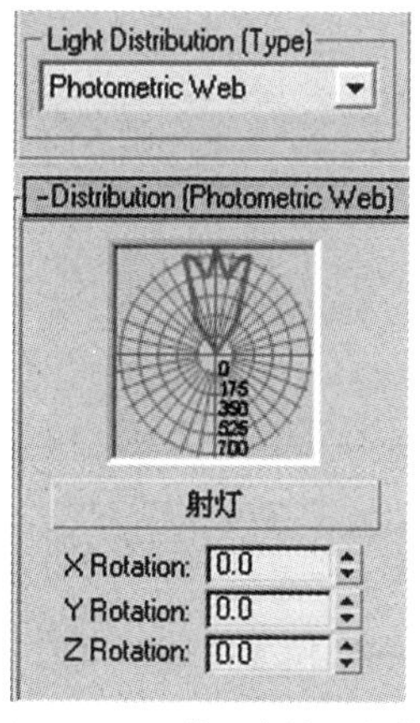

图5-2-14 使用光域网文件

在General Parameters(基本参数)卷展栏，选择Light Distribution(光线分布类型)下拉菜单中的Photometric Web(光域网)。在相应出现的Distribution (Photometric Web) 卷展栏中单击Choose Photometric File (选择光域网文件) 按钮，在随后弹出的文件选择对话框里选择“灯光\光度学灯光\光域网文件射灯.ies”[①]。如图5-2-14所示。

单击光源与目标点之间的连线，同时选中光源与目标点。按住Shift键，移动复制出另外三个射灯光源。复制方式为Instance。位置如图5-2-15所示。

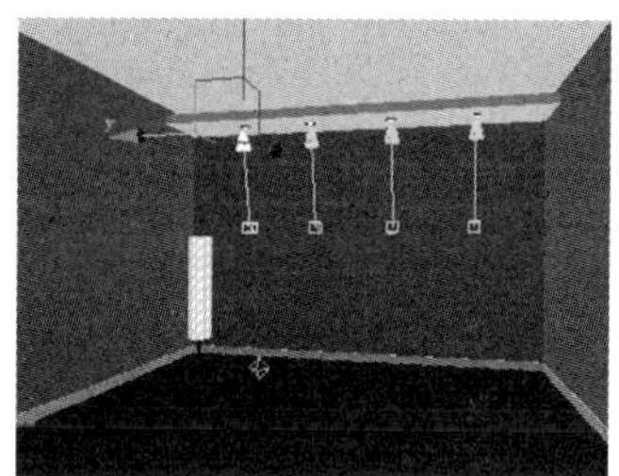

图5-2-15 布置射灯

最后灯光渲染效果如图5-2-16所示。

图5-2-16 灯光渲染效果

① www.cucp.com.cn

光度学灯光使用光度学数值进行计算，具有物理属性的控制参数。而且始终使用平方反比衰减方式，可以按照现实世界中的灯光属性来控制照明效果。本例中为了方便学习，使用的是扫描线渲染方式，光度学灯光通常都与全局照明配合使用，这样才能够获得更真实的照明效果。在后面两章的实战练习中将配合渲染器使用，效果更佳。

3. VrayLight灯光

Vray渲染器除了支持3ds　Max多数的灯光类型之外，还提供了Vray渲染器专用的灯光类型VrayLight。

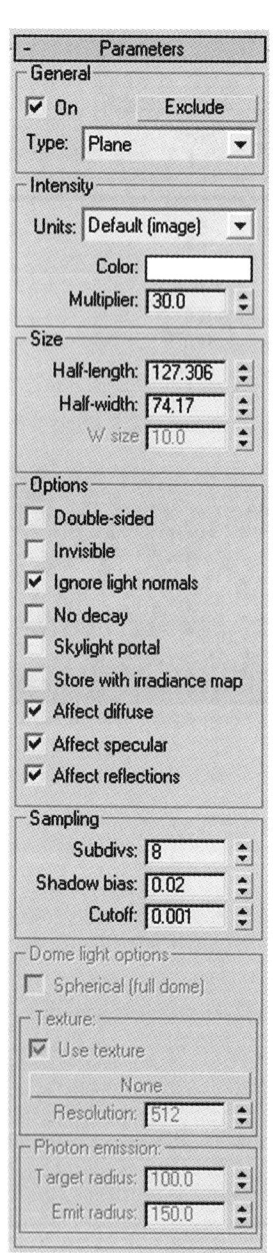

图5—3—1 VrayLight参数

(1)VrayLight的控制参数

VrayLight的控制参数如图5—3—1所示。

① General（常规）参数组

On（启用）、Exclude（排除）功能与3ds　Max标准灯光相同。

Type（类型）:Vray提供了三种灯光类型。

- Plane（平面）:将灯光设置成矩形。
- Sphere（球状）：将灯光设置成球形。
- Dome（穹顶状）：将灯光设置成穹顶状，类似于3ds Max标准灯光的天光物体，光线来自位于光源Z轴的半球圆顶。

② Intensity（亮度）参数组

Units（单位）：用来设置灯光亮度单位。

Color（颜色）：用于设置灯光的颜色。

Multiplier（倍增）：用于设置灯光亮度倍增值。

③ Size（尺寸）参数组

当光源形状分别为平面、球状、穹顶时设置大小、半径及光源方向尺寸。

④ Options（选项）参数组

Double-sided(双面）：在灯光被设置为平面类型的灯光时，该选项决定是否在平面的两边都产生灯光效果。

Invisible（不可见）：设置在最后的渲染效果中光源对

象是否可见。

Ignore light normals（忽视灯光法线方向）：一般情况下，光源在空间的任何方向上发射的光线都是均匀的，但此选项不被勾选时，光源表面的法线方向上发射的光线更多。

No decay（不衰减）：控制灯光是否产生衰减。

Skylight portal（天空光入口）：勾选此选项后，灯光的颜色和强度都将被忽略，代之以环境的相关参数设置。

Store with irradiance map（储存在发光贴图中）：当该选项被勾选后，如果计算GI的方式使用的是发光贴图方式的话，VRay将计算灯光的光照效果，并将计算结果保存在发光贴图中。

⑤ Sampling（采样）参数组

Subdivs（细分）：设置在计算灯光效果时使用的样本数量。

Shadow bias（阴影偏置）：设置阴影偏置效果的距离。

⑥ Dome light texture（穹顶光源纹理）参数组

该选项组在光源类型被设置为穹顶时激活，用于设置穹顶光源的纹理贴图。

⑦ Dome light photo emission（穹顶光源光子发射）参数组

该组用于设置穹顶半球发射光子内部、外部范围的半径大小。

VRay灯光的具体使用将在第六、第七章的渲染与制作案例中练习使用。

4. 效果图设计中的布光原则

一张好的效果图应有比较明确的色调变化。在布光过程中，应避免灯光与场景对象距离过大，产生呆板的光照效果。而作为补光的灯光则可适当拉开与场景对象间的距离，使灯光“平铺”在被照对象的表面，为场景定下色彩基调。

无论是在室内或室外，灯光的布置往往因人而异。 室内场景通常需要使用十几盏甚至几十盏灯光，进行室内灯光的布置必须掌握以下原则：

① 先确定总体色调与明暗关系，再局部刻画。在必要的情况下为某些独立的表面设置单独的照射灯光，以便于修改和控制。

② 布置灯光应突出视觉中心，主体亮,次要部分暗。不能违背灯光设计的思想。

③ 室内场景光线宁暗勿亮，为以后调整灯光留下伏笔。同时可以使画面层次丰富，增强空间感。

④ 每个灯光的布置均应有其目的性，不能随意摆放。

本章重点与习题：

1．3ds Max中有哪些灯光类型?

2．不同的灯光类型与渲染器之间的关系如何?

3．怎样有效地控制场景照明?

第六章 效果图渲染与输出

渲染输出是效果图制作的重要环节。渲染器是渲染的工具和主要途径。3ds Max Design 2009自带的渲染器有两种，分别为默认扫描线渲染器和mental ray渲染器。我们之前的练习所使用的都是扫描线渲染器。在本书第一章中曾经提及过一些用于渲染的插件，在此不再赘述。

传统的扫描线渲染引擎只考虑直接光照，因此为了模拟光线反射我们不得不想方设法，增设灯光，改变材质。但效果依然不尽如人意。随着计算机软硬件的不断进步，全局光渲染技术（简称为GI）已经成为主流渲染方式。它能模拟真实世界的光能传递现象，使渲染效果更为逼真。渲染设置也变得简单方便。

3ds Max的Advanced Lighting（高级光照）渲染功能引进了全局照明技术。它能通过计算场景中物体之间光的相互作用，得到更加真实的光照效果。全局光照渲染只要使用少数几个必要的灯就可以得到非常真实的光照效果，连自发光物体也可以变成真实的光源。

要理解全局照明技术，就必须了解光的反射原理。当光线到达物体表面时，一部分光线会被吸收，剩下的部分向各个方向反射到环境中，并且还带有反射表面的颜色。当反射光线再次照到别的物体，又会继续产生新的反射、衰减，直到所有的光线都被吸收。如此整个环境被间接照亮。

3ds Max中有两种全局光照渲染系统：Light Tracer（光迹追踪）和Radiosity（光能传递）。

本章中我们将学习使用3ds Max的高级光照算法，以及VRay渲染器的应用。

1. 渲染工具

在主工具栏中，有三个用于渲染的工具按钮。

Render Setup（渲染设置）：单击该按钮可以打开Render Setup对话框，从中选择渲染器类型，设置各种渲染参数。

Render Frame Window（从窗口渲染）：单击该按钮可以打开虚拟帧窗口。

Quick Render（快速渲染）：对击活的视图进行渲染，可以选择产品级、草图级或实时着色等方式。

2. 渲染器通用参数

(1)Common Parameters（通用参数）卷展栏

Common Parameters（通用参数）卷展栏如图6-2-1所示。

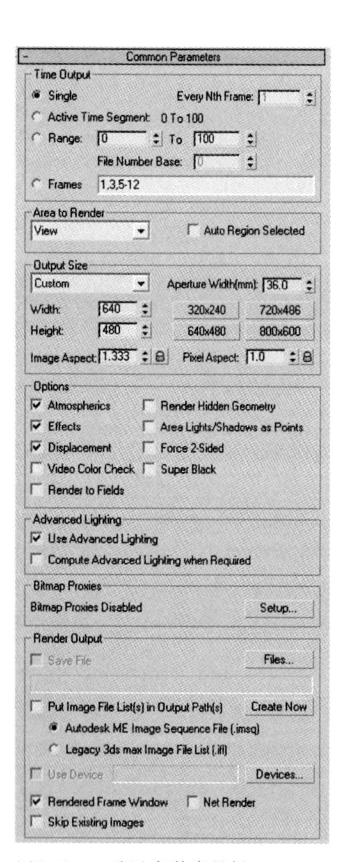

图6-2-1 通用参数卷展栏

① Time Output（时间输出）选项组

对于效果图渲染而言通常就保持默认的Single选项。该选项用于渲染单帧静态图像。

② Output Size（输出大小）选项组

在预设下拉列表框中提供了多种常用的渲染尺寸，另外也可以通过输入Width和Height值来设置渲染图像的宽度和高度。

Aperture Width（光圈宽度）：设置摄影机的光圈大小。

Image Aspect（图像纵横比）：可以设定图像的长、宽比。后面的小锁可锁定比例。

③ Options（选项）选项组

Atmospherics（大气）：勾选后可以对场景中的大气

效果进行渲染。

Effects（效果）：勾选后可以渲染场景中所有类型的特效。

Displacement（置换）：勾选后可以对置换贴图进行渲染。

Video Color Check（视频颜色检查）：检查渲染图像颜色，把超过NTSC和PAL制式规定的像素色彩转化为允许的范围值。

Render Hidden Geometry（渲染隐藏几何体）：勾选后可以渲染场景中隐藏的对象。

Area Light/Shadows as Points（区域光源/阴影作为点光源）：将所有的区域光源或阴影作为点光源进行渲染，可以加快渲染速度。

Force 2-Sided（强制双面）：对物体的内外两个面都进行渲染。

Super Black（超级黑）：为了进行视频压缩而限制几何体渲染的黑色程度。

④ Advanced Lighting（高级照明）选项组

Use Advanced Lighting（使用高级照明）：开启后可以使用高级照明系统进行渲染。

Compute Advanced Lighting When Required（需要时计算高级照明）：自动判断是否需要高级照明计算。

⑤ Render Output（渲染输出）选项组

在渲染输出选项组中，单击Files（文件）按钮，在随后弹出的输出文件对话框中可以设置效果图输出的格式、路径和文件名。勾选Save File（保存文件），在渲染时将根据Files的设置保存文件。否则将不被保存。

Rendererd Frame Window（渲染帧窗口）：是否在渲染时打开渲染帧窗口。

Skip Existing Images（跳过现有图像）：如果在文件保存的路径中存在与渲染图像名称相同的文件，那么开启这一选项将不会覆盖以前渲染的文件。

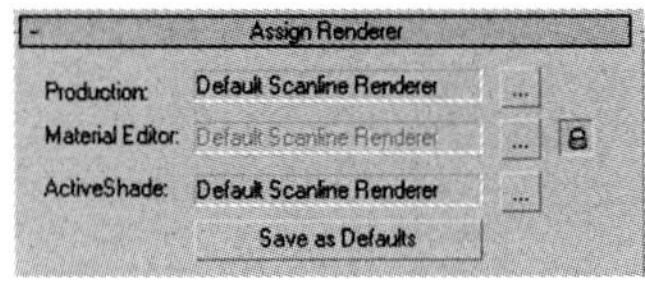

图6-2-2 指定渲染器卷展栏

(2) Assign Renderer（指定渲染器）卷展栏

Assign Renderer（指定渲染器）卷展栏如图6-2-2所示。

通过单击Production（产品级）后面的方块按钮，将会弹出渲染器选择的对话框，从中可以选择产品级渲染所使用的渲染器。

Material Editor（材质编辑器）：选择材质编辑器中示例球显示所使用的渲染器。

ActiveShade（实时着色）：选择实时渲染时使用的渲染器。

Save as Defaults（保存为默认设置）：将当前选择的渲染器保存为默认渲染器。

3. Light Tracer(光迹追踪)渲染

光迹追踪使用一种光线跟踪技术在场景中进行点采样，并计算光的反射，实现较为真实的光照效果。它在物理上不是很精确，但产生的效果却很接近真实，而且它只需要很少的设置就可以获得满意的结果。任何模型和灯光系统都适用于这种系统。

光迹追踪比较适合于有大量光照的室外场景的渲染。使用光迹追踪模拟室内光照时，为避免平坦表面上的噪波而设定较高的质量会导致长时间的渲染。

(1) Light Tracer（光迹追踪)渲染参数

选择菜单Rendering下的Advanced Lighting\Light Tracer命令（或按9键）可以打开高级光照的Light Tracer（光迹追踪)控置面板。如图6-3-1。

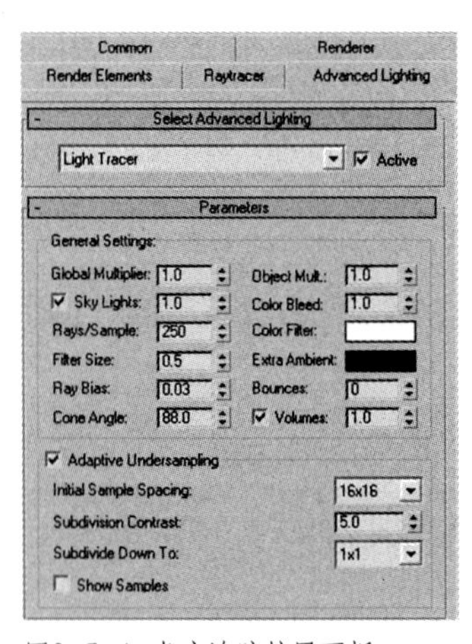

图6-3-1 光迹追踪控置面板

① General Settings（基本设置）选项组

Global Multiplier（全局倍增器）：可以倍增光迹追踪的整体效果，值过高会使反射光比落在表面上的光更多，导致不真实的发光。

Object Mult（物体倍增器）：可以调整单个物体的灯光效果。只有当Bounces值大于或等于2时设置才会有明显效果。

Sky Light(天空光）：用来设置天空光的强度。

Color Bleed（颜色混合）：用来控制反射光线颜色混合的程度。值过高会产生偏色。

Rays/sample（光线/采样）：设置每个采样点向环境所投射的光线的数目，值越高，质量越好，但渲染时间也越长。

Color Filter（颜色过滤器）：过滤投射到物体上的光线。

Filter Size（过滤器尺寸）：在定义的范围内平均采样，帮助减少由于投射光线数目不足而产生的噪波。

Extra Ambient（环境色）：设置附加环境色。

Ray Bias（光线偏移）：调整反射光线位置，校正渲染失真。

Bounces（反弹）：设置光线反射的次数，要看到色彩混合效果，该值至少为1。

Cone Angle(锥体角度）：设置投射光线的分布角度。

Volumes（大气）：选中此项，大气效果将被当成发光体对待。

② Adaptive Undersampling（进一步采样）选项组

该组选项专门用于采样管理。选中该项，将创建采样点网格，这一网格在边和高对比度的区域附近有更高的密度。关闭该选项，则强制对图像中每个像素都进行采样，渲染时间明显增加，通常这是不必要的。

Initial Sample Spacing（初始采样间距）：初始采样网格的间距是均匀的，减少间距或许可以帮助避免出现在不被自动细分的大表面上的噪波。

Subdivsion Contrast（细分对比度）：降低对比度阀值以便对更多的有对比度差别的区域进行采样。这可被用于减少在天光灯形成的虚阴影或反射光效果中的噪波。

Subdivsion Down To（细分到）：设置网格细分的最小间距。

Show Sample（显示采样点）：通过显示采样点可分析场景并调整采样设置。

(2) Light Tracer（光迹追踪)渲染实例练习

打开“实例\渲染\Light Tracer.max”[①]场景文件。该场景没有创建灯光，默认为扫描线渲染。按F9键快速渲染结果如图6-3-2所示。

图6-3-2 光迹追踪控置面板

① 创建目标平行灯光

在创建命令面板选择按钮，选择标准灯光类型中的Target Direct（目标平行光），在视图中创建一个目标平行灯光模拟阳光效果。创建位置如图6-3-3所示。

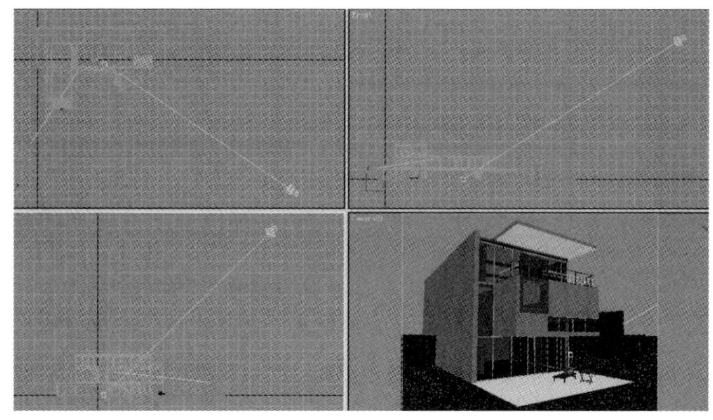

图6-3-3 创建一个目标平行灯

② 修改目标平行灯光参数

选择目标平行灯，在修改命令面板的通用参数栏内选择阴影类型为Ray Traced Shadows。如图6-3-4所示。通常这种阴影类型用于模拟日光效果及对透明物体的光照效果。

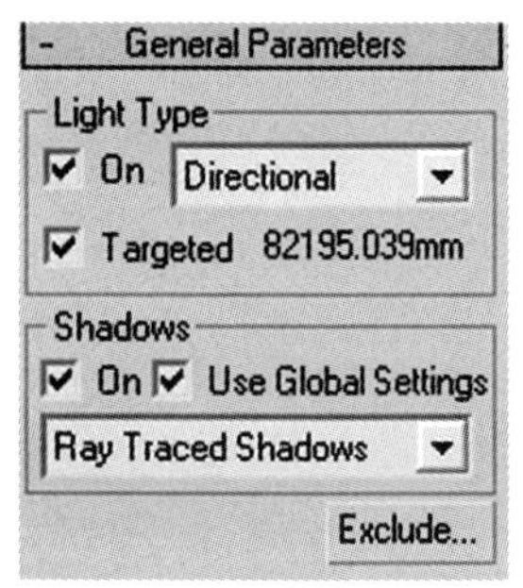

图6-3-4 通用参数设置

在Intensity/Color/Attenuation（亮度/颜色/衰减）卷展栏设置灯光强度为2.0。如图6-3-5所示。

图6-3-5 灯光强度

在Directional Parametrs(平行光参数）卷展栏调整Hotspot/Beam（聚光区/光束）与Falloff/Field（衰减/区域）的值，如图6-3-6所示。

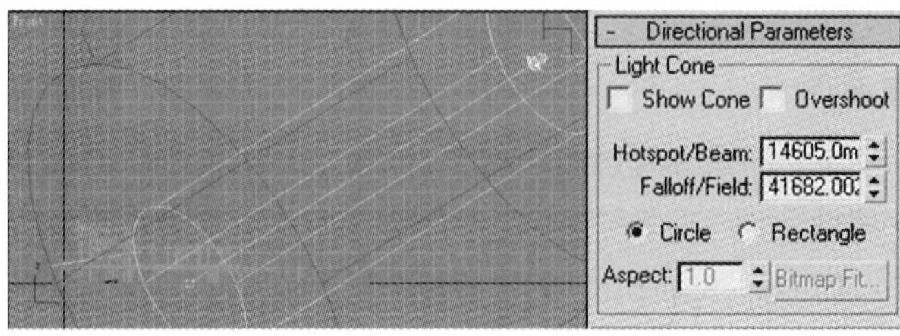

图6-3-6 平行光参数卷展栏

① www.cucp.com.cn

③ 使用Light Tracer（光迹追踪)渲染

按键盘上的数字9键，打开高级光照渲染设置面板。在Select Advanced Lighting栏的下拉菜单中选择Light Tracer。为了加快渲染测试的速度，在Parametrs参数栏降低Rays/Sample(光线/采样数）值为15，Bounces(反弹)值为0。如图6–3–7所示。

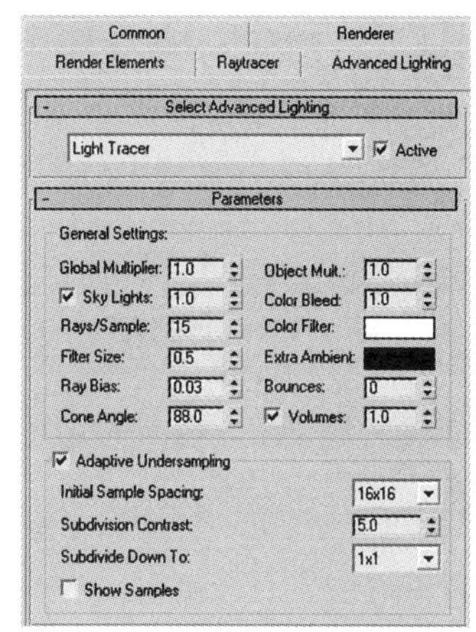

图6–3–7 Light Tracer设置面板

按F9键快速渲染Camera(摄像机)视图。效果如图6–3–8所示。

图6–3–8 视图效果

观察渲染图会发现暗部漆黑一片，那是因为目前没有任何光线反弹。现在我们把Bounces(反弹)值修改为1。按F9键快速渲染Camera(摄像机)视图。效果如图6–3–9所示。

图6–3–9 光线一次反弹效果

比较上一次渲染结果将看到屋檐下等部位有了明显的光线反弹效果，看上去通透不少。但是房屋的侧面依然太暗。如果增加反弹次数，渲染时间会大大延长，而且由于侧面处于暗部，地面也没有光线的直接照射，即使增加反弹，也不能达到足够的亮度。

④ 增设天光

为了解决暗部太暗的问题，我们将为场景增设一个天光。这也是Light Tracer (光迹追踪)渲染常用的方法。

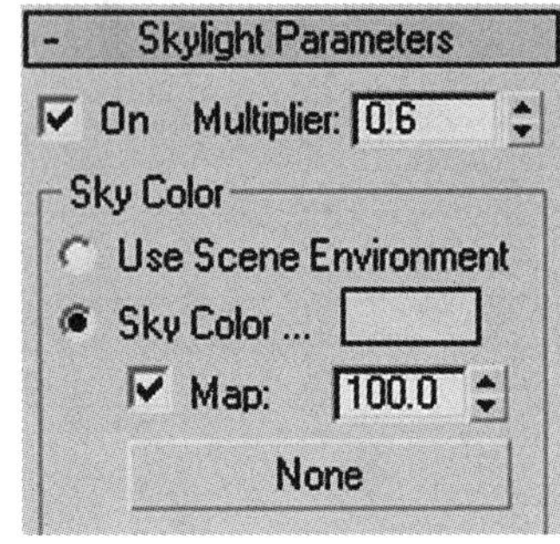

图6–3–10 天光参数

在创建命令面板选择按钮，选择标准灯光类型中的Sky light（天光），在视图中任意位置创建一个天光。在修改命令面板设置天光强度为0.6，单击Sky Color后面的色块，在弹出的颜色拾取对话框中设置天光颜色为浅蓝色(R:188，G:210，B:255)。如图6–3–10所示。

按F9键快速渲染Camera(摄像机)视图。效果如图6–3–11所示。

图6–3–11 调整后效果

观察渲染效果，由于受到天光的影响，房屋的侧面不再漆黑一片了。但是房屋正面受光部却有些曝光过度了。

⑤ 调整目标平行光

为了改善曝光过度的问题，接下来继续调整目标平行光的参数。

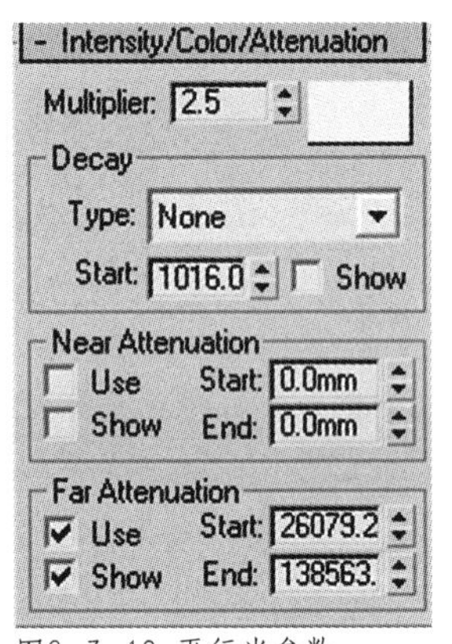

图6–3–12 平行光参数

选择目标平行光，在修改命令面板中的Intensity/Color/Attenuation（亮度/颜色/衰减）卷展栏设置灯光强度为2.5，单击后面的色块，在弹出的颜色拾取对话框中修改阳光颜色为浅暖色(R:255，G:255，B:210)。并打开Far Attenuation(远距离衰减)。具体参数如图6–3–12所示。

按F9键快速渲染Camera(摄像机)视图。效果如图6–3–13所示。

图6–3–13 调整后结果

⑥ 渲染输出

在Light Tracer（光迹追踪)渲染参数面板中把Rays/Sample(光线/采样数）值改回250。

选择Common(通用）选项卡，设置好输出尺寸；在Option选项组勾选Render Hidden Geometry,使隐藏的配景可以被渲染。在Render Output（渲染输出）选项组单击Files按钮，在随后弹出的对话框中设置好输出路径，确定勾选Save File（保存文件）。如图6-3-14所示。

最终渲染效果如图6-3-15所示（见第154页彩图）。

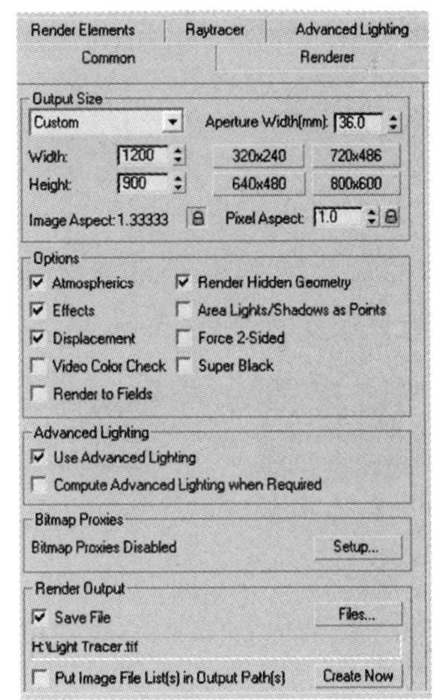

图6-3-14 渲染通用参数

4. Radiosity（光能传递）渲染

光能传递通过精确的计算光从物体表面的反弹来体现更为真实的照明效果。如果场景没有变动，只要进行一次光能传递计算就可以在任意角度对场景进行渲染。因此，光能传递更适合光照较复杂的室内场景和室内摄像机浏览动画的渲染。它的光照原理是首先将模型表面的网格细分为更小的网格，然后计算从一个网格到另一个网格的灯光量，最后将光能传递值保存在每个网格中。

光能传递主要配合使用光度学灯光以提供精确的光分析，从而获得更为精确的结果，因此在场景进行建模时首先要求正确设置场景单位，然后按照现实中的尺寸进行建模。

另外光能传递对模型的结构尺寸有严格的要求。不正确的模型结构会产生阴影漏，并有可能减缓光能传递的时间。在实际建模时需要注意：尽量减少多边形面的数量；相邻模型避免出现丁字交叉结构，否则会产生漏光或阴影漏等现象；避免出现细长的三角形面，导致光分布不均。

(1) 光能传递面板

按数字9键，在高级光照面板的Select Advanced Lighting栏的下拉列表中选择Radiosity，打开光能传递控制面板。

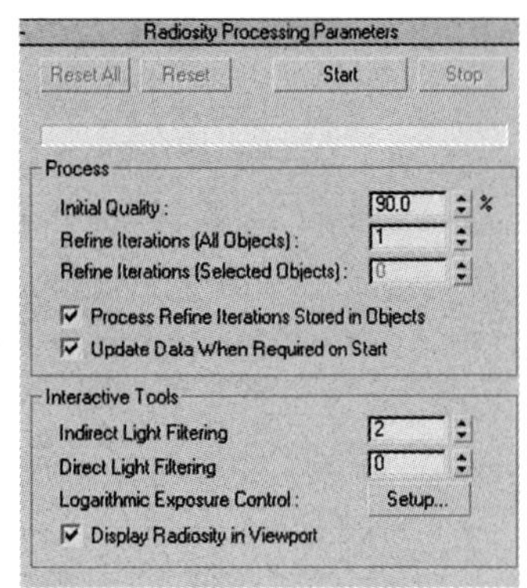

图6-4-1 光能传递处理参数

① Radiosity Processing Parameters(光能传递处理参数)

Radiosity Processing Parameters(光能传递处理参数)卷展栏是进行光能传递处理的重要参数设置面板之一。用于控制光能传递如何处理场景中物体之间的相互作用。如图6-4-1所示。

Reset All（全部复位）：光能传递进行求解后，信息会被保存在光能传递控制器中，通过Reset All可以清除上一次的记录。

Reset（重置）：只清除灯光信息。

Start（开始）：单击此按钮开始进行光能传递求解。

Stop（停止）：停止光能传递求解。

Proces（处理）参数组：

Initial Quality（初始质量）：设置传递所需要进行的基本质量级别。一般情况下用较低数值进行测试，80以上数值可以得到足够好的效果。

Refine Iterations（All Objects）（优化迭代次数）：为场景中所有物体设置精细化迭代程度。

Refine Iterations（Seected Objects）：针对所选择的物体进行精细化迭代设置。

Process Refine Iterations Stored in Objects：为场景中的物体定义一个超越全局设置的细化值。

Update Data When Required on Start：当场景数据更新后，自动进行光能传递细分。

InteractiveTools（交互工具）参数组：

Filtering（过滤器）：平均周围元素的光照级别，从而起到减少噪波的效果。

Display Radiosity in Vieeport：是否在视窗中显示光能传递的结果。

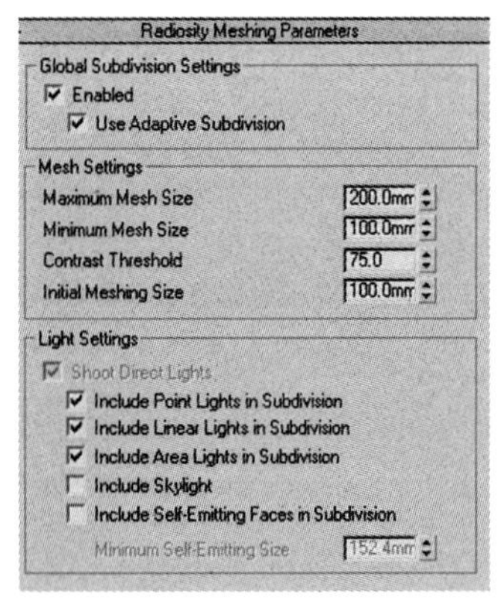

图6-4-2 网格细分参数

② Radiosity Meshing Parameters(网格细分参数)

该卷展栏用于设置进行网格细分时的最小细分值，如图6-4-2所示。

Global Subdivision Settings(全局细分设置）选项组：

Enabled：是否开启整个场景的光能传递网格。

Use Adaptivce Subdivision：是否使用自适应细分功能。

Mesh Settings（网格设置）选项组：

Maximun Mesh Size：设置细分处理后最大单位网格的尺寸。禁用自适应细分功能后，该参数用于设置光能传递网格的大小。

Minimun Mesh Size：细分的最小网格大小。

Contrast Threshold(对比度阈值）：细分具有顶点照明的面。

Initial Meshing Size(初始网格大小）：如果网格尺寸小于该参数，那么将不被细分。

Light Setting（灯光设置）选项组：

Shoot Direct Lights（投射直接光）：启用自适应细分或投射直接光之后，根据其下方不同选项来计算场景中所有对象上的直接光。

Minimum Self-Emitting Faces in Subdivision（在细分中包括自发射面）：投射直接光时是否使用自发射面。

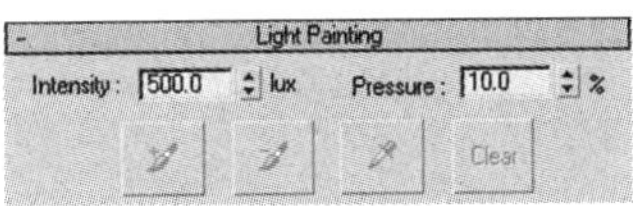

图6-4-3 灯光绘制卷展栏

③ Light Painting(灯光绘制)卷展栏：

该卷展栏用于修补不正确的模型结构在光能传递后产生错误的阴影，选择一种工具可以为已完成光能传递的场景修改光能的分布形式，如图6-4-3所示。

Intensity：强度，用于设置照明强度。

Pressnfez：压力，用于添加或移除照明处理的采样能量的百分比。

增加照明。

移除照明，减少光照效果。

拾取照明，从选择表面采集照明数量。

清除附加的光照效果。

④ Rendering Parameters(渲染参数)卷展栏

该卷展栏用于设置光能传递结束后，进行渲染时的参数设置，如图6-4-4所示。

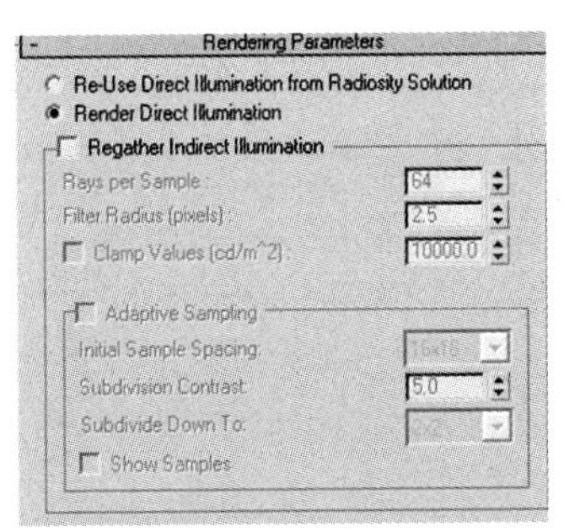

图6-4-4 渲染参数卷展栏

Re-use Direct Illumination from Radiosity Solution：应用光能传递解决方案中定义的直接照明进行渲染。渲染较快，但比较粗糙。

Render Direct illumination（渲染直接照明）：应用标准渲染器重新计算阴影。能产生较高质量的图像，但时间更长。

Regather Indirect Illumination（再聚集间接照明）选项组：不但重新计算直接光照，而且要根据光能传递时得到的间接照明解决方案再聚集计算出每个像素点上的间接照明，其优点是可解决模型不精确所产生的阴影漏等现象，缺点是成倍增长渲染时间。

Ray per Sample：光线采样值。用于设置每个采样点上的光线的数量。

Filter Radius(Pixels)：滤波半径。为降低噪波效果而平均相邻面的采样。

Clamp Values：设定亮度上限，避免出现亮点。

Adaptive Sampling（自适应）选项组：用于对再聚集的采样的优化，加快渲染时间。

Intial Sample Spacing：初始采样间隔。用于设置初始图像网格的间距。

Subdivision Contrast：细分对比度。

Subdivide Down To：细分下限。用于设置网格细分的最小间距。

Show Samples：显示采样点。

⑤ Statistics(统计信息)卷展栏

该卷展栏用于显示当前光能传递处理信息，如图6-4-5所示。

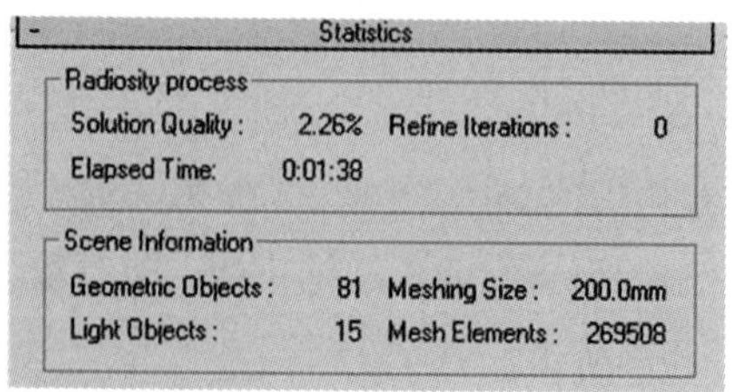

图6-4-5 统计信息卷展栏

(2) Radiosity（光能传递）渲染实例练习

打开“实例\渲染\Radiosity.max”[①]场景文件。该场景没有创建灯光，默认为扫描线渲染。按F9键快速渲染，结果如图6–4–6所示。

图6–4–6 统计信息卷展栏

① 创建筒灯灯光

在创建命令面板选择按钮，选择photometric(光度学灯光)类型。在随后弹出的提示中选择“No”。选择Target Light（目标灯），确认在Shape/Area Shadows（形状/区域阴影）卷展栏选择灯光形状为point（点）。如图6–4–7所示。在Left视图中筒灯位置单击，确定光源位置，拖动目标点至墙面。创建一盏目标点光源。调整位置如图6–4–8所示。

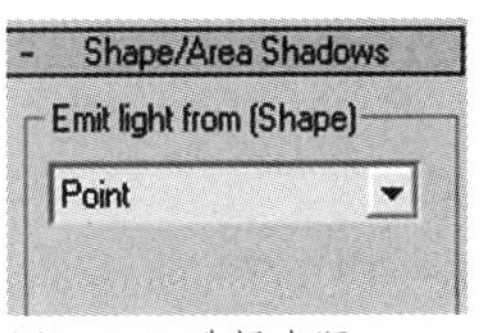

图6–4–7 选择光源

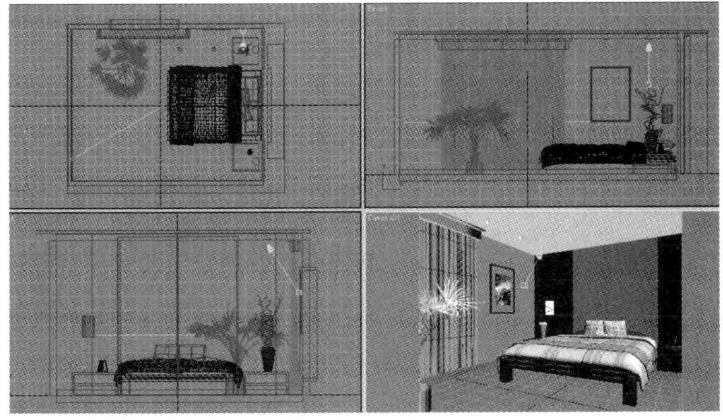

图6–4–8 目标点光源位置

提示： 当初次选择创建光度学灯光时，系统会提示：是否在环境面板打开对数暴光控制。

① www.cucp.com.cn

选择创建的光源，在修改命令面板的General Parameters（常规参数）卷展栏选择灯光分布类型为Photometric Web（光域网）。在其后将增加的Photometric Web（光域网参数)卷展栏单击Choose Photometric File按钮，调出光盘中的“射灯02.ies”光域网文件。

图6-4-9 复制灯光

在工具栏的选择过滤下拉菜单中选择Light选项，限定选择对象只有灯光。单击光源与目标点之间的连线，使光源与目标点均被选中（或使用框选方式选中）。使用移动工具，配合shift键，在Front视图向左移动复制出其他筒灯灯光。复制类型为Instance。如图6-4-9所示。

击活Top视图，选中所有光源和目标投射点，单击工具栏中的镜像按钮，在随后弹出的Mirror对话框中选择Y轴，Offset值为−3200mm。复制选项为Instance。镜像结果如图6-4-10所示。

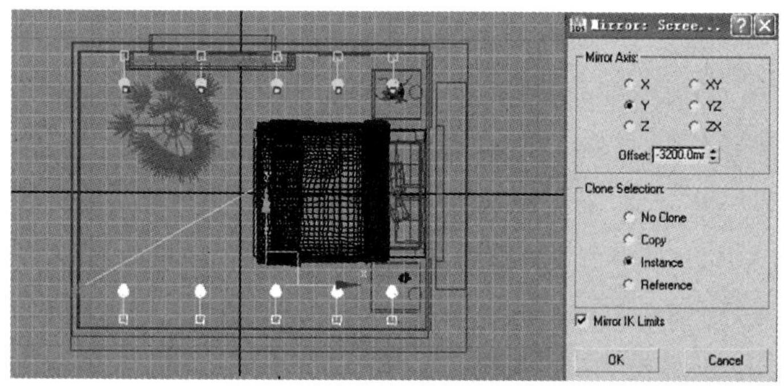

图6-4-10 镜像复制灯光

调整窗边及背景墙灯光投射点的位置。最终状态如图6-4-11所示。

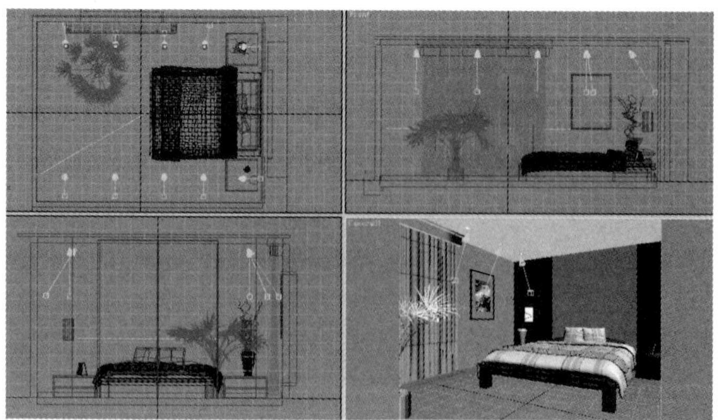
图6-4-11 调整投射点位置

② 创建暗藏灯槽灯光

选择photometric(光度学灯光)类型中的Target Light（目标灯），在Shape/Area Shadows（形状/区域阴影）卷展栏选择灯光形状为line（线）。设置长度为4000mm。如图6-4-12所示。

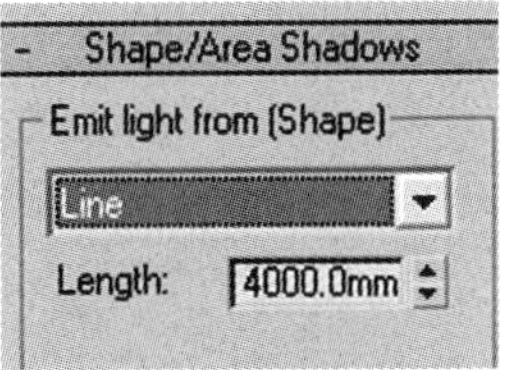

图6-4-12 选择线光源

在背景墙上方灯槽处创建一盏目标线光源。投射点向下。调整位置如图6-4-13所示。在修改命令面板设置灯光强度为300cd，如图6-4-14所示。

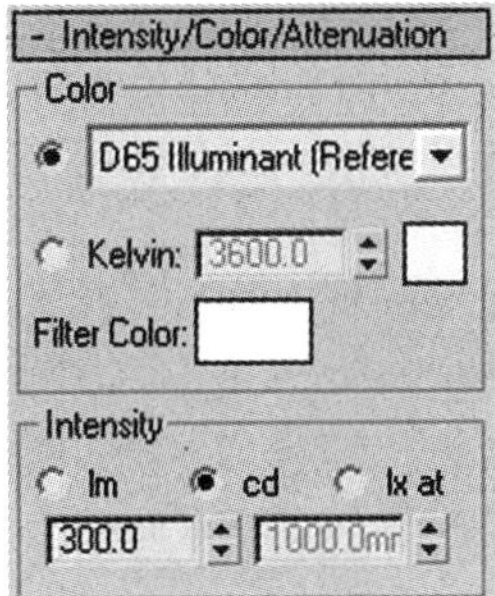

图6-4-14 灯光强度

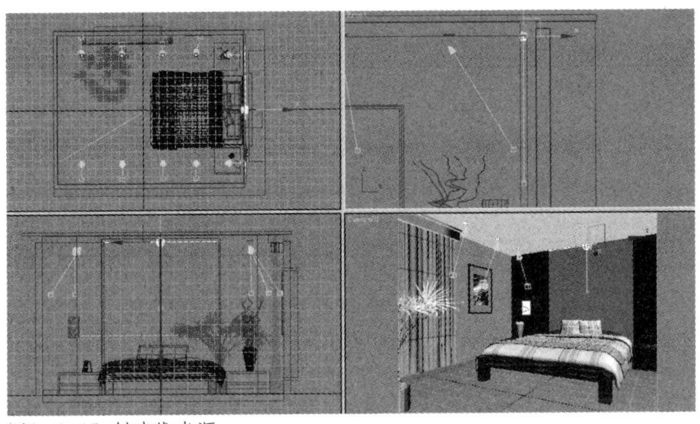
图6-4-13 创建线光源

继续在背景墙两侧灯槽创建目标线光源，如图6-4-15所示。

图6-4-15

③ 创建壁灯灯光

选择photometric(光度学灯光)类型中的Free Light（自由灯光）类型，在Shape/Area Shadows（形状/区域阴影）卷展栏选择灯光形状为Cylinder（圆柱形）。设置长度为430mm，半径为121mm。如图6-4-16所示。设置灯光强度为100cd。

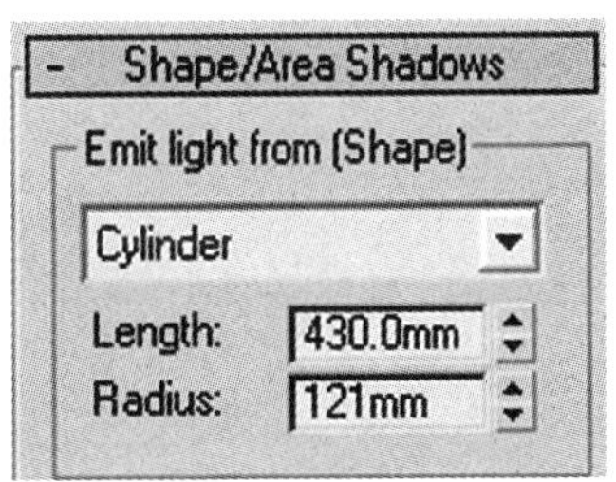

图6-4-16 选择圆柱形灯光

在壁灯位置创建一个圆柱形灯光。位置如图6-4-17所示。再移动复制出另一个壁灯灯光，复制方式为copy。

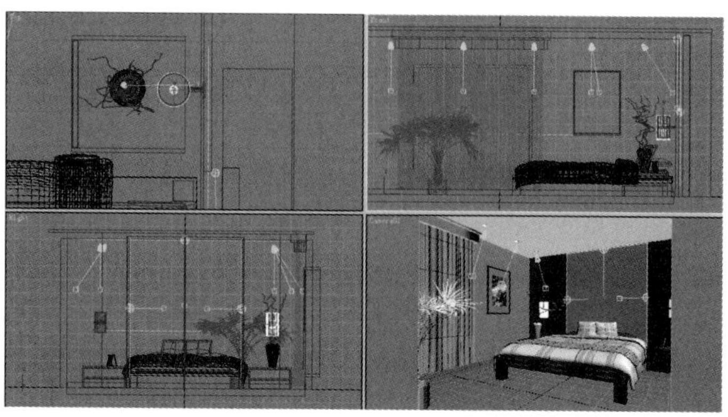

图6-4-17 创建圆柱形自由灯光

选择摄像机视图，按F9键快速渲染。观察灯光的投射范围、形状及投影效果。如图6-4-18所示。发现壁灯在背景墙上产生一个小光斑，另外灯光的一些投影太夸张，影响了画面的整体效果。下面我们通过排除照射物的方法解决这个问题。

图6-4-18

选择“干树枝”旁边的壁灯，在修改命令面板的Ad-vanced Effects（高级特效）卷展栏取消Specular(影响高光区)的勾选。如图6-4-19所示。从而消除背景墙上的光斑。在General Parameters（常规参数）卷展栏单击Exclude(排除）按钮，在弹出的对话框左侧选择“干树枝”。单击中间的向右箭头，把它移到右边框中，从灯光照射中排除出去。如图6-4-20所示。

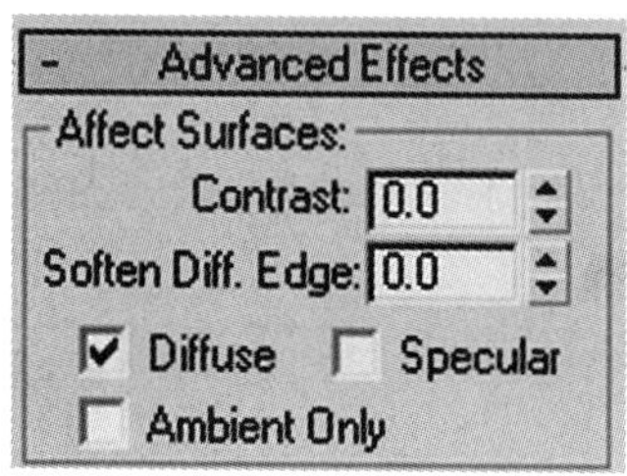

图6-4-19

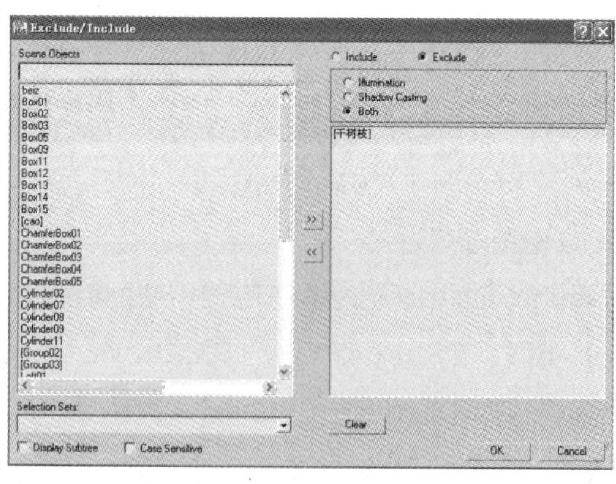

图6-4-20 从灯光照射中排除

用同样方法，选择“干树枝”后背景墙的槽灯。如图6-4-21所示。通过Exclude(排除）的方法，排除“背景墙

图6-4-21

01、干树枝、壁灯01”。如图6-4-22所示。

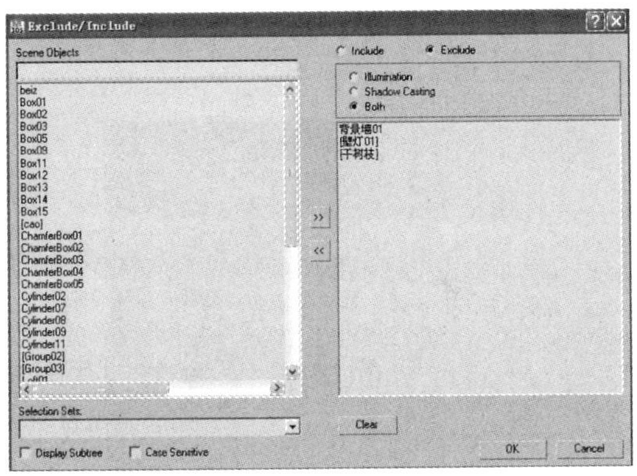

图6-4-22

最后选择另一侧槽灯，把“背景墙02”排除出去。选择摄像机视图，按F9键快速渲染。灯光效果如图6-4-23所示。

图6-4-23 灯光效果

④ 光能传递渲染

由于刚才使用的渲染方式是扫描线渲染，我们看到画面只有直接光照效果，背光部分是黑色的。下面我们将启用高级光照的Radiosity(光能传递)渲染。

按数字9键打开高级光照渲染设置面板。在Select Advanced Lighting栏的下拉菜单中选择Radiosity。

首先进行网格细分，展开Radiosity Meshing Parameters(网格细分参数)卷展栏，勾选Enabled复选框。在Mesh Setting(网格设置）选项组中设置Maximum Mesh Size(最大网格大小）参数为300mm，Minimum Mesh Size(最大网格大小）和Initial Meshing Size(初始网格大小）参数均为150mm。如图6-4-24所示。

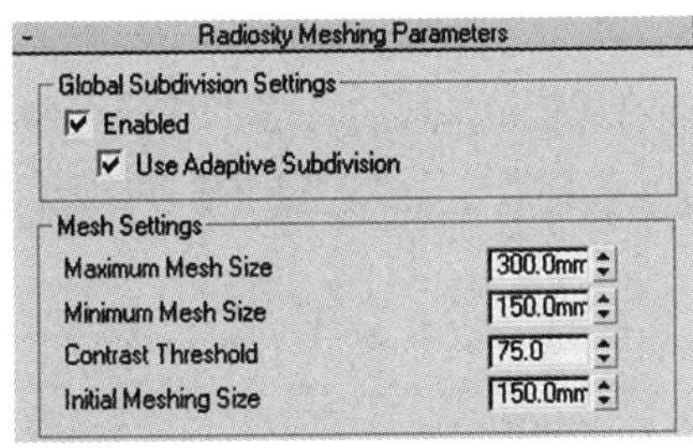

图6-4-24 细分设置

展开Radiosity Processing Parameters(光能传递处理参数）卷展栏，单击Start（开始）按钮进行光能传递计算。

当计算完成1%以后，就可以按Stop按钮停止计算。然后渲染摄像机视图。效果如图6-4-25所示。

图6-4-25

观察渲染图发现整体亮度不够，窗帘盒上方有阴影漏。那是因为模型有T形相交现象。下面先要修改模型消除阴影漏，然后再调整参数设置。

选择Reset按钮清除光能传递信息。在视图中选择“顶”物体，按Delete键删除。

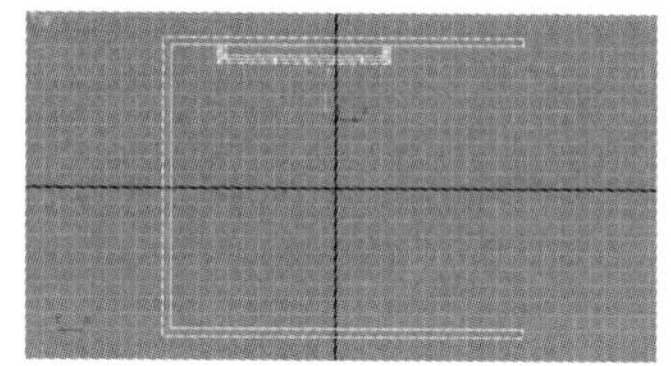
图6-4-26 隐藏其他物体

选择“墙”与“窗帘盒”两个物体，在视图中单击右键，在弹出的快捷菜单中选择Hide Unselected，隐藏不被选择的物体。这样场景中只显示墙体和窗帘盒。如图6-4-26所示。

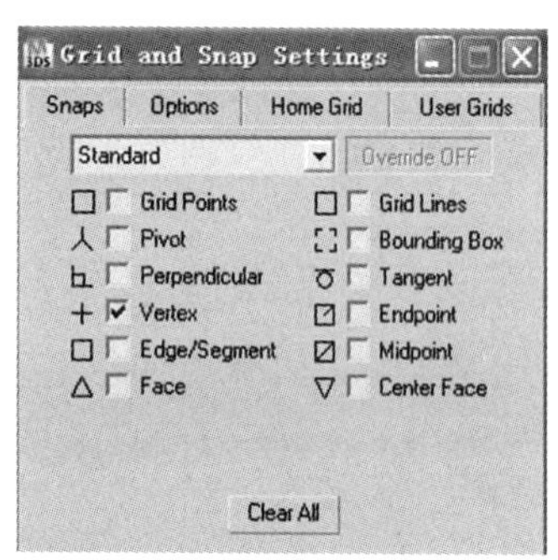

图6-4-27 设置捕捉

在创建命令面板选择形状，选择样条曲线Line类型按钮。在工具栏中击活2.5维捕捉。在按钮上单击右键，在随后弹出的对话框中只勾选Vertex选项。如图6-4-27所示。

在Top视图通过捕捉顶点绘制出顶面样条曲线。如图6-4-28所示。

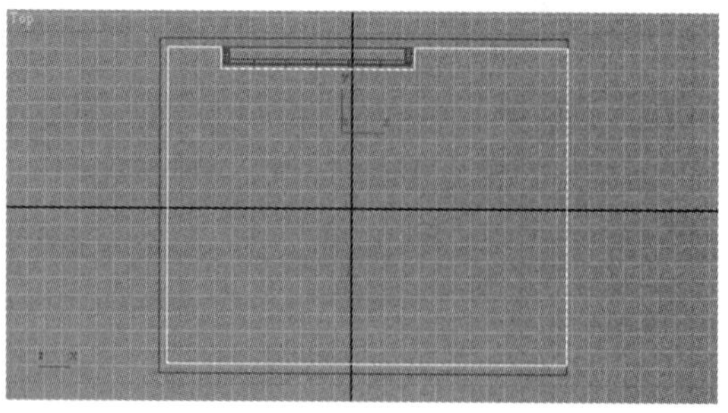
图6-4-28 绘制顶面图形

进入修改命令面板，在修改器下拉列表中选择Extrude,设置Amount值为120mm。如图6–4–29所示。按M键打开材质编辑器，选择白色涂料材质赋予Line01物体。一个与窗帘盒各顶点对齐的顶面物体完成。在视图中单击右键，在弹出的快捷菜单中选择Unhide All，释放所有被隐藏的物体。

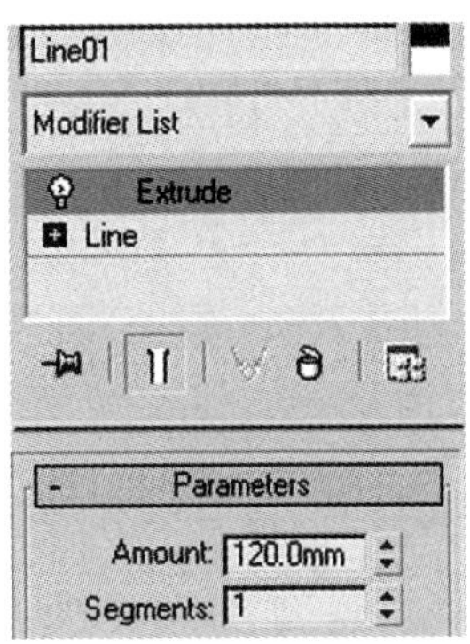

图6–4–29 添加Extrude修改器

为了提高画面的亮度，打开光能传递控制面板，在Interactive Tools（交互工具）选项组中单击Setup按钮，打开环境编辑器对话框。展开Expousure Control（暴光控制）卷展栏，在下拉列表框中选择Logarithmic Expousure Control（对数暴光控制）方式。在Logarithmic Expousure Control Parameters（对数暴光控制参数）卷展栏设置Brightness的值为60，Contrast的值为75。如图6–4–30所示。

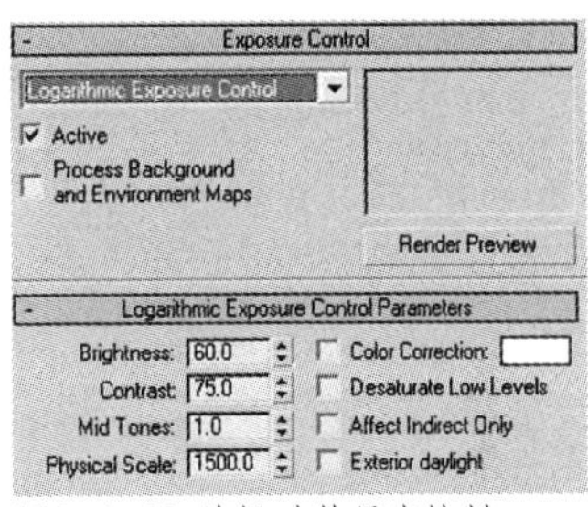

图6–4–30 选择对数暴光控制

为了提高渲染质量，改善黑斑与漏光的现象，在Process(处理）选项组设置Initial Quality（初始质量）值为90。Refine Iterations(优化迭代次数）值为1。在Interactive Tools（交互工具）选项组设置Light Filtering（间接灯光过滤）参数为2。如图6–4–31所示。按Start按钮开始计算。

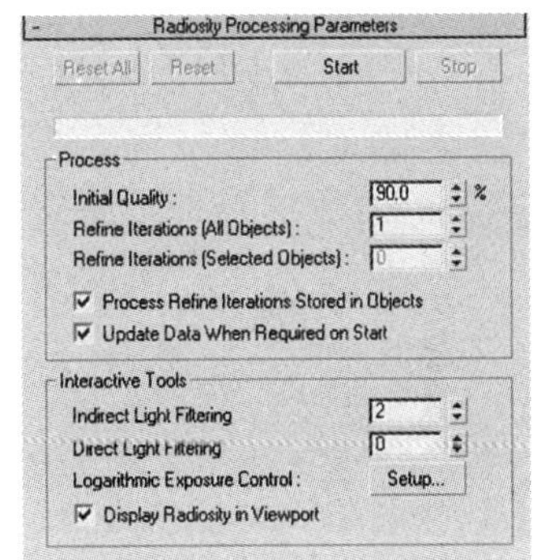

图6–4–31 光能传递参数设置

计算完成后，在common（通用）选项卡中设置好输出图像的尺寸及输出路径。然后渲染摄像机视图，最终效果如图6–4–32所示（见第155页彩图）。

5. 使用VRay渲染器

(1) 启用VRay渲染器

当系统安装了VRay渲染器插件后，打开3ds Max。按F10键，或使用工具栏中的渲染设置按钮，打开Render Setup（渲染设置）对话框。在Common（通用）选项卡中选择Assign Renderer（指定渲染器）卷展栏，通过单击Production（产品级）后面的方块按钮，将会弹出渲染器选择的对话框，从中选择VRay渲染器。如图6–5–1所示。VRay渲染器即被启用。启用VRay渲染器后的渲染设置对

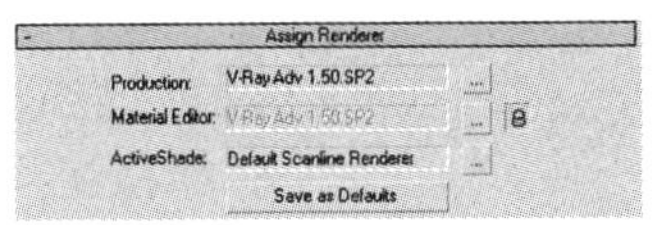

图6–5–1 启用VRay渲染器

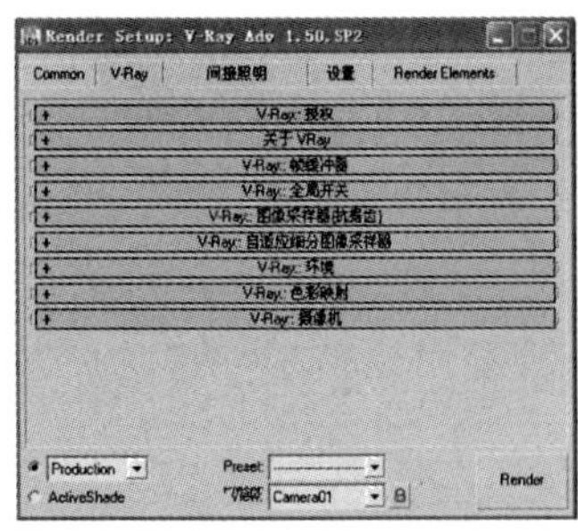

图6-5-2 VRay渲染设置对话框

话框选项如图6-5-2所示。

(2) VRay渲染面板参数

① V-Ray:全局开关参数卷展栏

在“V-Ray”选项卡中展开“全局开关”卷展栏。如图6-5-3所示。

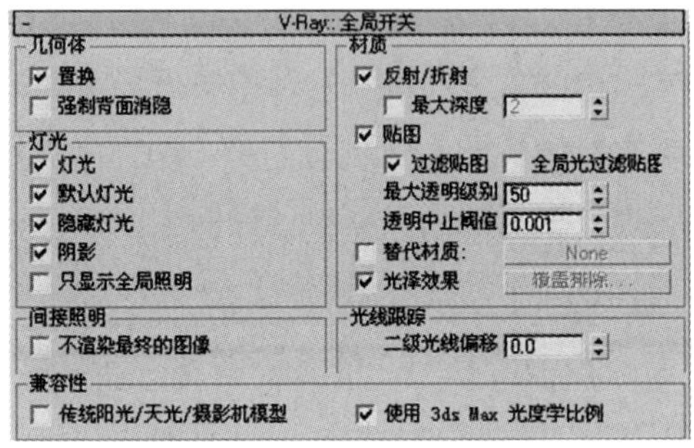

图6-5-3 全局开关参数卷展栏

置换：勾选该复选框将使用VRay自己的置换贴图。否则不使用。

灯光：取消这项勾选，VRay将使用默认灯光来渲染场景。

默认灯光：勾选此选项时VRay将对默认灯光进行计算，为了节省资源一般不勾选。

隐藏灯光：是否勾选决定是否对隐藏灯光进行计算。

阴影：勾选后灯光将产生阴影效果。

只显示全局光：勾选此复选框，直接光照将不会被包含在最后的渲染图像中。

不渲染最终图像：勾选此复选框，VRay只计算相关的全局光照明贴图。

反射/折射：启动或禁止在VRay的贴图和材质中反射/折射效果的计算。

最大深度：不勾选该项时，VRay贴图或材质中反射/折射的最大反弹次数使用材质/贴图的局部参数来控制。勾选后则所有的局部参数都被此参数设置所取代。

贴图：显示和禁止贴图的显示。

过滤贴图：启动或禁止使用纹理贴图过滤。

最大透明级别：控制光线穿过透明物体的最终深度。

透明终止阈值：用于控制追踪透明度的光线数量。数量累计总数低于此选项设定的值时会停止追踪。

覆盖材质：勾选此复选框，渲染时将以此项设置的材质代替场景中的所有材质。

光滑效果：此选项允许使用一种非常光滑的效果来代替场景中所有的光滑反射效果。对测试渲染很有用。

二级光线偏移：正确设置此参数，可以避免渲染图像中场景的重叠表面上出现黑斑。

② V-Ray:图像采样器（抗锯齿）卷展栏

在“V-Ray”选项卡中展开“图像采样器（抗锯齿）”卷展栏。如图6-5-4所示。

图6-5-4 图像采样器（抗锯齿）卷展栏

在“类型”下拉菜单中，有三种采样类型可供选择。

自适应细分：这是一个在没有VRay模糊特效（直接GI、景深、运动模糊等）的场景中首选的高级采样器。它使用较少的样本就可以达到其他采样器使用较多样本才能够达到的品质和质量。但是在具有大量模糊细节和特效的的场景中会比其他两个采样器慢，效果也更差。相比之下占用的内存也更多。

自适应DMC：由原来的rQMC(准蒙特卡罗)提升为真正的蒙特卡罗。对于那些具有大量微小细节、模糊效果的场景，这个采样器是首选。占用的内存相对较少。

固定：这是VRay渲染器中最简单的采样器，它对于每个像素使用一个固定数量的样本。

③ V-Ray:色彩映射卷展栏

在“V-Ray”选项卡中展开“色彩映射”卷展栏。如图6-5-5所示。

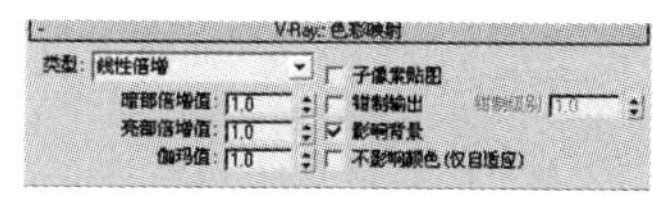

图6-5-5 色彩映射卷展栏

类型下拉列表中提供了几种色彩转换类型。

线性倍增：这种模式将最终的图像色彩的亮度进行简单倍增，太亮的画面不适合这一类型。

指数倍增：这个模式将基于亮度来使颜色更饱和，对于预防明亮区域暴光很有用。

VHS指数：与指数倍增相似，但它会保护色彩的色调和饱和度。

亮度指数：与上面提到的模式相似，但会保护色彩亮度。

伽码矫正：对色彩进行伽码矫正。

暗部倍增值：在线性倍增模式下，控制暗部的色彩倍增。

亮部倍增值：在线性倍增模式下，控制亮部的色彩倍增。

④ V-Ray:间接照明（GI）卷展栏

在“间接照明”选项卡中展开“间接照明（GI）”卷展栏。如图6-5-6所示。

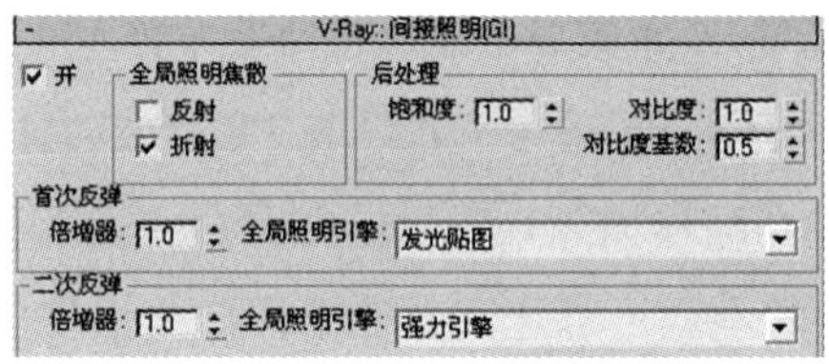

图6-5-6 间接照明（GI）卷展栏

全局照明选项组用于决定是否使用反射、折射焦散。

后处理选项组用于设置图像的饱和度和对比度，值越高饱和度和对比度越高。

首次反弹选项组中的“倍增器”参数决定初次漫反射反弹的强度。值越高，场景越明亮。“全局光引擎”下拉菜单中有四种光子计算方法可供选择。

发光贴图：这是一种基于发光缓存技术的计算方法。它仅仅计算场景中某些特定点的间接光照明，然后对剩余的点进行插值计算。它的优点是速度快于其他几个渲染引擎，产生的噪波比较少。它可以被保存与调用，在渲染相同场景不同方向的图像过程中可以加快渲染速度。但是由于发光贴图采用了插值计算，间接照明的一些细节有可能被丢失。并且需要占用额外的内存。

光子贴图：这种方法是建立在追踪从光源发射出来的并能够在场景中来回反弹的光线微粒（光子）的基础上的。对于存在大量灯光或较少窗户的室内或半封闭场景来说是不错的选择。如果直接使用，通常不会产生足够好的效果。需要配合其他引擎使用。与发光贴图一样也可以被保存和调用。

强力引擎（Brute force GI）：这种方法会计算每个材质点的全局光信息。效果非常好，但对于复杂场景来说速度非常慢，它比较适合渲染具有模糊等大量细节的场景，但参数设置过低容易产生噪波。

灯光缓冲：这种方法是建立在追踪摄像机可见的许多光线路径的基础上的。它的设置非常简单，对灯光没有局限，几乎支持所有类型的灯光。对于细小物体的周边和角落，可以产生正确结果。常被用到室内外场景的渲染中。

⑤ V-Ray:发光贴图卷展栏

在“间接照明”选项卡中展开“发光贴图”卷展栏。如图6-5-7所示。

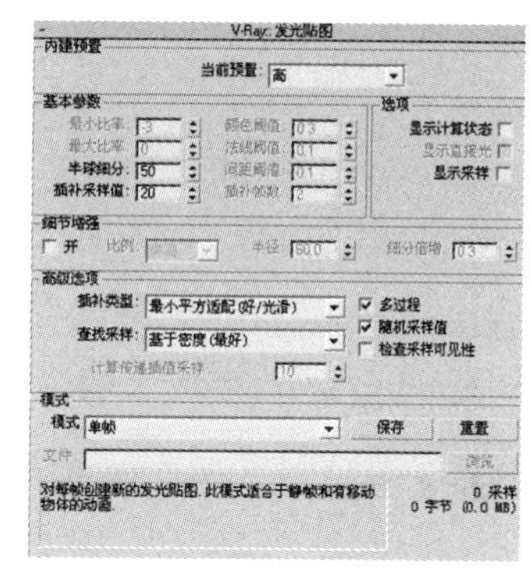

图6-5-7 发光贴图卷展栏

基本参数组中有以下类型可供选择：

当前预置：在这一下拉菜单中提供了8种预设模式。一般在渲染测试时使用较低的预置。也可以选择“自定义”，根据需要设置不同的参数。

最小比率：确定原始全局光照通道的分辨率。通常设置为负值以便快速计算大而平坦区域的全局光照。

最大比率：控制场景中全局光照最终传递的采样比率。

半球细分：这个参数决定单个全局光照样本的品质。较小的值可以获得较快的速度，但容易产生黑斑，较高的值可获得平滑的图像效果。

插补采样值：此参数可定义被用于全局光照的样本数量。较大的值会模糊细节，较小的值会产生光滑的细节。

颜色阈值：这个参数确定发光贴图算法对间接光照变化的敏感程度。

法线阈值：这个参数用于确定发光贴图算法对法线变化以及细小表面细节的敏感程度。

间距阈值：这个参数确定发光贴图算法对两个表面距离变化的敏感程度。

高级选项组中插补类型下拉列表提供了4种选项。其中“最小平方适配类型”和“三角测量类型”是较好的选择。最小平方适配可以产生模糊效果，隐藏噪波，对具有大的光滑表面的场景很适用。三角测量法是一种更精确的插补方法，适用于具有大量细节的场景。

查找采样：这个选项决定发光贴图中被用于插补基础的适合的点的选择方法。

模式选项组允许用户选择使用发光贴图的方法。

渲染结束时选项组用于控制VRay渲染器在渲染过程结束后如何处理发光贴图。

不删除：默认为勾选，意味着发光贴图将保存在内存中直到下一次渲染前。否则会在渲染完后删除内存中的发光贴图。

自动保存：勾选后，可以在渲染完成后，将发光贴图保存到用户指定的文件目录下。

⑥ V-Ray:DMC采样器

DMC采样器即蒙特卡罗采样器，它是VRay的核心。用于确定获取什么样的样本以及最终哪些光线被追踪，贯穿于VRay的每一种模糊计算中。比如，抗锯齿、景深、模糊反射/折射、半透明等。

在“设置”选项卡中展开“DMC采样器”卷展栏。如图6-5-8所示。

图6-5-8 DMC采样器卷展栏

适应数量：控制早期终止应用的样本数量范围。

噪波阈值：较小的值意味着较少的噪波。

最小采样值：确定在早期终止算法被使用之前必须获得的最少样本数量。较高的值会减慢渲染速度。

全局细分倍增器：这个选项在渲染时会倍增任何地方任何参数的细分值。

3.VRay渲染器实例练习

打开“实例\渲染\VRay.max”[①]场景文件。该场景

① www.cucp.com.cn

文件选择使用的渲染器为VRay渲染器。

① 创建VRay灯光

在创建命令面板选择按钮，在下拉菜单中选择VRay灯光类型。选择VRay灯光,在Left视图创建一个面积与窗大小相当的VRay灯光。右键击活Front视图，选择工具栏中的镜像工具，沿X轴反转灯光方向。并移至窗外。如图6–5–9所示。在修改命令面板设置灯光倍增值为10。在选项栏中勾选“不可见”。如图6–5–10所示。

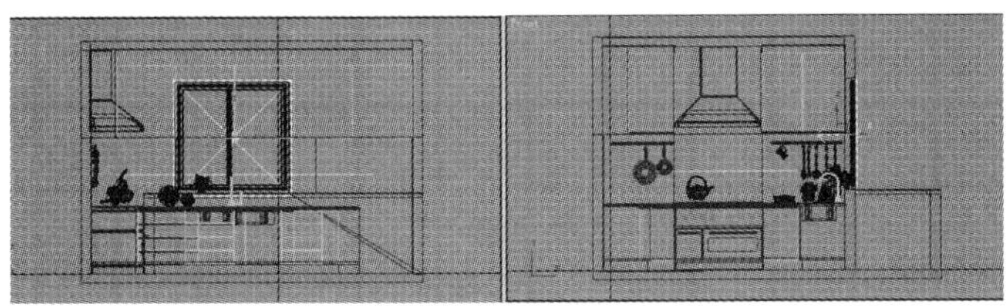

图6–5–9 创建VRay灯光

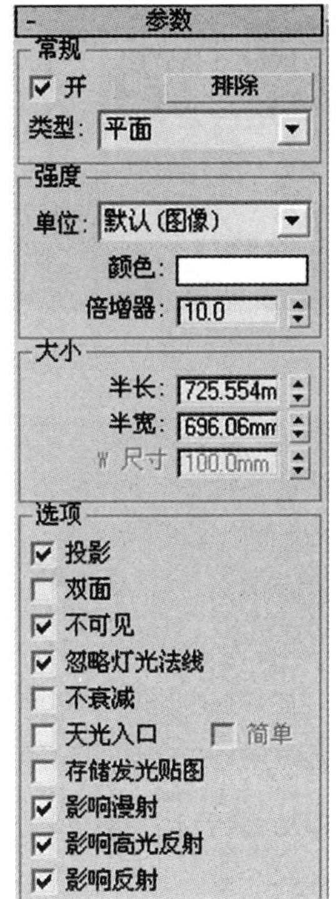

图6–5–10 VRay灯光参数

② 渲染调试

• 按F10键打开渲染设置对话框。在V–Ray选项卡中展开“V–Ray：全局开关”卷展栏，取消勾选默认灯光。勾选替代材质，单击后面的None按钮，在弹出的材质/贴图浏览器中选择VRayMtl材质。按M键打开材质编辑器，把刚才选择的替代材质拖动至一个空白材质球上。在随后弹出的对话框中选择复制方式为Instance（关联）。在材质编辑器中设置基本参数栏的漫反射颜色为白色。如图6–5–11所示。

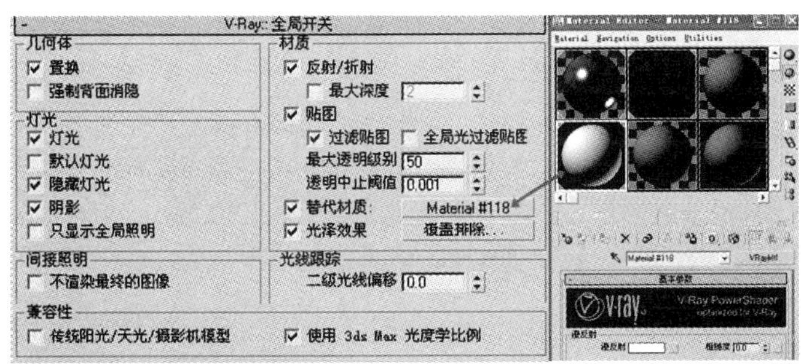

图6–5–11 设置替代材质

提示： 通常在渲染调试时，为了加快渲染速度，通过勾选替代材质，来指定一种简单的材质替代场景中所有物体的材质。

图6–5–12 摄像机视图

• 在Common(通用）选项卡中设置渲染图像大小为320×640。按F9键快速渲染摄像机视图。如图6–5–12所示。观察渲染结果，由于没有间接照明，场景的背光部完全是黑暗的。

• 在渲染设置面板选择“间接照明”选项卡，展开“V–Ray：间接照明（GI）”卷展栏，勾选“开”，启用间接照明。展开“V–Ray：发光贴图”卷展栏，在“当前预置”下拉菜单中选择“非常低”。如图6–5–13所示。

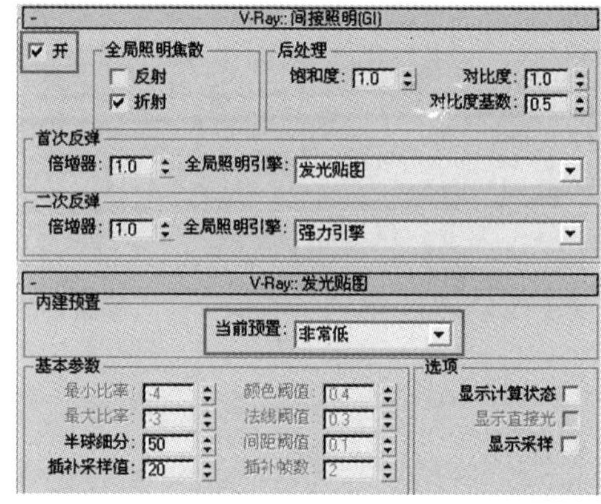

图6–5–13 开启间接照明

• 按F9键快速渲染摄像机视图。如图6–5–14所示。观察渲染结果，发现场景有了间接照明，暗部有层次了，但整体亮度偏高，窗口部分暴光太过了。

图6–5–14 打开间接照明效果

• 在“V–Ray”选项卡中展开“V–Ray：色彩映射”

卷展栏，在类型下拉菜单中选择“HSV指数”。在“V-Ray：图像采样器”卷展栏，选择“VRaySinc过滤器”。并设置“大小”值为8.0。如图6-5-15所示。

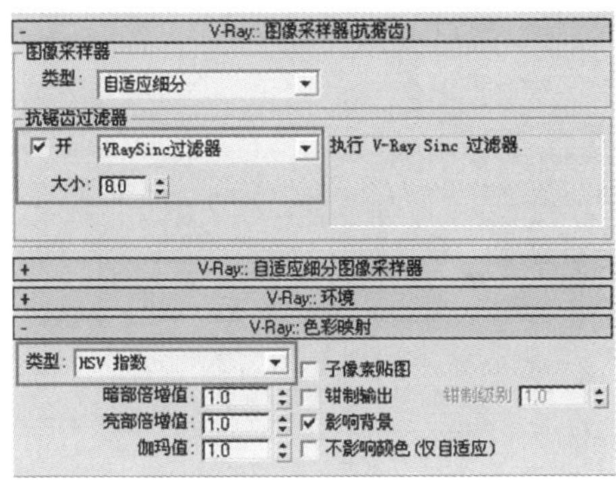

图6-5-15 渲染参数设置

• 在“间接照明”选项卡中展开“V-Ray：间接照明（GI）”卷展栏，设置首次反弹倍增值为0.95，二次反弹倍增值为0.85。如图6-5-16所示。

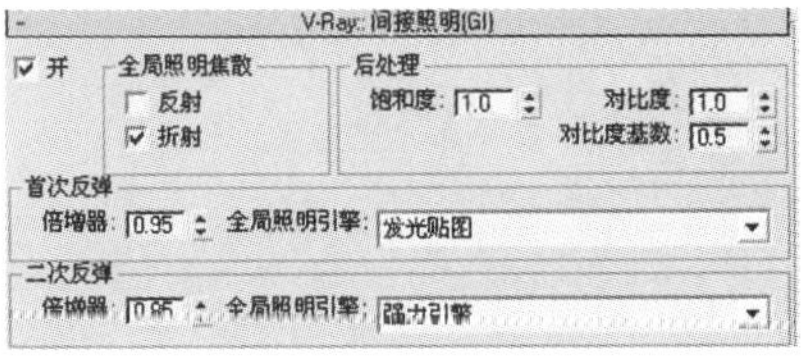

图6-5-16 间接照明参数设置

• 按F9键快速渲染摄像机视图。如图6-5-17所示。

图6-5-17 快速渲染效果

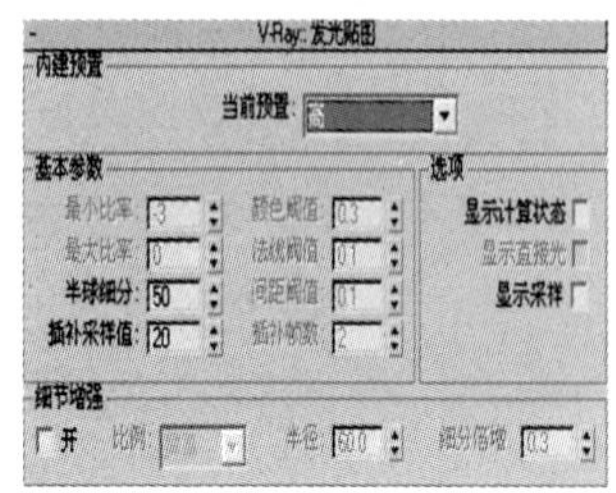

图6—5—18 设置输出尺寸

③ 最终渲染设置

• 在Common(通用）选项卡中设置渲染图像大小为800×600。如图6—5—18所示。

• 在V—Ray选项卡的“V—Ray：全局开关”卷展栏中，取消勾选替代材质。

• 在“V—Ray：发光贴图”卷展栏选择预置为“高”。如图6—5—19所示。

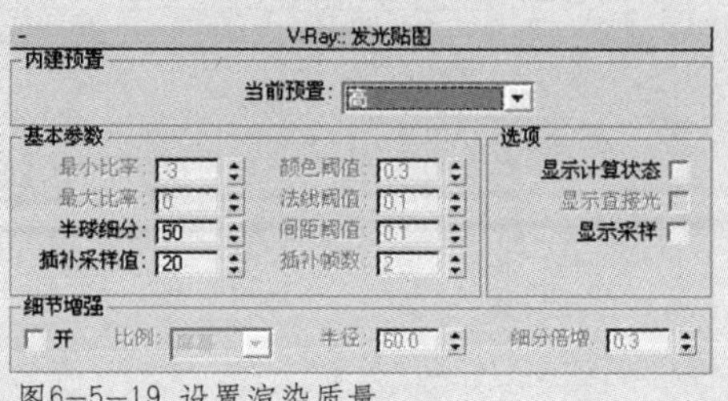

图6—5—19 设置渲染质量

• 按F9键渲染摄像机视图。如图6—5—20所示（见第155页彩图）。

本章重点与习题：

1．3ds Max中有哪些渲染方式，支持哪些渲染插件？
2．如何理解材质、灯光与渲染的关系？
3．如何把握渲染测试与工作效率之间的关系？

第七章 效果图综合实例

通过前面几章的学习准备，在这一章我们将体验效果图制作的完整过程。从建模到渲染输出以及图像后期处理。

1．创建场景框架

通常我们会根据实际尺寸创建效果图模型。可以直接在3ds Max中依据设计图建模，也可以利用AutoCAD绘制的平面图（尤其是平面比较复杂的场景），然后导入利用。在这里我们为了学习需要使用第二种方法。

① 首先设置系统单位为毫米(具体方法参见第二章)。选择菜单栏的“File（文件）/Import（导入）”命令。选择文件“实例\综合\平面图”[①]。在导入对话框中勾选“Weld nearby vertices（焊接邻近的点）”。如图7−1−1所示。导入平面图。

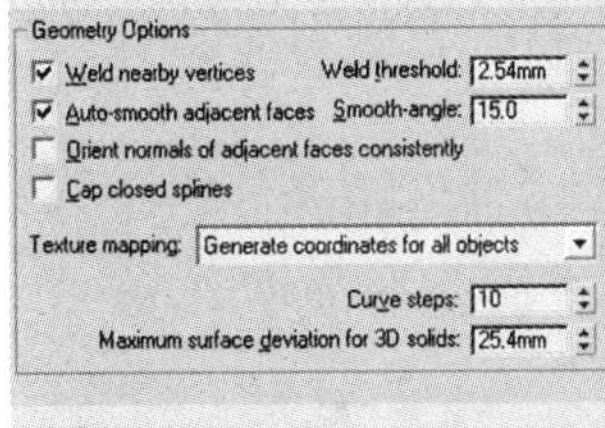

图7−1−1

② 删除不需要的线与形状，只保留墙体。如图7−1−2所示。

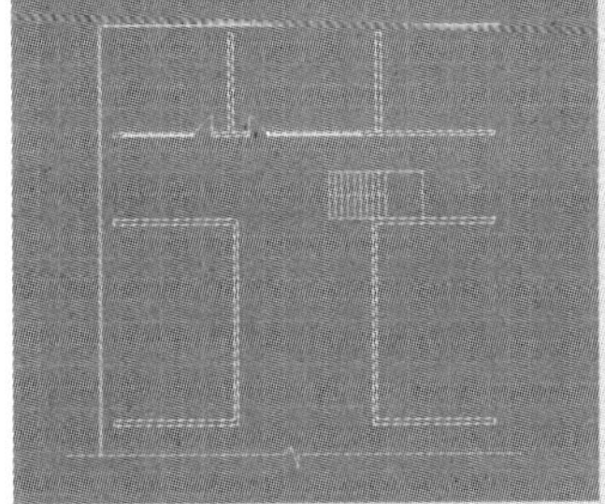

图7−1−2 导入平面图

③ 选择黄色部分线条，在视图中单击右键，在快捷菜单中选择“Hide Selected（隐藏被选择对象）”隐藏所选线条。

④ 选中剩下的墙体线，在修改命令面板选择Spline（线）的子级，选中不属于实墙的线并删除。最后如图7−1−3所示。

图7−1−3 墙体平面

① www.cucp.com.cn

⑤ 在修改命令面板的Modifier List（修改编辑器列表）中选择Extrude修改器，在Parameter参数栏设置Amount值为6000mm。在名称栏中命名为“墙”。拉伸出墙体模型。如图7-1-4所示。

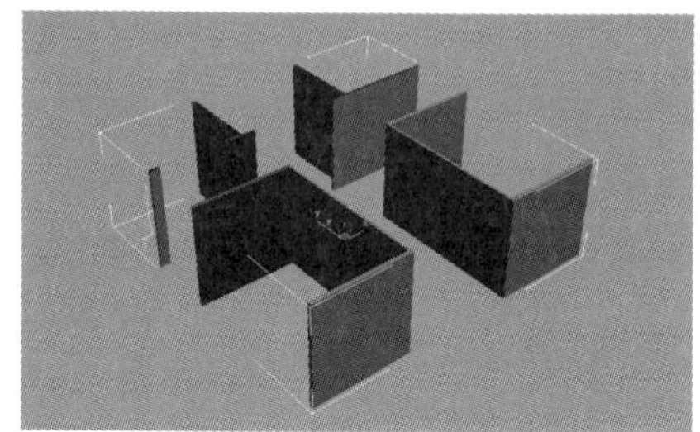

图7-1-4 拉伸出墙体模型

⑥ 在Create（创建)命令面板选择Box物体类型，在Top视图中创建Box对象，命名为“地面”，厚度为120mm。如图7-1-5所示。

图7-1-5 创建地面

⑦ 选择“地面”，单击右键，在快捷菜单中选择Clone（克隆），在随后弹出的对话框中选择复制方式为Copy（拷贝）。并命名为“楼板”。如图7-1-6所示。

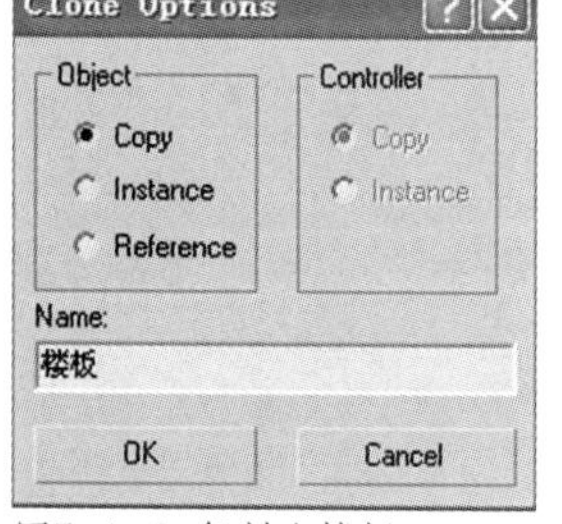

图7-1-6 复制出楼板

⑧ 确认当前工作视图为Perspective视图，在工具栏的移动工具上单击右键，在随后弹出的移动变换对话框中设置Z轴值为3000mm。使“楼板”对象移到适当位置。如图7-1-7所示。

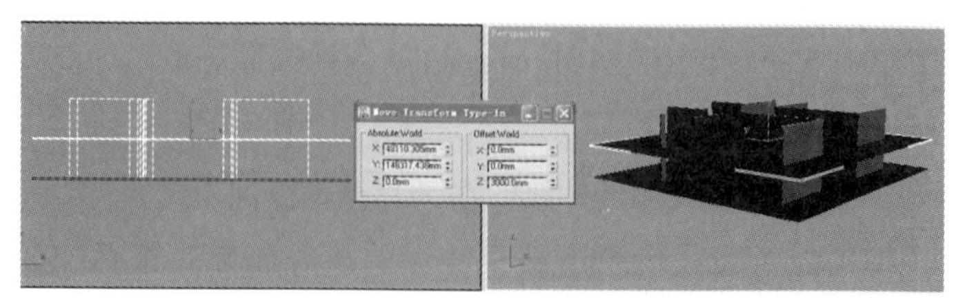

图7-1-7

提示： 在操作过程中，于任一视图中单击右键就可以击活该视图成为当前工作视图。

⑨ 下面创建摄像机确定视角。选择创建命令面板的Cameras（摄像机）选项，在下拉菜单选择VRay，然后选择“VR物理摄像机”类型。在Top视图创建“VR物理摄像机01”。在Front视图调整高度为1500mm左右。如图7-1-8所示。摄像机参数如图7-1-9所示。选择Perspective视图，按键盘C键，切换成“VR物理摄像机01”视图。

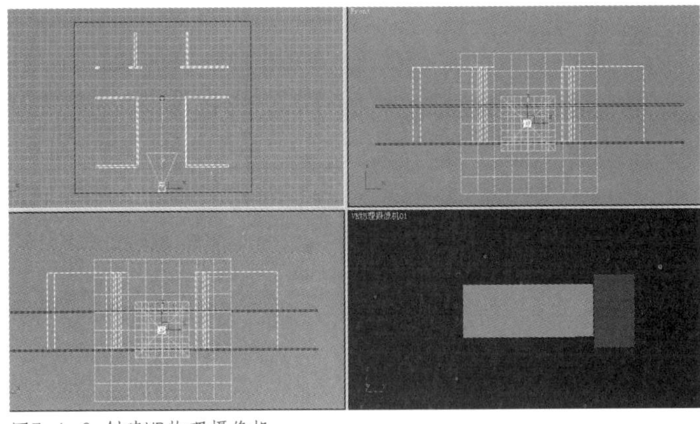
图7-1-8 创建VR物理摄像机

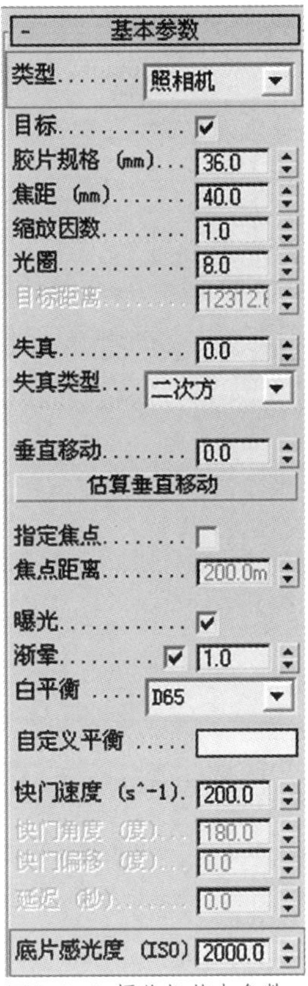

图7-1-9 摄像机基本参数

⑩ 按F10键打开渲染设置对话框，在通用选项卡中设置渲染器类型为VRay（具体参见第六章“渲染”）。

⑪ 按M键打开材质编辑器，选择一个空白材质球赋予“楼板”对象。 设置材质类型为VRayMtl，材质名称为“白色涂料”。在基本参数栏中设置漫反射颜色为白色，反射颜色为深灰（RGB值均为10），反射光泽度为0.3。如图7-1-10所示。

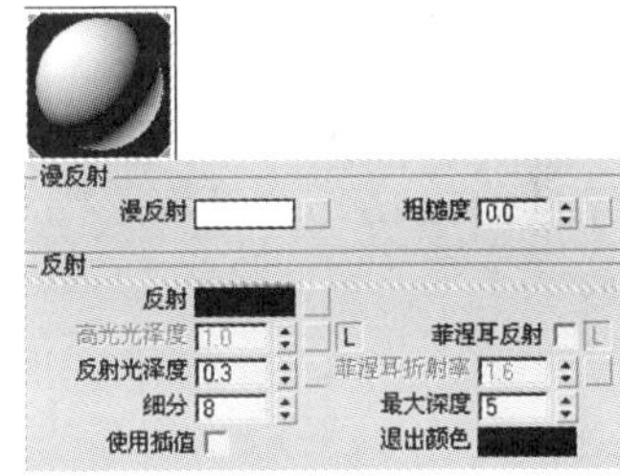

图7-1-10 墙面材质

⑫ 把“白色涂料”材质球拖至一个空白样本上，产生一个复制样本。修改材质名称为“浅灰色涂料”，修改漫反射颜色为浅灰色（RGB值均为236）。把它赋予“墙体”对象。

⑬ 选择一个空白样本球，设置材质类型为VRayMtl，材质名称为“地毯”。单击漫反射颜色右侧的灰色按钮，在弹出的对话框中选择“综合\贴图\地毯.jpg”[①]文件。贴图参数设置如图7-1-11所示。

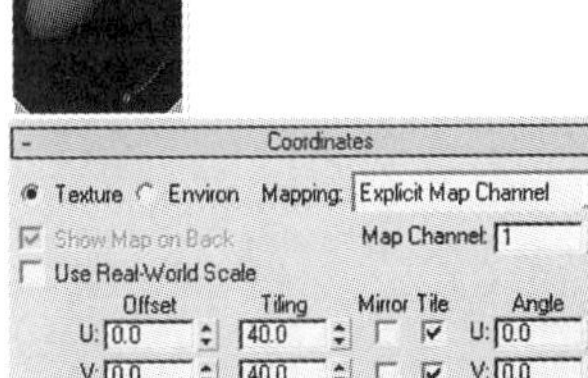

图7-1-11 贴图参数

⑭ 按钮回到父材质级别，展开贴图卷展栏，把刚设置的“漫反射”通道的贴图拖动复制到“置换”通道，在

① www.cucp.com.cn

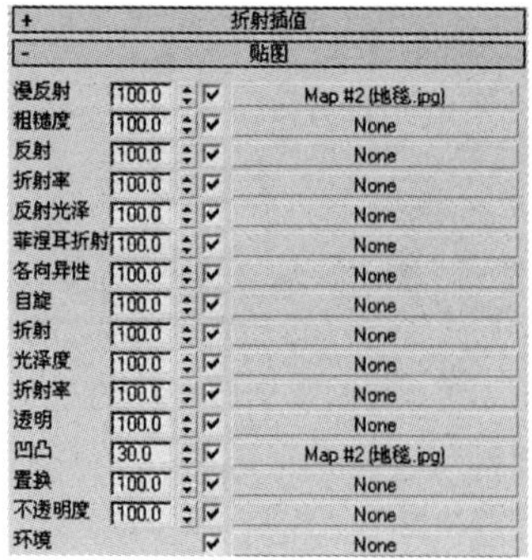
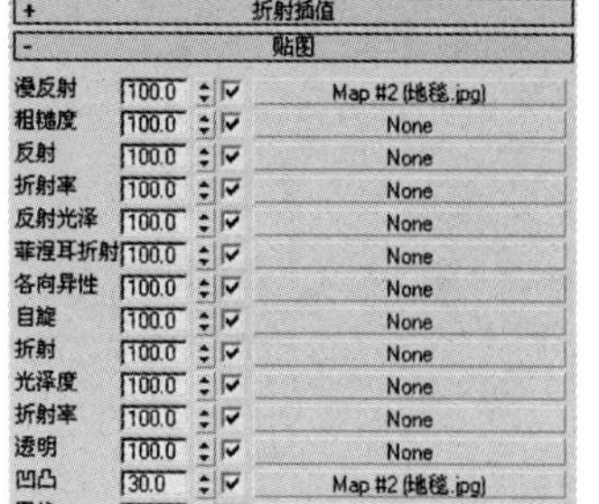

图7—1—12 贴图设置

弹出的对话框中选择复制类型为Instance（关联）。设置置换值为6。如图7—1—12所示。

2．创建楼梯

① 在视图中单击右键，在快捷菜单中选择Unhide All。显示之前隐藏的楼梯平面图。

② 在Create（创建)命令面板选择Box物体类型，在Top视图中起步阶梯位置创建一个Box对象，参数设置及位置如图7—2—1所示。

图7—2—1 创建起步阶梯

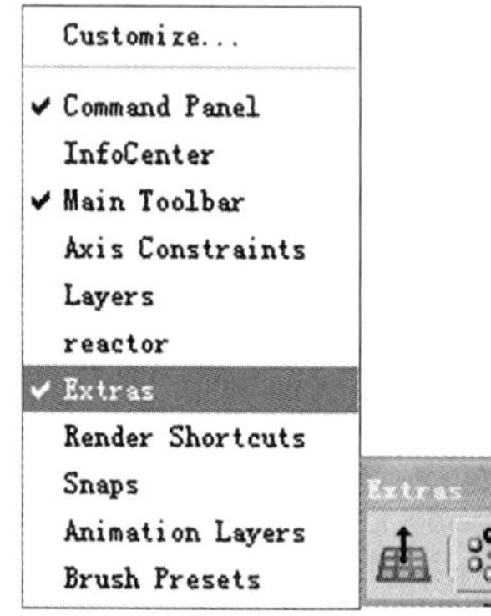

图7—2—2

③ 在工具栏上击右键，在弹出的快捷菜单中选择Extras选项。打开Extras工具组。如图7—2—2所示。

④ 击活Front视图选择Array（阵列）工具，在弹出的对话框中设置阵列复制的相关参数，如图7—2—3所示。阵列后效果如图7—2—4所示。

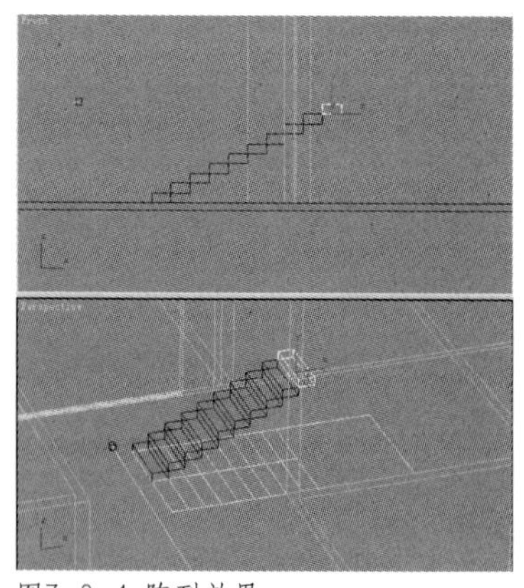
图7—2—4 阵列效果

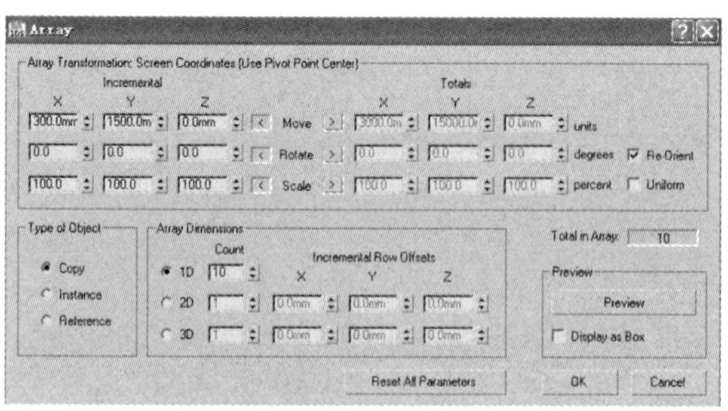
图7—2—3 阵列复制参数

⑤ 选择阵列后最上面的Box对象，单击右键，在弹出的快捷菜单中选择Convert to/Convert to Editable Mesh，

如图7-2-5所示。转换为可编辑的网格物体。并修改名称为“休息平台”。

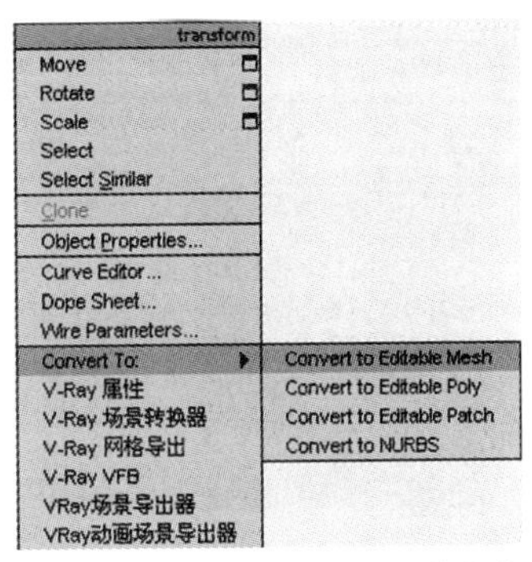

图7-2-5 转换为可编辑的网格物体

⑥ 在修改命令面板，选择Vertex（点）的级别，编辑调整点的位置，如图7-2-6所示。

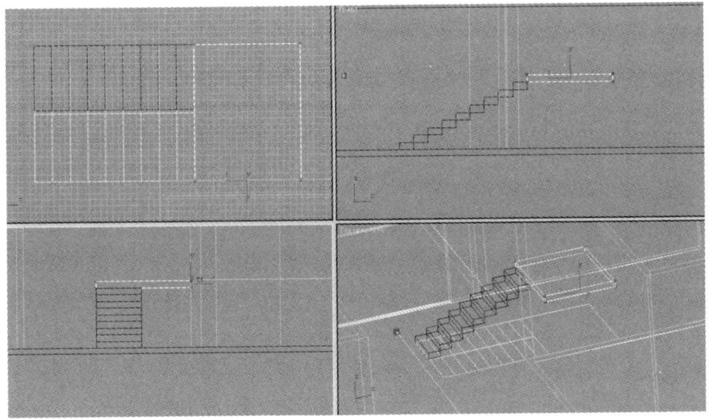

图7-2-6 调整点的位置

⑦ 单击Vertex（点）的级别选项，退出子物体编辑状态，按住Shift键向下移动“休息平台”物体对象，复制出“休息平台01”，如图7-2-7所示。

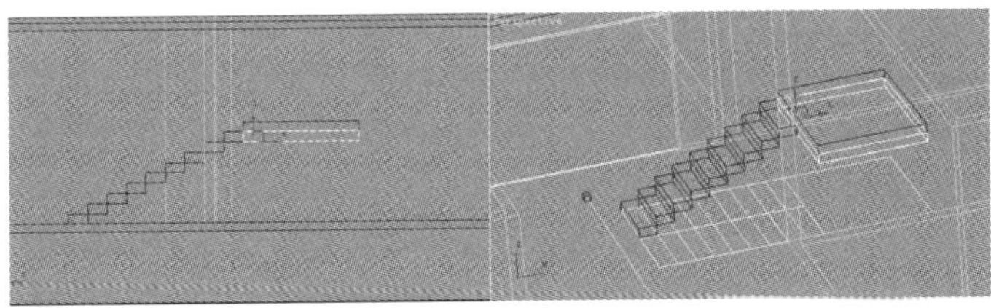

图7-2-7 复制“休息平台”

⑧ 再次使用阵列方法创建出上半部分阶梯。如图7-2-8所示。

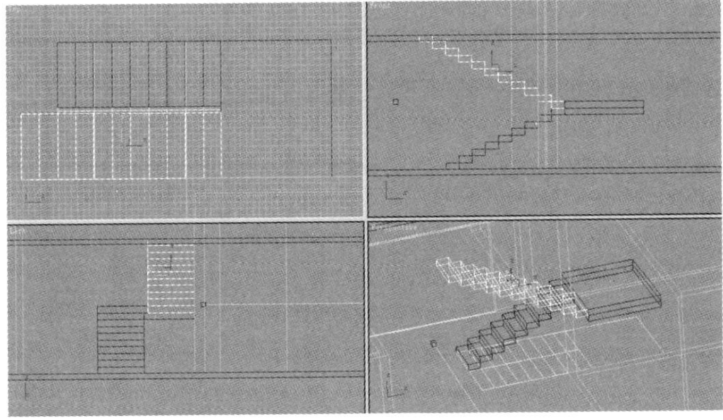

图7-2-8 创建另一半阶梯

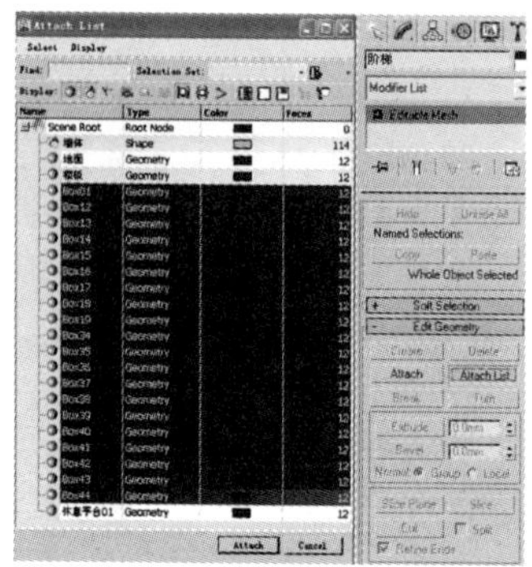
图7-2-9　结合

⑨ 选择“休息平台”，在修改命令面板选择Attach List（根据名称结合）按钮，在弹出的对话框中选择所有Box对象，按Attach按钮结合为同一个物体对象，如图7-2-9所示 。修改名称为“阶梯”。

⑩ 创建一个Box物体，位置与创建参数如图7-2-10所示。

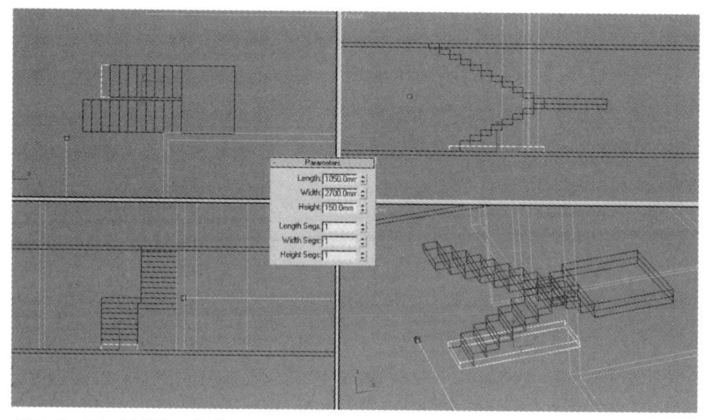
图7-2-10　创建Box物体

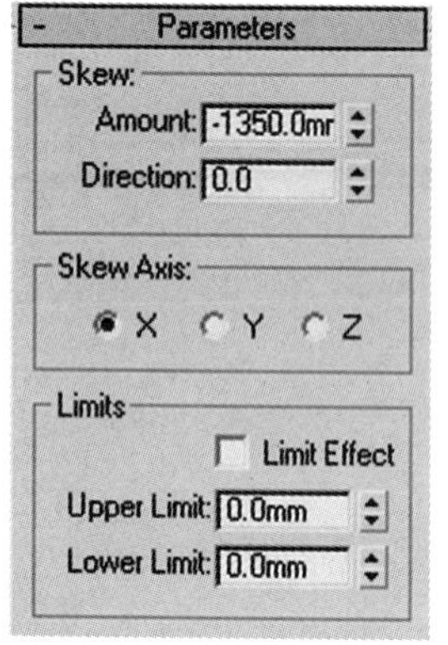

图7-2-11　Skew参数

⑪ 在修改命令面板的修改器下拉列表中，选择“Skew（偏斜）”修改器。参数设置如图7-2-11所示。

⑫ 调整移动位置至阶梯下。使用同样方法创建另一半。最终如图7-2-12所示 。

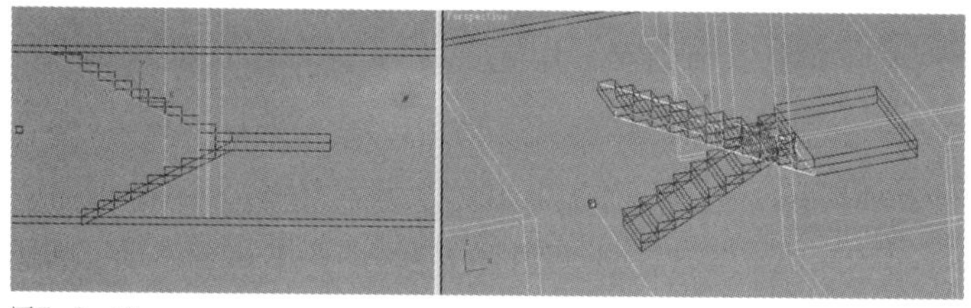
图7-2-12

⑬ 选择“休息平台01”，在修改命令面板选择Attach（结合）按钮，分别单击刚才创建的两个Box对象，结合为同一个对象，命名为“石膏板”。

⑭ 在材质编辑器中选择“白色涂料”赋予“楼梯板”对象。选择“地毯”材质赋予“阶梯”。

⑮ 在另一角度再创建一个摄像机“VR物理摄像机

02”，如图7-2-13所示。

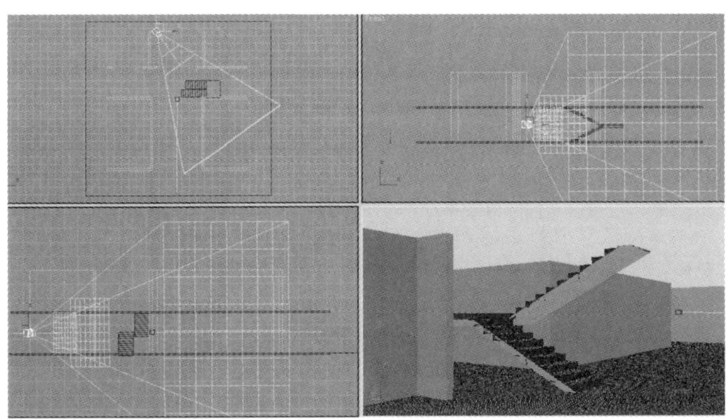

图7-2-13 创建VR物理摄像机02

⑯ 下面通过放样创建楼梯的扶手和侧面槽钢。选择创建命令面板的形状，选择Line类型，在视图中创建样条线Line01。调整节点位置，创建出扶手路径线，如图7-2-14所示。

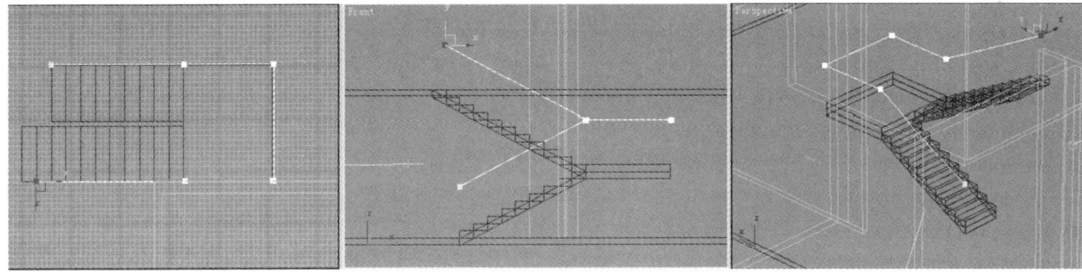

图7-2-14 创建扶手路径线

⑰ 继续使用Line在Top视图中绘制槽钢截面图形(长300mm，宽40mm），如图7-2-15所示。

图7-2-15 槽钢截面

⑱ 选择创建命令面板的几何体选项面板，在下拉菜单中选择Compound Objects（复合物体）类别，选择Loft物体类型，单击Creation Method卷展栏中的Get Shape按钮，然后把鼠标光标移至刚才创建的槽钢截面图形上单击，把放样出的物体命名为“楼梯槽钢01”。如图7-2-16所示。

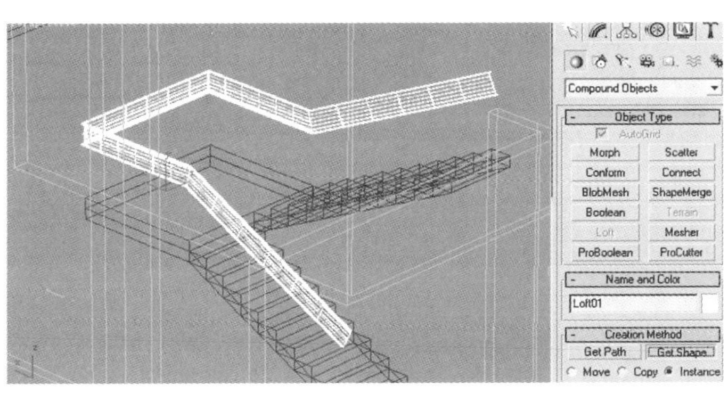

图7-2-16 放样

⑲ 进入修改命令面板，展开Skin Parameters卷展栏，勾选Optimize Shapes（优化截面）选项，减少不必要的片段数。如图7–2–17所示。

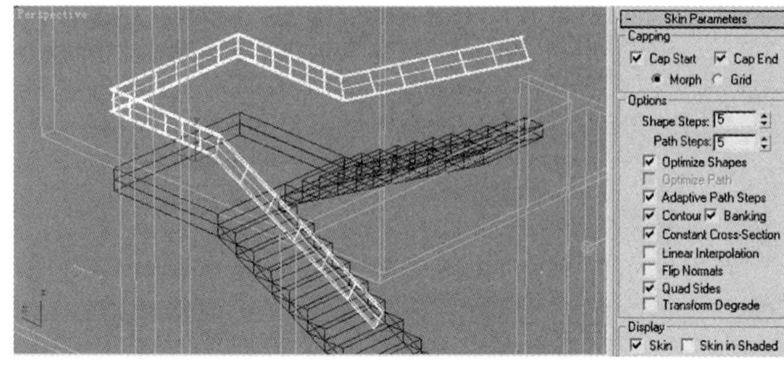

图7–2–17 优化

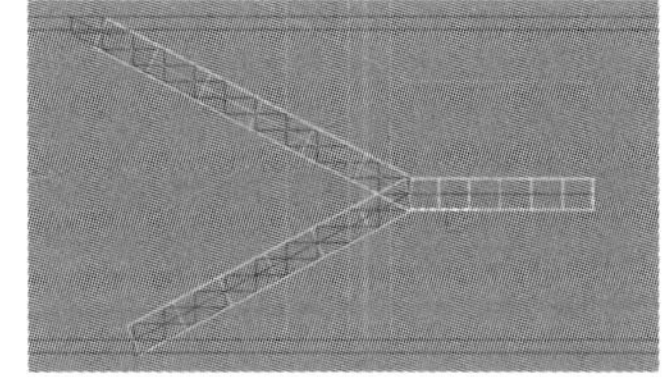

图7–2–18

⑳ 观察Front视图，把“楼梯槽钢01”向下移至楼梯外侧。如图7–2–18所示。

㉑ 在“楼梯槽钢01”上单击右键，选择Convert to Editable Mesh,转换为可编辑的网格对象。进入Vertex(点）的编辑状态，在Front视图调整节点的位置，修改网格对象的外形。如图7–2–19所示。

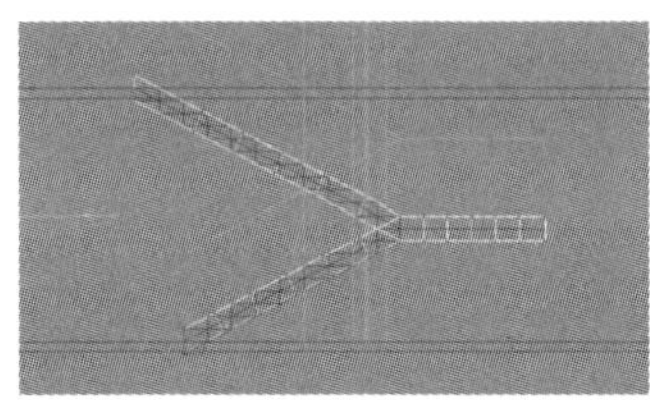

图7–2–19 调整节点的位置

㉒ 选择Rectanfle,在Top视图中创建一个宽40mm，厚10mm的矩形，作为扶手扁铁的截面图形，选择Circle绘制一个半径为10mm的圆形，作为扶手圆管的截面图形。如图7–2–20所示。

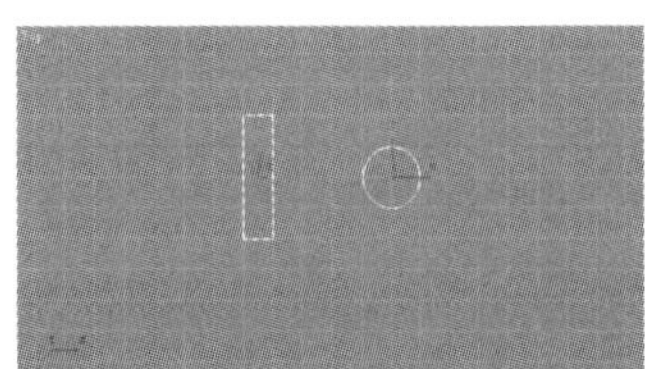

图7–2–20 创建截面图形

㉓ 用同样方法，以“Line01”为路径，以圆形为截面图形进行放样，创建扶手圆管。然后向下移至适当位置，并复制，复制方式为Instance（关联）。如图7–2–21所示。

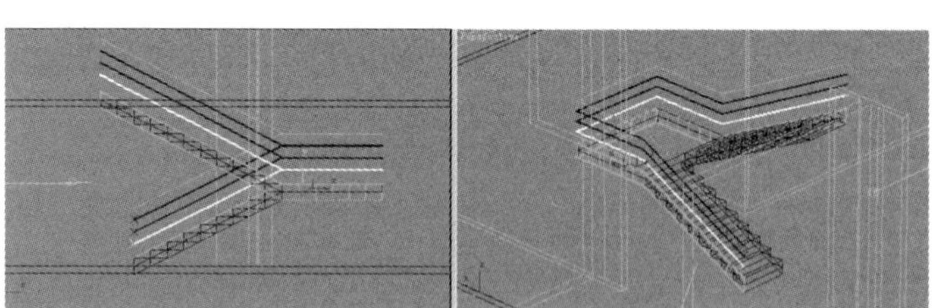

图7–2–21 放样创建扶手圆管

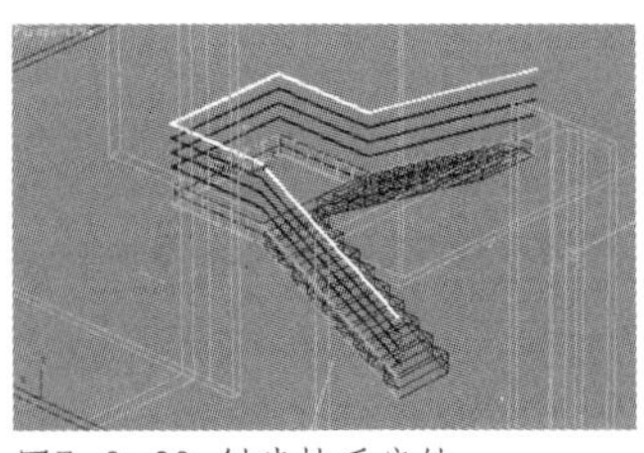

图7–2–22 创建扶手扁铁

㉔ 以“Line01”为路径，以矩形为截面图形进行放样，创建扶手扁铁。如图7–2–22所示。

㉕ 复制一个扁铁的截面图形，复制方式为Copy（拷贝），在修改命令面板为它指定一个Extrude（挤压）修改

器，设置Amount值为1054mm，放置位置如图7-2-23所示。

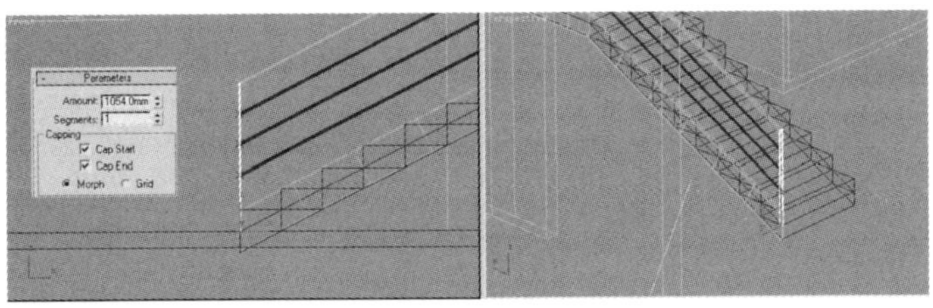

图7-2-23

㉖ Copy（拷贝）复制刚才挤压创建的对象，修改Amount值为900mm。复制并放置于适当位置，最终如图7-2-24所示。

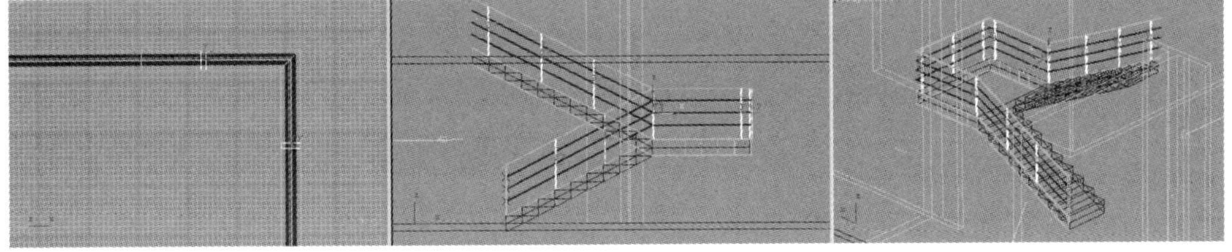
图7-2-24 复制

㉗ 在视图中创建Line样条曲线，编辑节点位置，如图7-2-25所示。

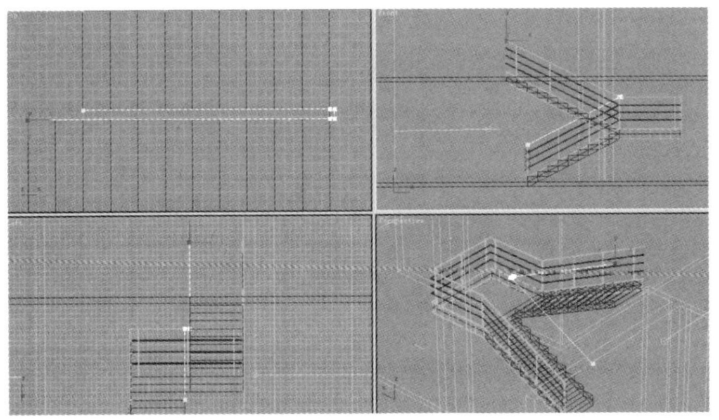
图7-2-25 创建Line样条曲线

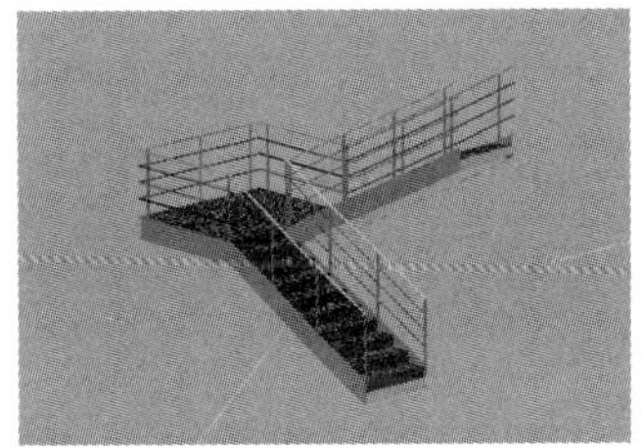
图7-2-26 完成的楼梯模型

㉘ 使用之前同样的方法创建出另一边的扶手，最终如图7-2-26所示。

㉙ 选择刚创建完成的扶手与侧面槽钢，选择Group（群组）菜单下的Group（群组）命令，在弹出的对话框中命名为“扶手”。如图7-2-27所示。

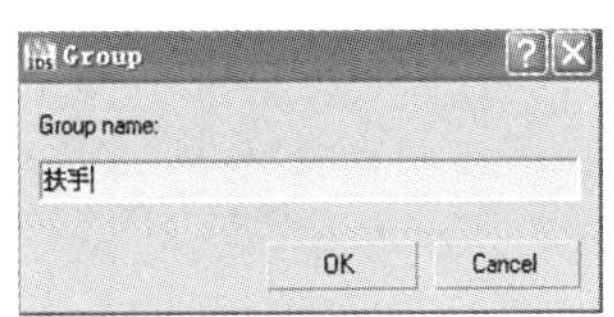

图7-2-27 群组

㉚ 在材质编辑器中选择一个空白样本，命名为“槽钢”，赋予“扶手”对象。设置材质类型为VRayMtl，修改漫反射颜色RGB均为40的灰色。设置反射颜色RGB均为15的灰色。如图7-2-28所示。

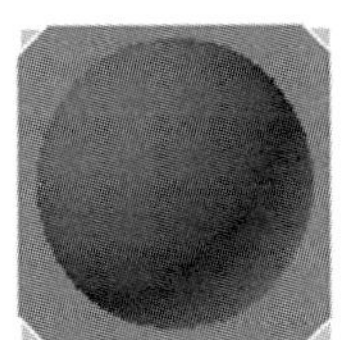
图7-2-28 “槽钢”材质

㉛ 在Top视图中适当调整整个楼梯的位置。创建一个用于进行布尔运算的Box对象，厚度大于楼板，平面大小与整个楼梯相当。如图7-2-29所示。

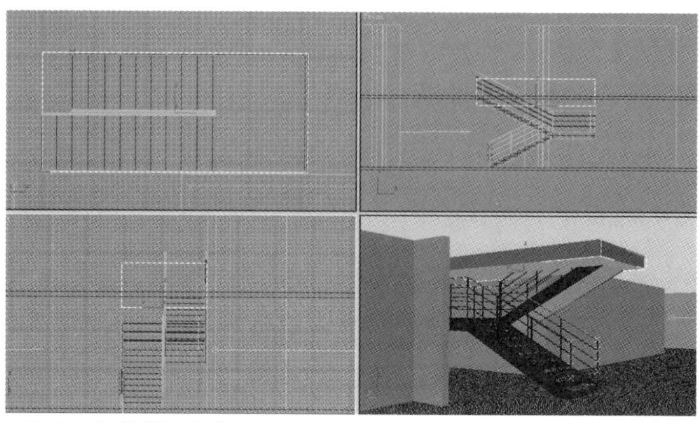

图7-2-29 创建Box物体

㉜ 选择“楼板”对象，在创建/几何体命令面板，选择Compound Objects（复合物体）中的Proboolean（超级布尔运算），点击Start Picking按钮，然后拾取刚才创建的Box对象。挖出楼板上的楼梯口。如图7-2-30所示。

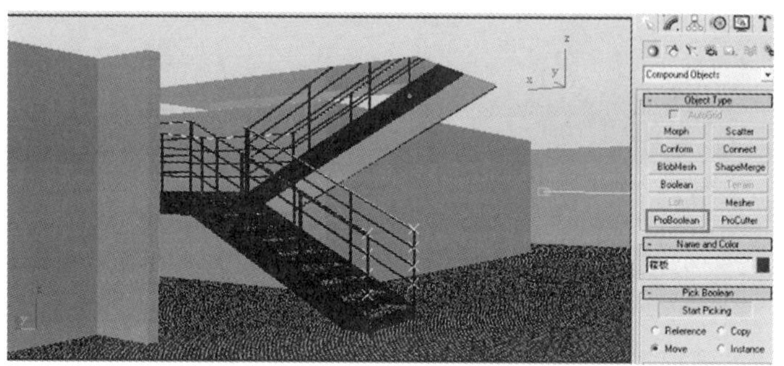

图7-2-30 VR物理摄像机02视图

3. 创建会议室门窗

① 选中整部楼梯，并隐藏。击活工具栏上的2.5维捕捉按钮，在捕捉按钮上单击右键，在弹出的对话框中只勾选Vertex（顶点）选项。如图7-3-1所示。

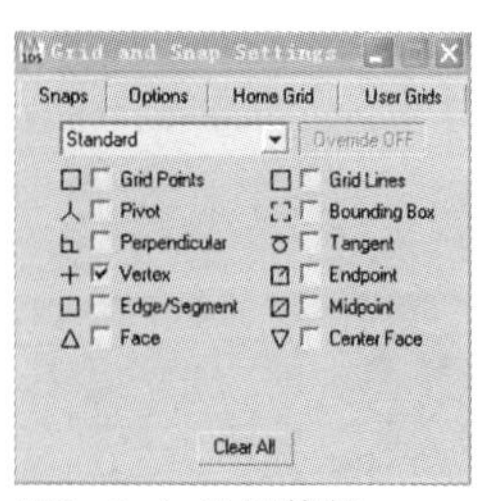

图7-3-1 设置捕捉

② 在创建/几何体命令面板，选择Box物体类型，在Top视图通过捕捉会议室墙体四个顶点，创建一个

Box对象，高度为400mm。如图7-3-2所示。

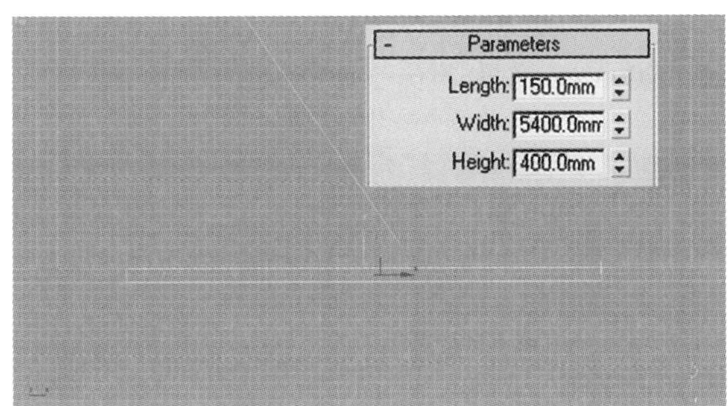

图7-3-2 创建Box对象

③ 关闭2.5维捕捉，在Front视图中移至顶部。如图7-3-3所示。在材质编辑器中选择“浅灰色涂料”，赋予刚创建的Box对象。

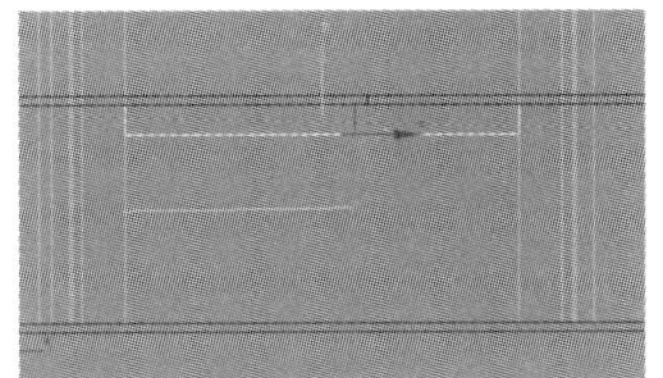
图7-3-3 移至顶部

④ 在创建命令面板选择形状Line类型，在Left视图刚创建的Box对象的下方创建一个图形，如图7-3-4所示。

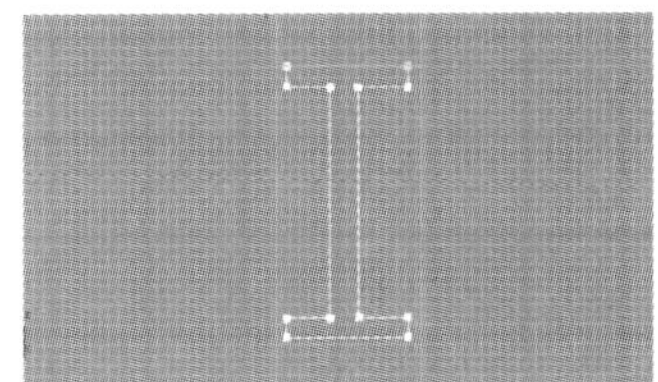
图7-3-4 创建Line形状

⑤ 为其指定Extrude修改器，Amount值为5398mm，移动调整至适当位置。如图7-3-5所示。命名为“框架01”在材质编辑器中选择“槽钢”，赋予“框架01”对象。

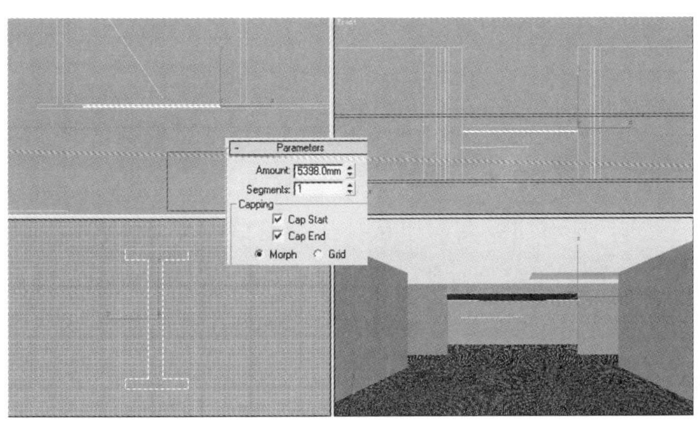

图7-3-5 创建“框架01”

⑥ 选择“框架01”，按住Shift键的同时向下移动至底部，进行复制，复制方式为Copy（拷贝），在修改命令面板的堆栈中选择Line下的Vetex（点）的编辑，修改截面高度，如图7-3-6所示。

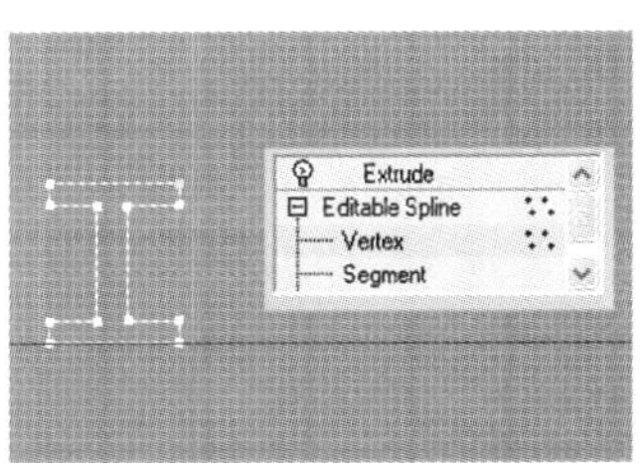

图7-3-6 修改截面高度

⑦ 退出点的编辑状态，修改Extrude修改器的Amount值为4400mm。

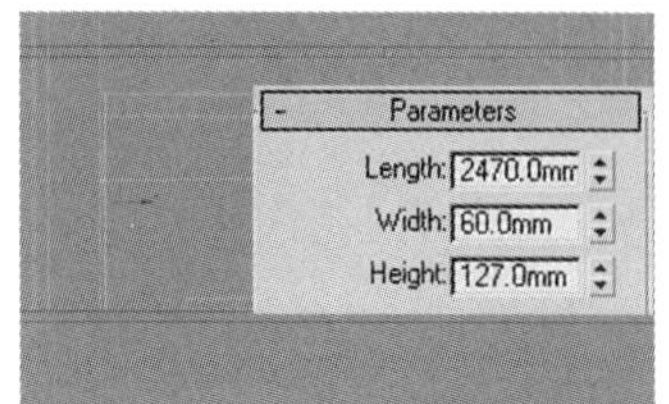

图7-3-7 创建“门框”物体

⑧ 在如图7-3-7所示位置创建一个Box物体命名为“门框”。赋予“槽钢”材质。向右移动复制，预留出门的位置（900mm）。如图7-3-8所示。

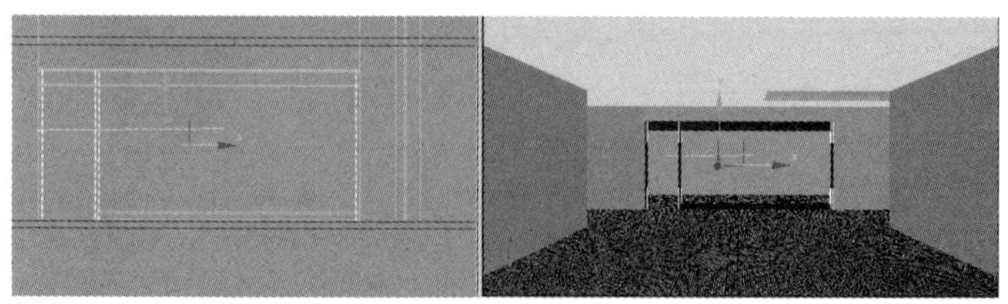

图7-3-8 复制“门框”

⑨ 选择Box物体创建类型，在预留的位置创建门。为其命名为“门”。如图7-3-9所示。

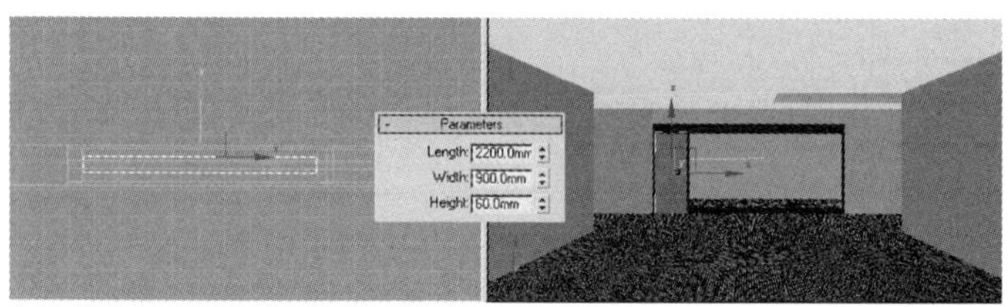

图7-3-9 创建门

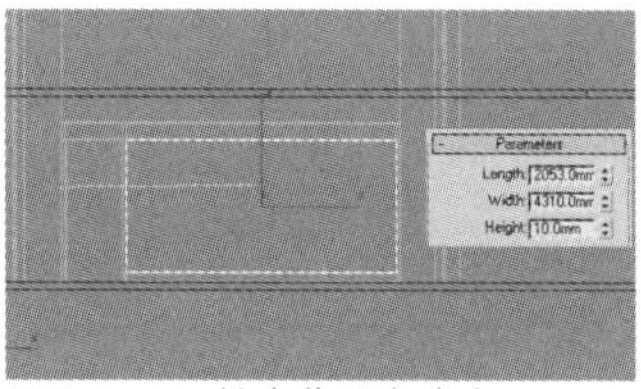

图7-3-10 创建落地窗玻璃

⑩ 在材质编辑器中选择一个空白样本，命名为“白色油漆”，赋予“门”对象。设置材质类型为VRayMtl,漫反射颜色为白色，反射颜色R、G、B均为15的灰。

⑪ 再创建一个Box对象，作为落地窗玻璃，命名为“窗”。如图7-3-10所示。

⑫ 在材质编辑器中选择一个空白样本，命名为“玻璃”，赋予“窗”对象。设置材质类型为VRayMtl,设置反射颜色R、G、B均为10的灰，折射颜色为白色。如图7-3-11所示。

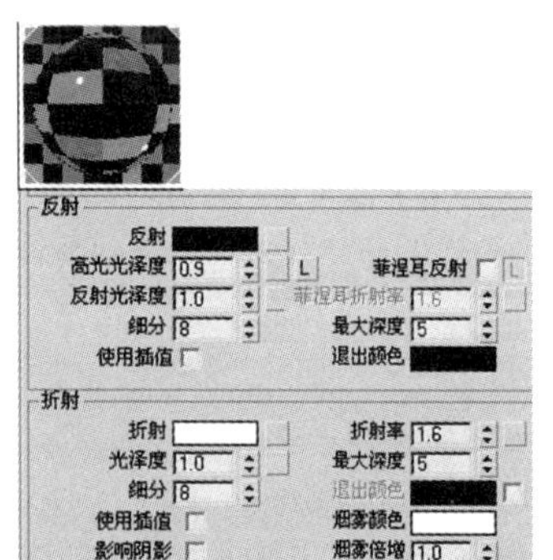

图7-3-11 玻璃材质

⑬ 最后创建出外侧幕墙玻璃框架。如图7-3-12所示。

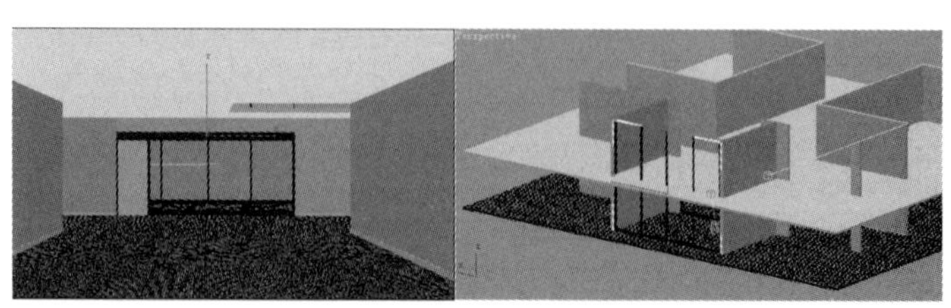

图7-3-12 侧幕墙玻璃框架

4. 创建踢脚与吊顶

① 配合2.5维顶点捕捉，在Top视图沿墙角边绘制Line线条如图7-4-1所示。命名为“踢脚”。

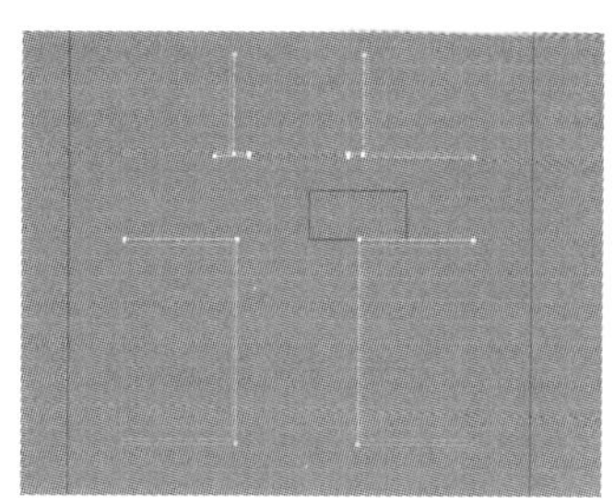
图7-4-1 创建“踢脚”线

② 在修改命令面板选择Spline（样条级）子级别，选中刚绘制的线条，在Geometry卷展栏设置Outline值为10mm。退出Spline子级，为其指定Extrude修改器，设置Amount值为100。挤出踢脚高度。如图7-4-2所示。

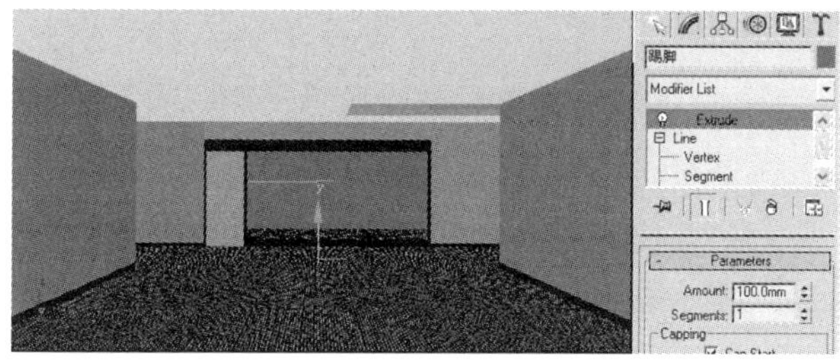

图7-4-2 挤出高度

③ 在材质编辑器中选择“白色油漆”赋予“踢脚”。

④ 在接待区上方创建一个Box对象。命名为“吊顶”，位置及参数如图7-4-3所示。

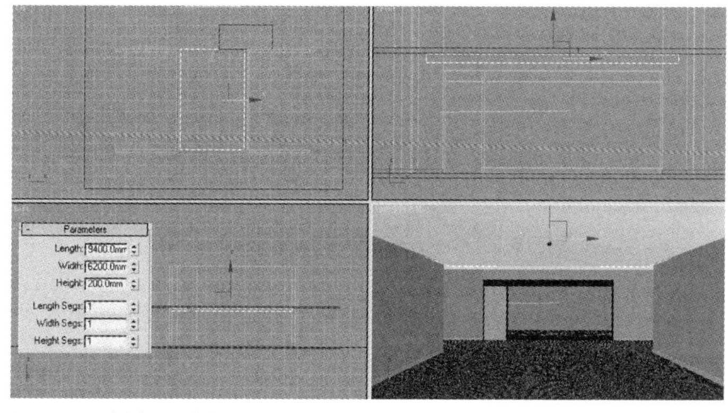

图7-4-3 创建Box对象

⑤ 在Top视图中创建几个宽300mm的长条形Box对象，高度大于刚创建的“吊顶”。作为布尔运算对象。位置关系如图7-4-4所示。

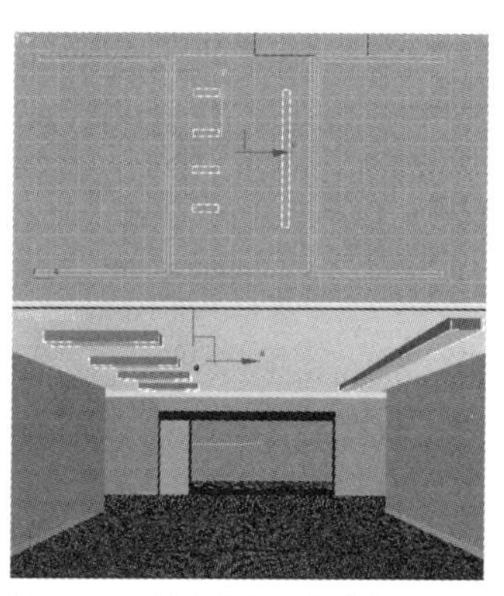
图7-4-4 创建布尔运算对象

⑥ 选择“吊顶”，在创建/几何体命令面板，选择Compound Objects（复合物体）中的Proboolean（超级布尔运算），点击Start Picking按钮，然后分别拾取刚才

创建的长条形Box对象。挖出吊顶上的凹槽。如图7-4-5所示。

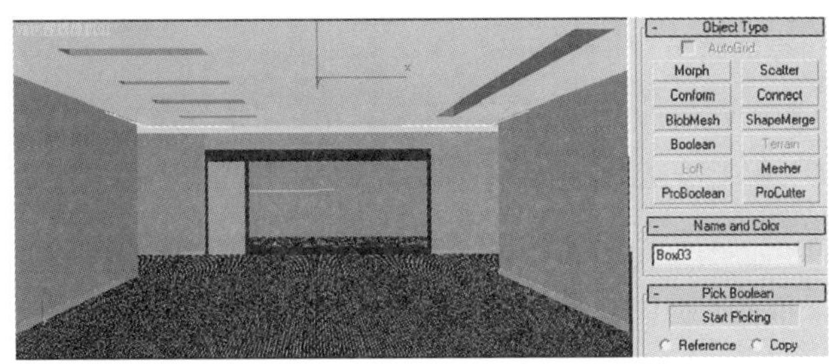

图7-4-5 布尔运算

⑦ 在材质编辑器中选择“白色涂料”赋予“吊顶”对象。

⑧ 在会议室上方创建与会议室大小一致的Box对象，（可以配合2.5维捕捉设置），高度为200mm。命名为“会议室吊顶”。如图7-4-6所示。

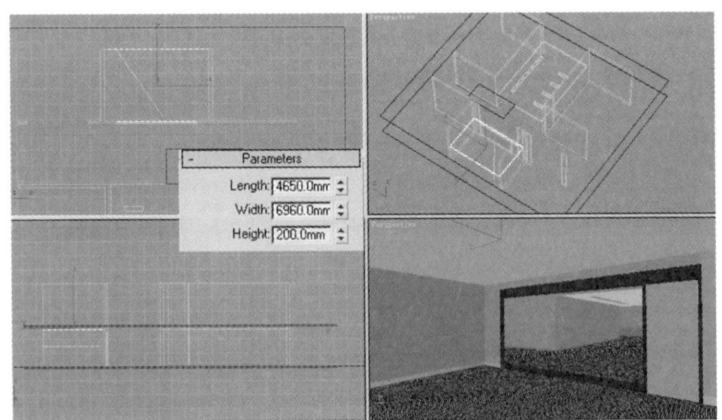

图7-4-6 创建Box对象

⑨ 再创建两个Box对象，作为布尔运算对象，位置关系如图7-4-7所示。

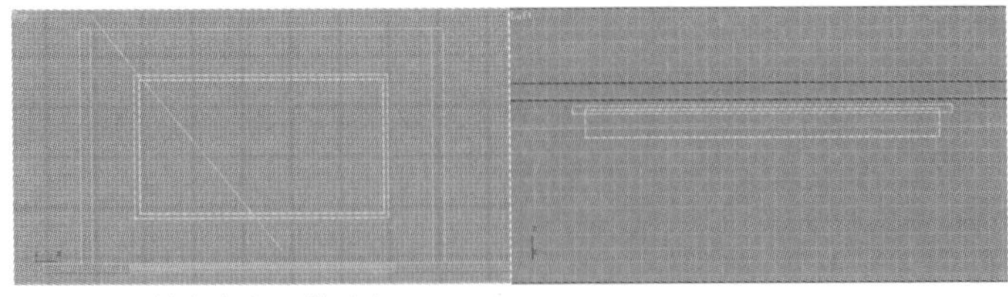

图7-4-7 创建布尔运算对象

⑩ 选择“会议室吊顶”，在创建/几何体命令面板，选择Compound Objects（复合物体）中的Proboolean

（超级布尔运算），点击Start Picking按钮，然后分别拾取刚才创建的两个Box对象。挖出吊顶上凹的部分及回光区。如图7-4-8所示。

图7-4-8 布尔运算

⑪ 仍然使用布尔运算的方法，挖出吊顶上的内凹装饰线，宽20mm，深10mm。如图7-4-9所示。

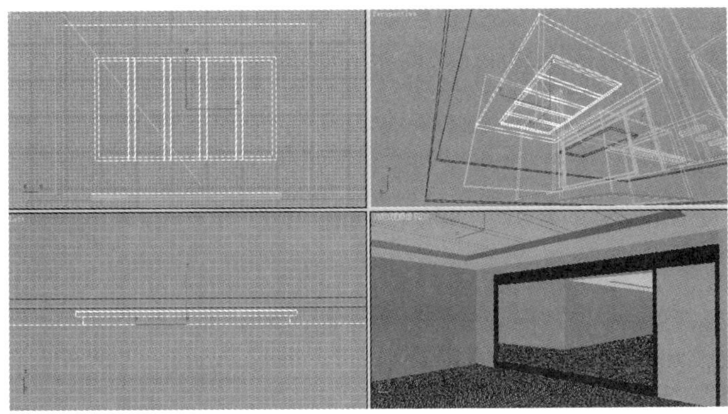
图7-4-9 布尔运算挖出装饰线

⑫ 在材质编辑器中选择“白色涂料”赋予“会议室吊顶”对象。

5. 导入家具及配件

① 在视图中单击右键，在弹出的快捷菜单中选择Un-hide All选项，取消对楼梯的隐藏。

② 选择File菜单中的Merge（合并）命令，如图7-5-1所示。选择“家具及配件/门锁.max”① 文件，选中物体“锁”，按OK键确认。

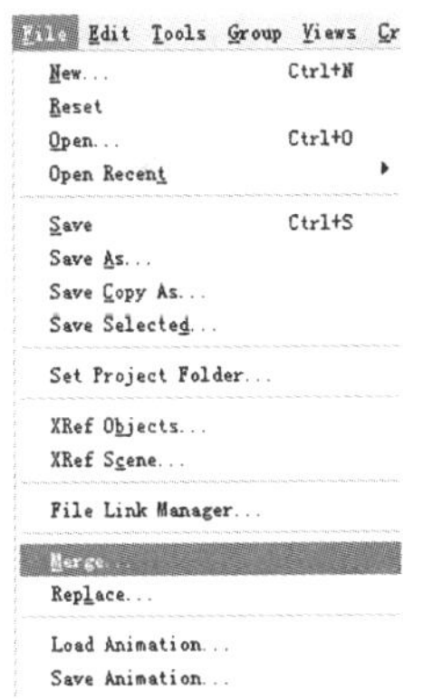

图7-5-1 选择合并命令

③ 把“锁”移至适当位置，击活Left视图，选择工具栏中的镜像工具，在随后弹出的对话框中选择镜像轴为X轴，并勾选Instance选项。如图7-5-2所示。

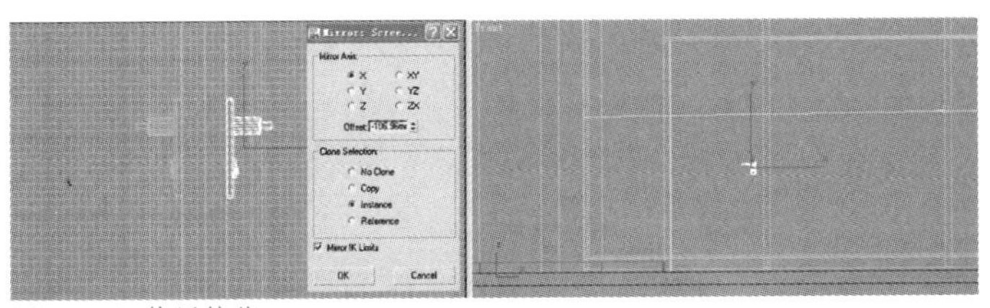
图7-5-2 使用镜像

④ 在材质编辑器中选择一个空白样本球，命名为“不

① www.cucp.com.cn

锈钢”，赋予物体“锁”。设置材质类型为VRayMtl，反射颜色为白色。高光光泽度为0.8。如图7-5-3所示。

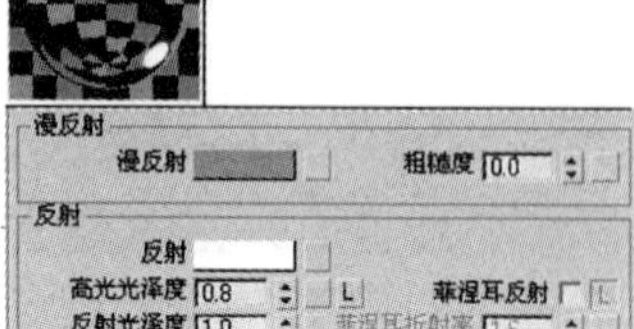

图7-5-3 “不锈钢”材质

⑤ 导入“射灯”，在材质编辑器中选择“不锈钢”材质，赋予“射灯”对象。通过移动并复制，最终位置如图7-5-4所示。

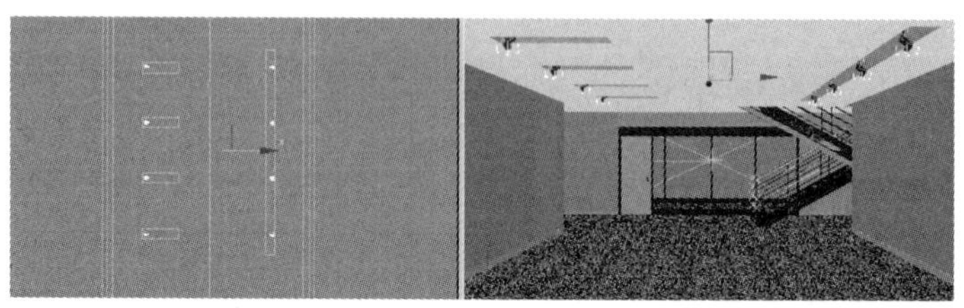

图7-5-4 导入“射灯”

提示： 通过Group（群组）菜单中的Open选项，可以暂时打开群组，对群组物体中的个别成员对象进行独立的修改与设置。完成设置后，选择Close(关闭）。然后又可以进行整体操作。

⑥ 导入被群组的“筒灯”，在Group（群组）菜单中选择Open(打开），选择外圈对象，如图7-5-5所示。在材质编辑器中选择“不锈钢”材质，赋予外圈对象。

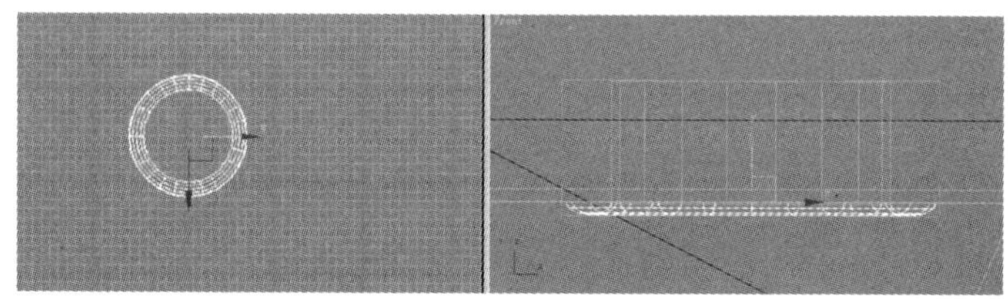

图7-5-5 选择筒灯外圈

⑦ 然后选择中间的“灯”对象，在材质编辑器中选择一个空白样本球，命名为“灯光”，设置材质类型为VRay灯光材质，如图7-5-6所示。赋予“灯”对象。

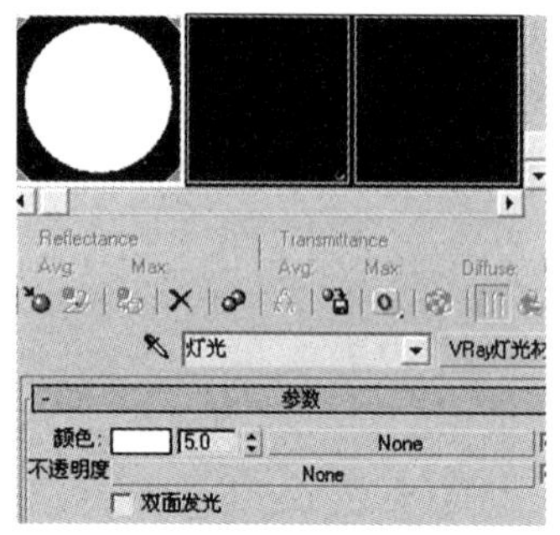

图7-5-6 “灯光”材质

⑧ 在Group（群组）菜单中选择Close(关闭），移动并复制出接待区和会议室的其他筒灯，要注意会议室的筒灯依据会议室的吊顶结构在布置上分上、下两层。复制方式选择Instance(关联）。最终位置如图7-5-7所示。

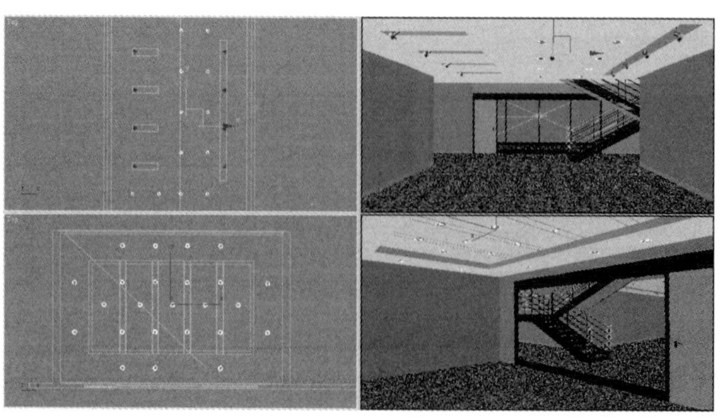

图7-5-7 布置筒灯

⑨ 导入“沙发”，在Group（群组）菜单中选择Open(打开)，选择“钢管”，在材质编辑器中选择“不锈钢”材质，赋予“钢管”对象。

⑩ 再选择“沙发靠垫”，在材质编辑器中选择一个空白样本球，命名为“皮革”，设置材质类型为VRayMtl，赋予“沙发靠垫”对象。给漫反射通道设置一个Bitmap（位图）贴图，选择贴图文件“皮纹.jpg”[①]。贴图参数如图7–5–8所示。

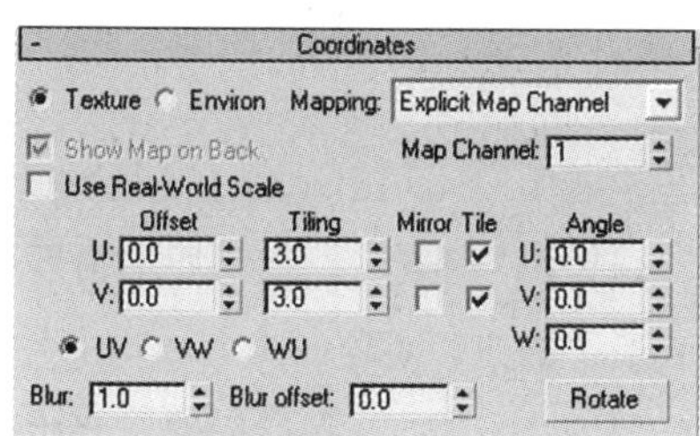

图7–5–8 贴图参数

⑪ 按钮回到材质级别，设置反射颜色RGB均为150的灰色，勾选菲涅耳反射。使皮革材质具有反射效果。如图7–5–9所示。

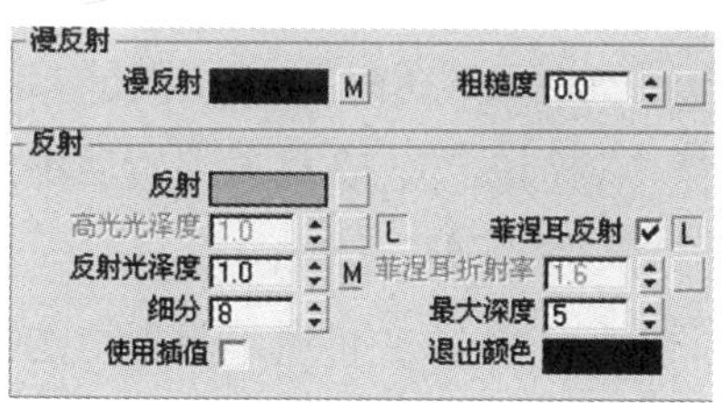

图7–5–9 设置反射参数

贴图			
漫反射	100.0	☑	Map #5 (皮纹.jpg)
粗糙度	100.0	☑	None
反射	100.0	☑	None
折射率	100.0	☑	None
反射光泽	28.0	☑	Map #5 (皮纹.jpg)
菲涅耳折射	100.0	☑	None
各向异性	100.0	☑	None
自旋	100.0	☑	None
折射	100.0	☑	None
光泽度	100.0	☑	None
折射率	100.0	☑	None
透明	100.0	☑	None
凹凸	20.0	☑	Map #5 (皮纹.jpg)
置换	100.0	☑	None
不透明度	100.0	☑	None
环境		☑	None

图7–5–10 贴图通道

⑫ 展开“贴图”通道，把漫反射通道的“皮纹.jpg”贴图拖动复制到反射光泽和凹凸通道。分别设置反射光泽度值为28，凹凸通道为20 。如图7–5–10所示。

⑬ 在修改命令面板给“沙发靠垫”对象指定一个UVW Map修改器，修改器参数如图7–5–11所示。最终材质效果如图7–5–12所示。

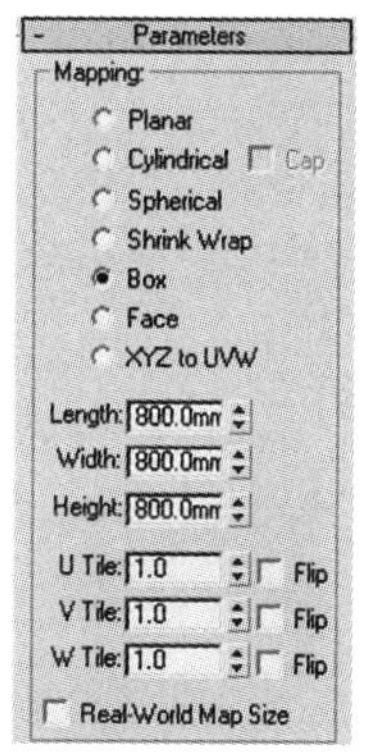

图7–5–11 UVW Map修改器

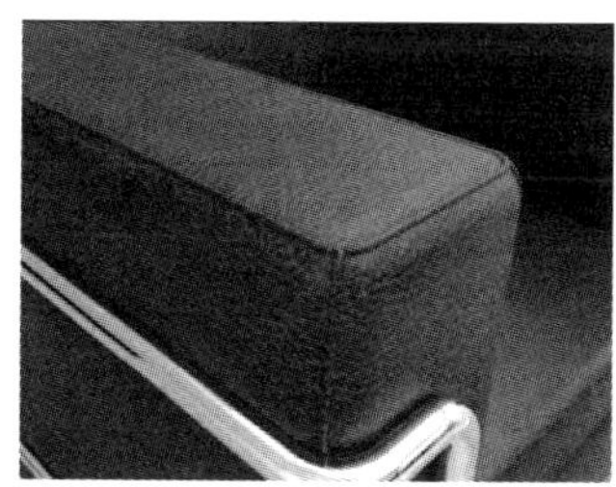
图7–5–12 皮革材质

① www.cucp.com.cn

⑭ 在Group（群组）菜单中选择Close(关闭)，然后移动复制出其他三张沙发。复制方式选择Instance(关联)。位置如图7-5-13所示。

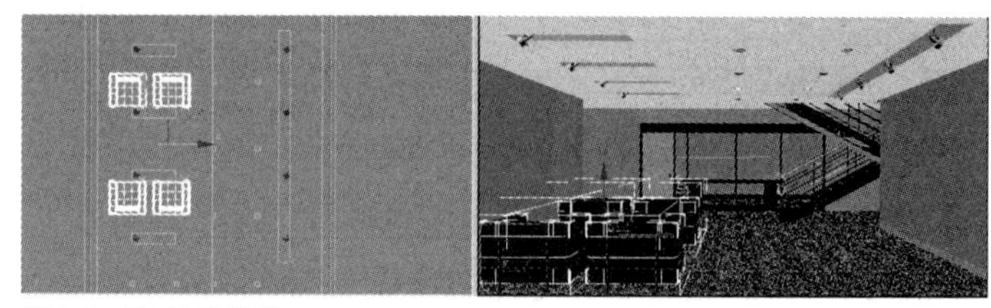
图7-5-13 沙发位置

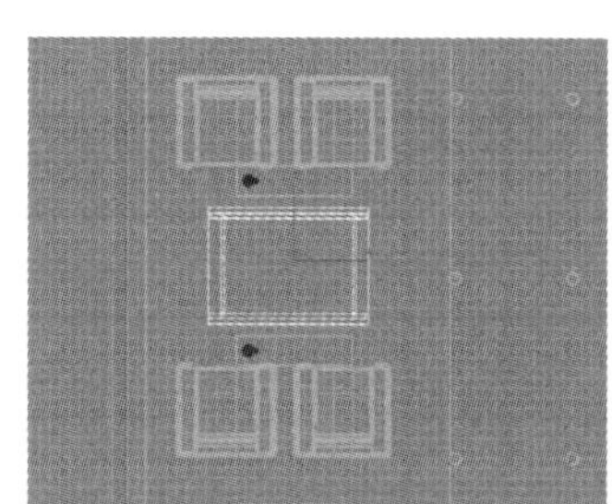
图7-5-14 导入茶几

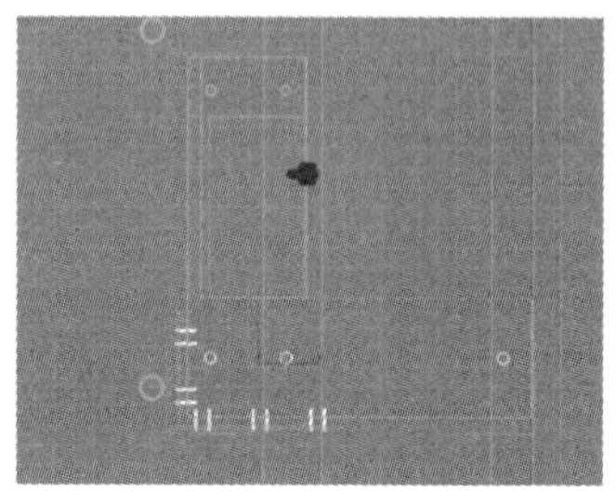
图7-5-15 “柜脚”与“装饰”

⑮ 导入“茶几”，在Group（群组）菜单中选择Open(打开)，选择“钢架”，在材质编辑器中选择“不锈钢”材质，赋予“钢架”对象。

⑯ 选择“玻璃台面”，在材质编辑器中选择“玻璃”材质，赋予“玻璃台面”对象。移动至沙发之间。如图7-5-14所示。

⑰ 导入“接待台”，在Group（群组）菜单中选择Open(打开)，选择“柜脚”与“装饰”，如图7-5-15所示。在材质编辑器中选择“不锈钢”材质，赋予“钢架”对象。

⑱ 选择“装饰板”，在材质编辑器中选择“白色油漆”材质，赋予“装饰板”对象。

⑲ 选择“柜子”，在材质编辑器中选择一个空白样本球，命名为“浅色木材”，设置材质类型为VRayMtl，反射颜色RGB均为15的灰色。展开“贴图”卷展栏，给漫反射通道设置一个Bitmap（位图）贴图，选择文件“木纹01.jpg”[①]。贴图参数如图7-5-16所示。

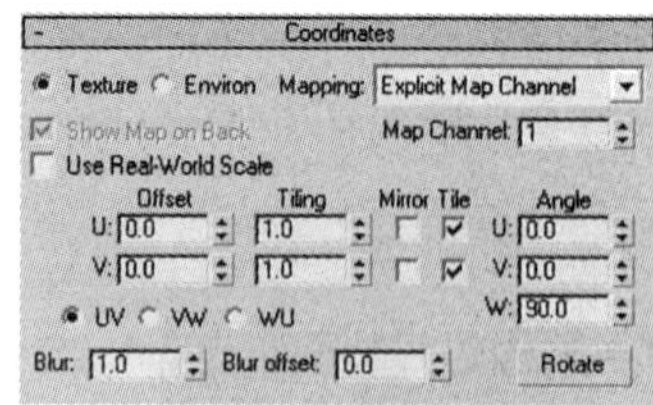

图7-5-16 贴图参数

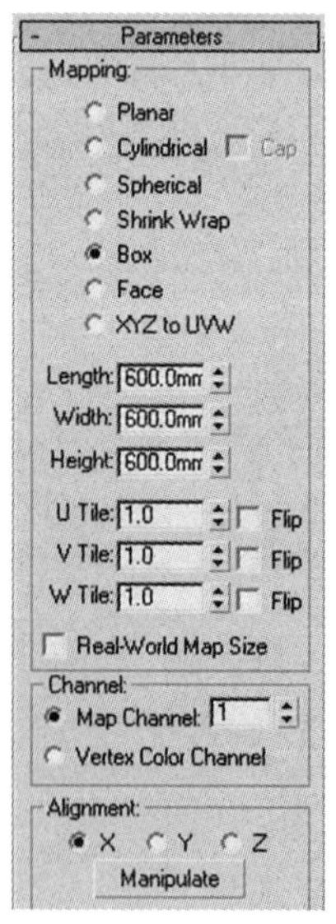

图7-5-17 “柜子”UVW Map参数

⑳ 在修改命令面板给“柜子”对象指定一个UVW Map修改器，修改器参数如图7-5-17所示。纹理效果如图

① www.cucp.com.cn

7–5–18所示。

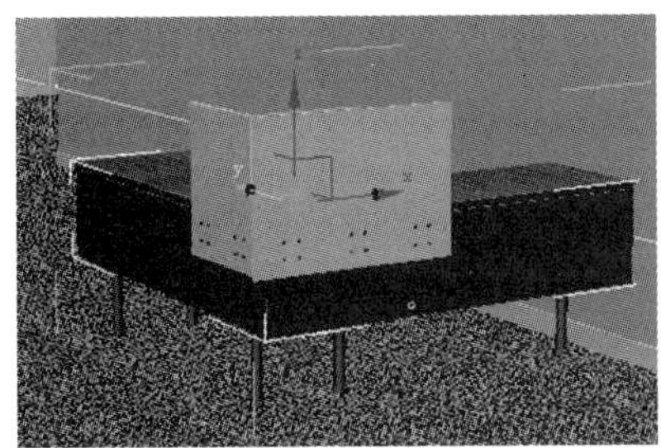

图7–5–18 纹理效果

㉑ 导入“背板”，为其指定“浅色木材”材质，并指定UVW Map修改器，修改器参数如图7–5–19所示。把“背板”对象放置在右侧墙面，位置如图7–5–20所示。

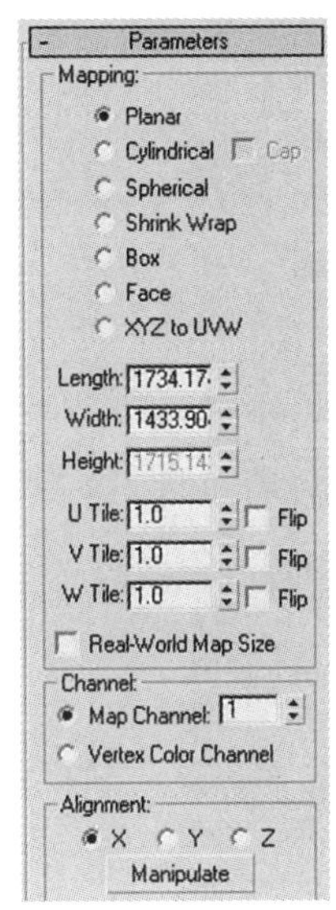

图7–5–19 “背板”UVW Map参数

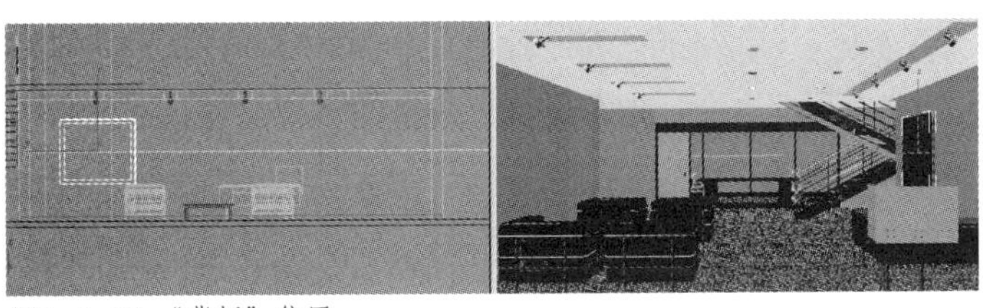

图7–5–20 “背板”位置

㉒ 导入“瓶花”，放于茶几之上。分别为“花瓣、花蕊、和叶”设置白色、黄色及绿色材质。如图7–5–21所示。为花瓶指定“玻璃”材质。

图7–5–21 瓶花材质

㉓ 导入“透光屏风”，移至楼梯边，如图7–5–22所示。

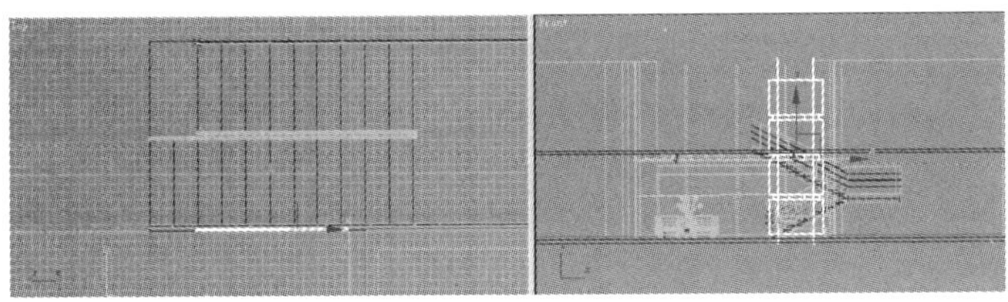

图7–5–22 导入“屏风”

㉔ 选择框架，为其指定“槽钢”材质。

㉕ 选择框架内的物体“透光”，在材质编辑器中为其指定一个空白样本球，命名为“屏风”，设置材质类型为VRayMtl，漫反射颜色参数设置如图7–5–23所示。反射

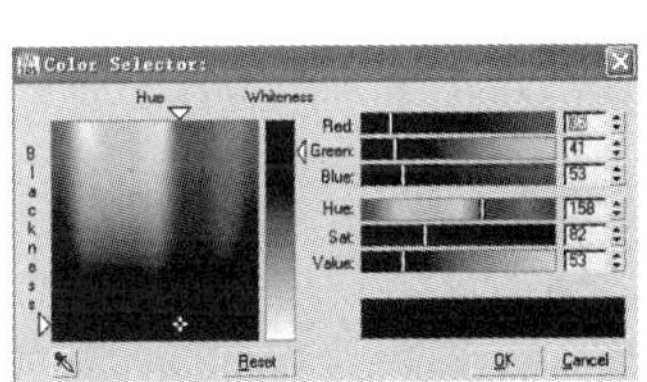

图7–5–23 漫反射颜色参数

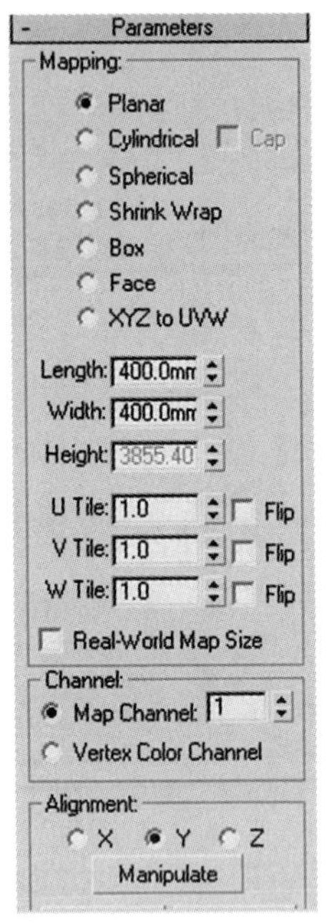

图7–5–26 “透光”UVW Map参数

颜色R、G、B均为15的灰色。展开“贴图”卷展栏，给“不透明”通道设置一个Bitmap（位图）贴图，选择文件“综合\贴图\纹理01.jpg”① 。如图7–5–24所示。贴图参数如图7–5–25所示。

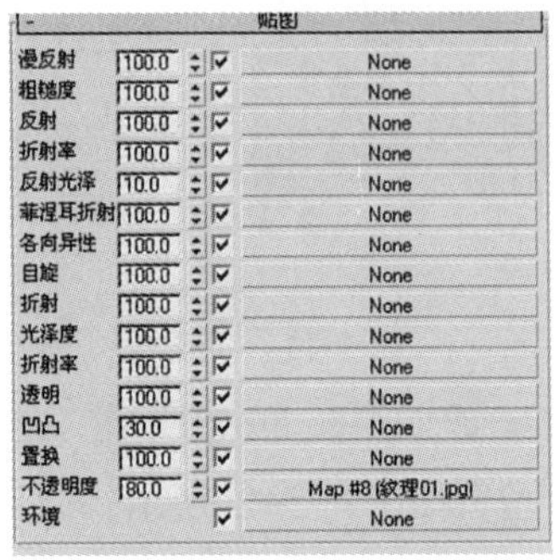

图7–5–24 “不透明”通道贴图

图7–5–25 贴图参数

㉖ 为“透光”指定UVW Map修改器，修改器参数如图7–5–26所示。

㉗ 导入“电脑椅”，放于接待台后面，如图7–5–27所示。

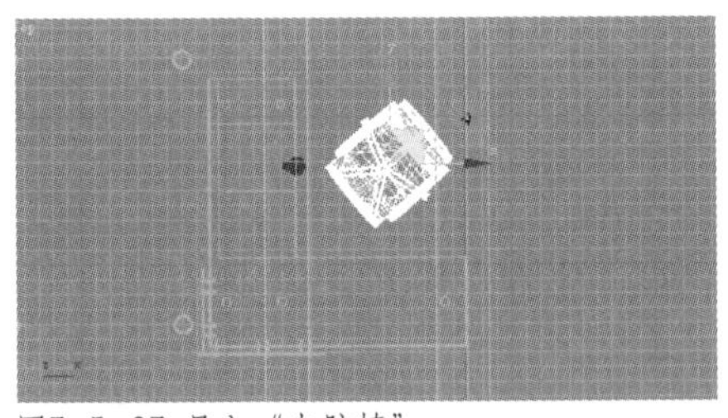

图7–5–27 导入“电脑椅”

㉘ 在材质编辑器中为“电脑椅面”对象指定“皮革”材质，为“底坐”指定“不锈钢”材质。

㉙ 导入“会议桌”，放置位置如图7–5–28所示。

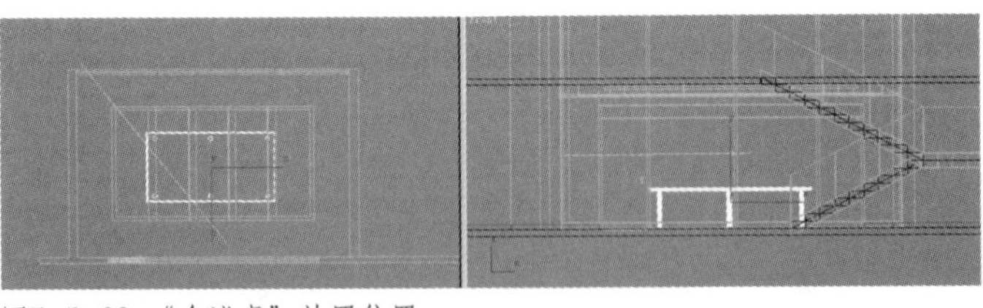

图7–5–28 “会议桌”放置位置

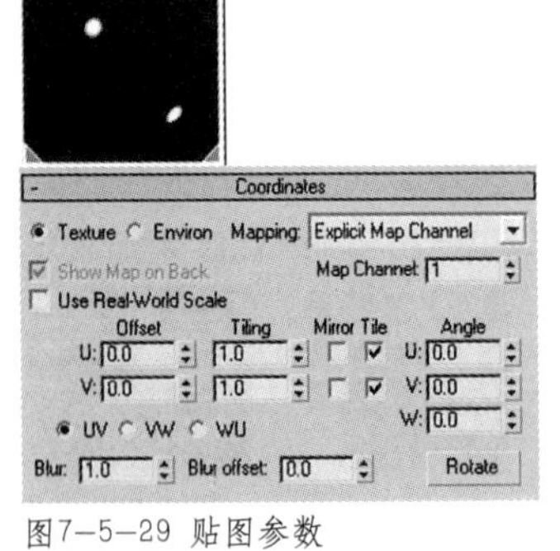

图7–5–29 贴图参数

㉚ 在材质编辑器中选择一个空白样本球，命名为“深色木材”，设置材质类型为VRayMtl，反射颜色RGB均为15的灰色。展开“贴图”卷展栏，给漫反射通道设置一个Bitmap（位图）贴图，选择文件“综合\贴图\木纹02.jpg”②。贴图参数如图7–5–29所示。

①② www.cucp.com.cn

㉛ 按 钮回到材质级别，为反射光泽通道指定“木纹02b.jpg”，贴图参数同上，反射值为20。把“木纹02b.jpg”拖动复制到凹凸通道，复制方式为Instance（关联）。凹凸通道参数为15。如图7-5-30所示。

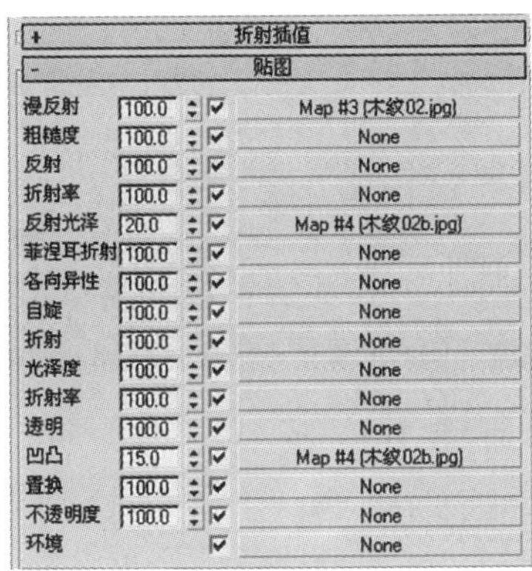

图7-5-30 贴图通道

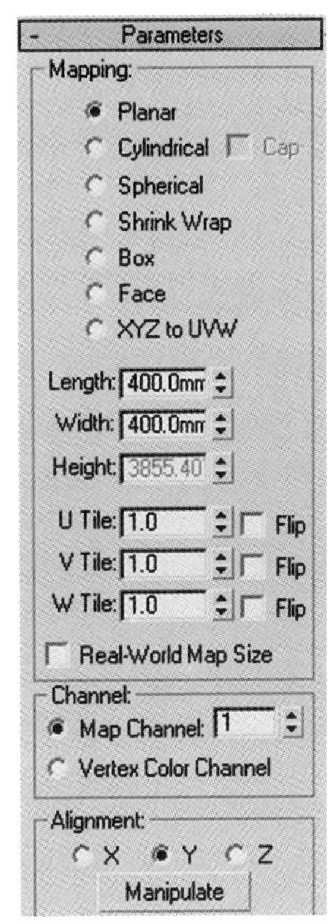

图7-5-31 会议桌UVW Map参数

㉜ 为“会议桌”指定UVW Map修改器，修改器参数如图7-5-31所示。

㉝ 导入“椅子”，在Group（群组）菜单中选择Open(打开)，选择“骨架”，在材质编辑器中选择“不锈钢”材质，赋予椅子的“骨架”对象。选择“椅面”，在材质编辑器中为其指定“皮革”材质，为“椅面”指定UVW Map修改器，参数设置与沙发相同。

㉞ 移动复制“椅子”，复制方式为Instance（关联）。最终布置位置如图7-5-32所示。

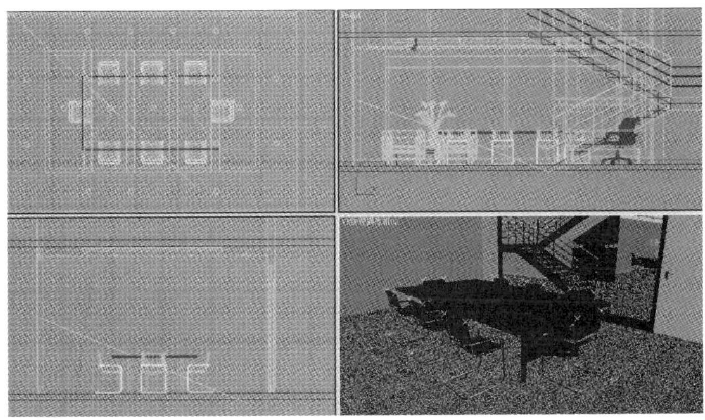
图7-5-32 会议室椅子布置

㉟ 导入“百叶窗帘”，为其指定“白色油漆”材质。如图7−5−33所示。

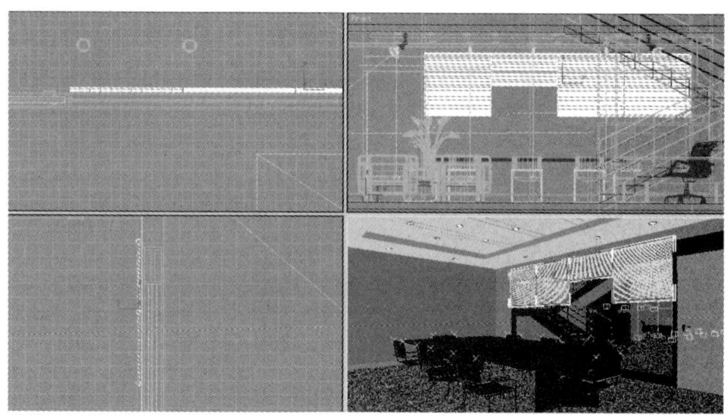

图7−5−33 导入“百叶窗帘”

6. 灯光与渲染

(1) 接待区效果图

① 在本例中我们将通过两个视角渲染效果图，一个是接待区效果；另一个是会议室。我们已经在场景中创建了两架摄像机，首先切换到“VR物理摄像机01”视图，即接待区效果。

② 在“VR物理摄像机01”视图左上角单击右键，在弹出的快捷菜单中选择Show Safe Frame，这时视图将显示渲染输出图像的比例。如图7−6−1所示。

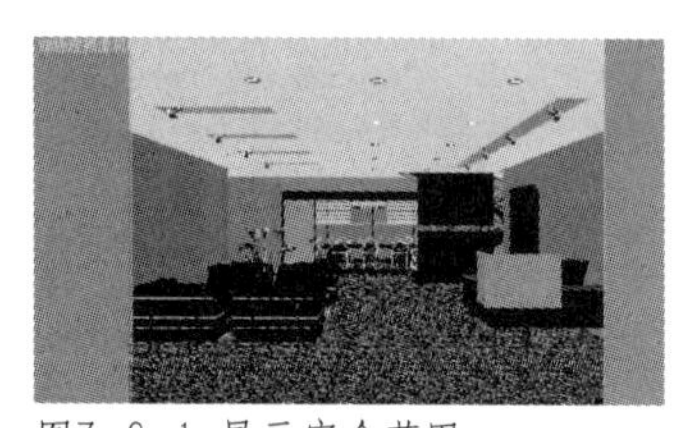

图7−6−1 显示安全范围

③ 按F10键打开渲染设置对话框，改变输出尺寸，调整图像比例，如图7−6−2所示。

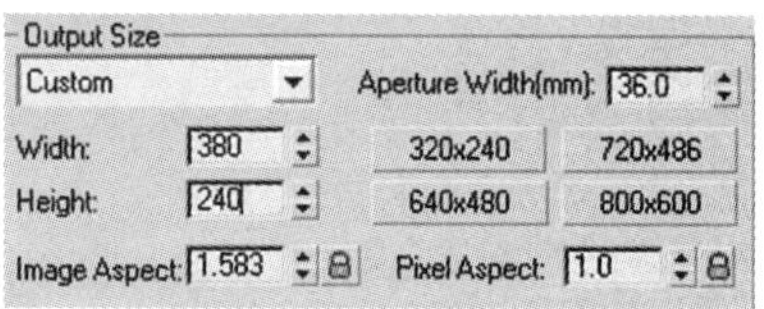

图7−6−2 调整图像比例

④ 选择“VR物理摄像机01”，适当调整摄像机的视角。最终如图7−6−3所示。

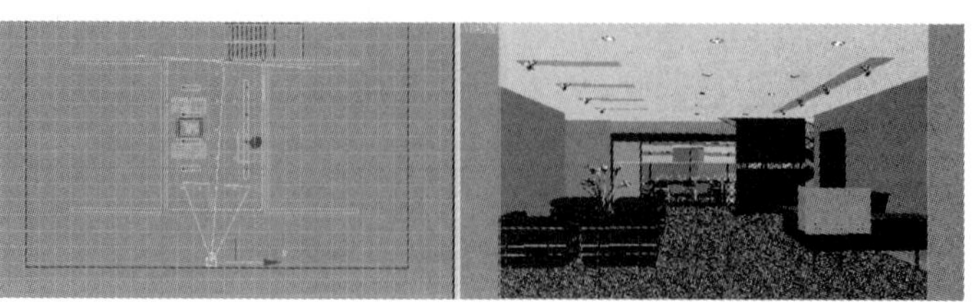

图7−6−3 调整摄像机的视角

⑤ 在渲染设置对话框中选择V-Ray选项卡，在全局开关卷展栏中取消默认灯光的勾选。如图7-6-4所示。

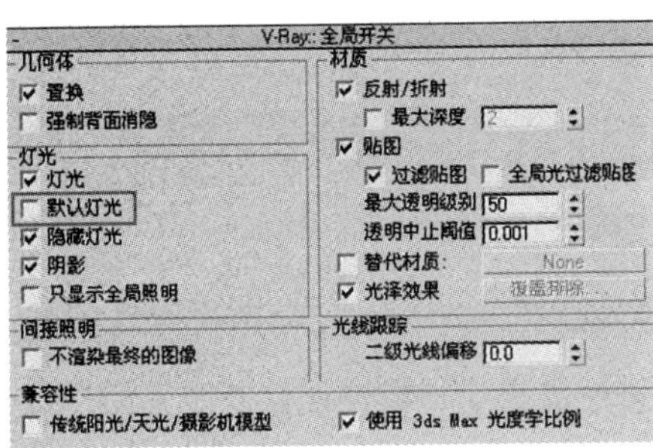

图7-6-4 取消默认灯光

⑥ 在V-Ray：图像采样器抗锯齿卷展栏选择“自适应DMC”采样器。如图7-6-5所示。

⑦ 在环境卷展栏打开天光设置。如图7-6-6所示。

⑧ 在间接照明选项卡中开启GI。如图7-6-7所示。

⑨ 在V-Ray：发光贴图卷展栏选择当前预置为非常低。如图7-6-8所示。

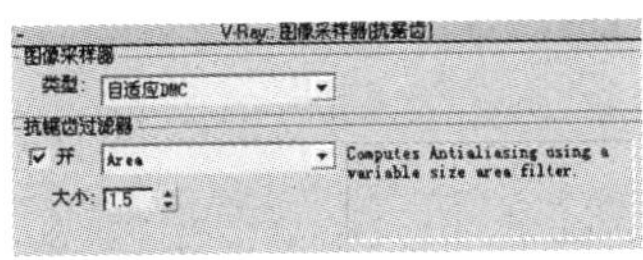

图7-6-5 “自适应DMC”采样器

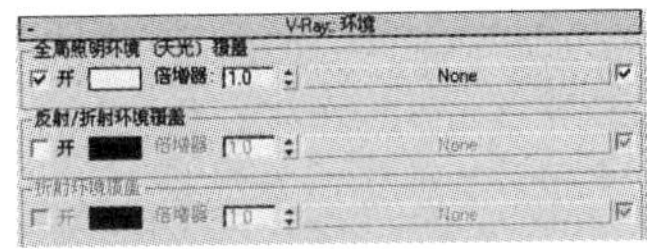

图7-6-6 开启天光

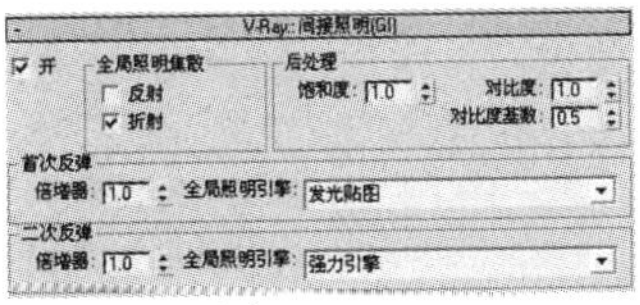

图7-6-7 开启GI

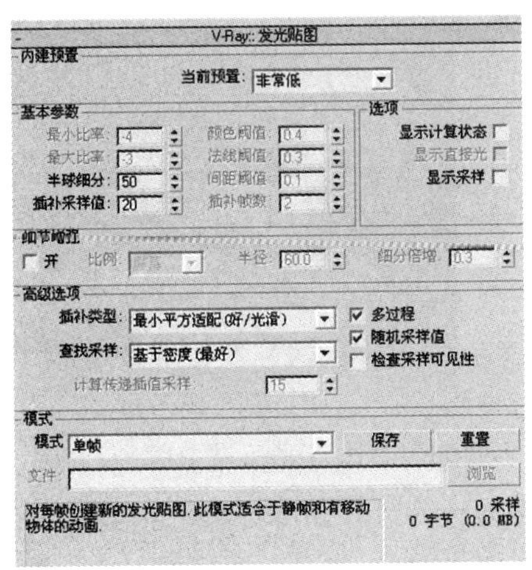

图7-6-8 渲染质量预置

⑩ 在创建命令面板选择灯光面板，在下拉列表中选择 VRay灯光类型，选择“VRay灯光”按钮，在视图中创建一个“VRay灯光01”，放在会议室窗外，灯光方向向

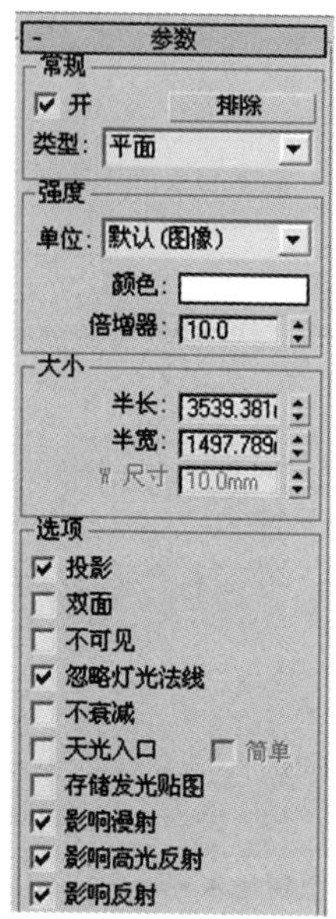

图7–6–10 灯光参数

内，灯光大小与窗相当。如图7–6–9所示。

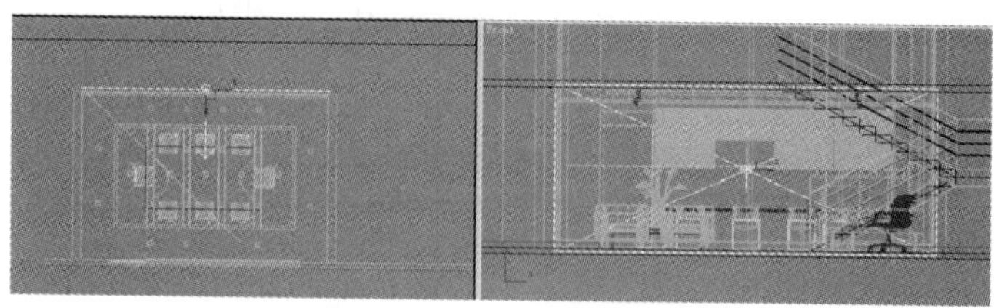

图7–6–9 创建VRay灯光01

⑪ 设置灯光颜色为白色，倍增值为10。如图7–6–10所示。

⑫ 另外需要加强楼梯部位光照，模拟灯光通过楼梯口向下投射效果，在楼梯上方创建“VRay灯光02”，设置倍增值为10，投射方向向下。如图7–6–11所示。

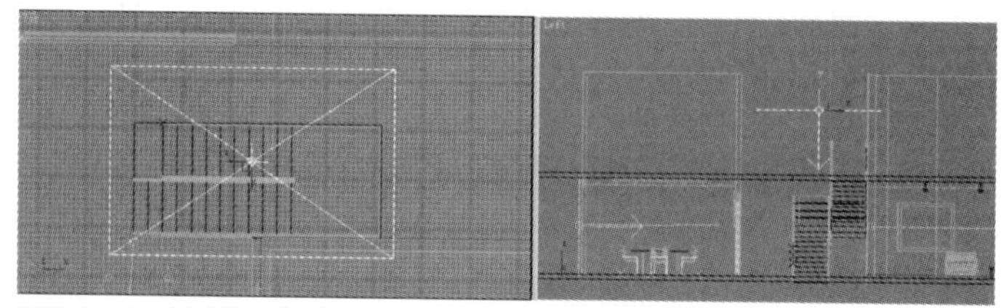

图7–6–11 创建VRay灯光02

⑬ 渲染效果如图7–6–12所示。为室外光效果。

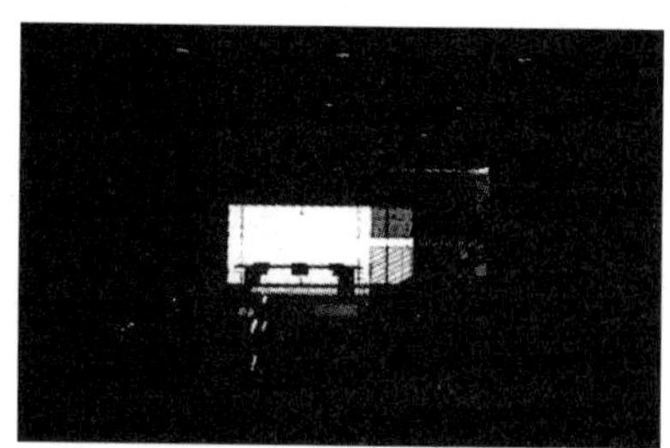

图7–6–12 室外光效果

⑭ 下面创建室内灯光。选择Photometric（光度学灯光）中的Target Light（目标灯光)类型，在视图中创建一盏光度学灯光“TPhotometricLight01”。位置如图7–6–13所示。

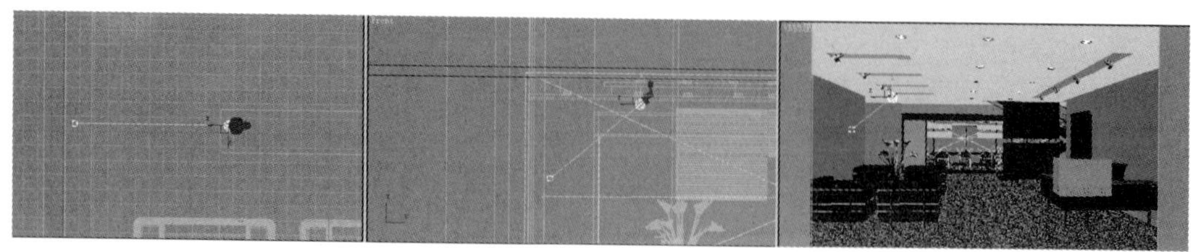

图7–6–13 创建光度学灯光

⑮ 设置灯光参数，在General Parameters（常规参数）卷展栏中选择阴影类型为VRayShadow,灯光分布类型为Photometric Web（ 光域网）。如图7-6-14所示。

图7-6-14 灯光常规参数

⑯ 在Photometric Web (光域网参数)卷展栏，单击Choose Photometric File按钮，调出光域网文件“射灯.ies”[①]，灯光强度设置为5132.7cd。如图7-6-15所示。

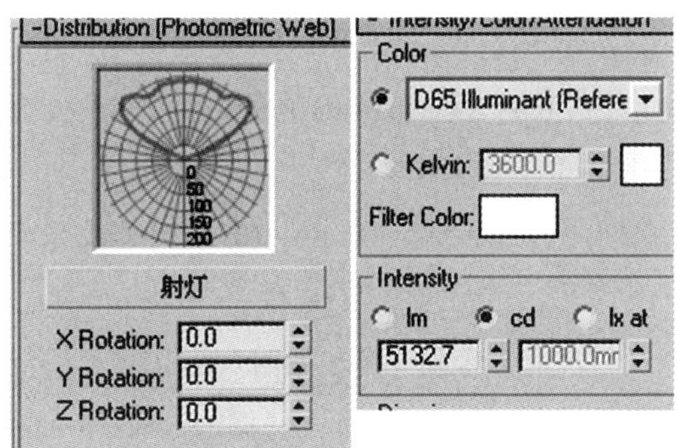

图7-6-15 使用光域网文件

⑰ 复制刚创建的光度学灯光，复制方式选择Instance（关联）。布置射灯位置。位置如图7-6-16所示。

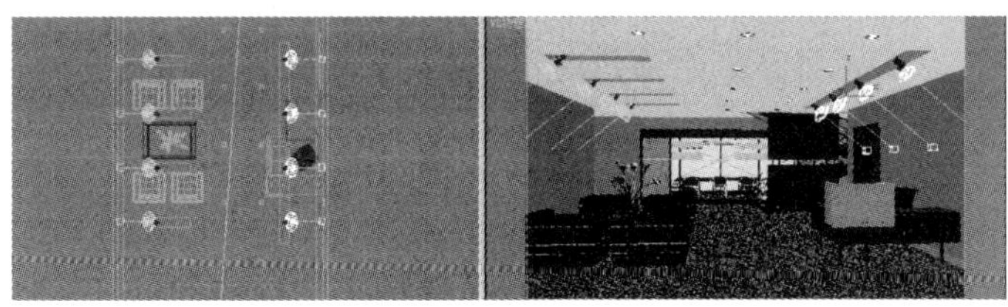
图7-6-16 射灯位置

⑱ 按F9键快速渲染。效果如图7-6-17所示。

图7-6-17

⑲ 观察渲染效果，射灯的光照有些暴光了，在渲染设置面板选择V-Ray选项卡，在V-Ray：色彩映射卷展栏选择类型为指数。如图7-6-18所示。再次渲染效果如图7-6-19所示。

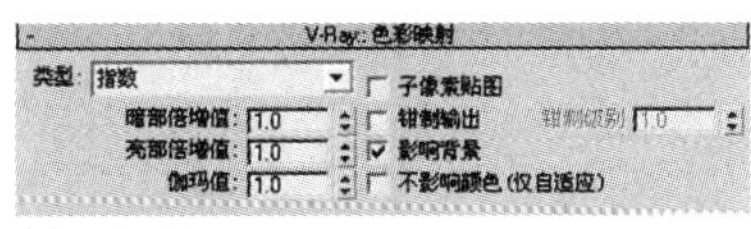

图7-6-18

图7-6-19 使用指数方式渲染

⑳ 下面创建筒灯灯光。选择Photometric（光度学灯光）中的Target Light（目标灯光)类型，在视图中创建一

① www.cucp.com.cn

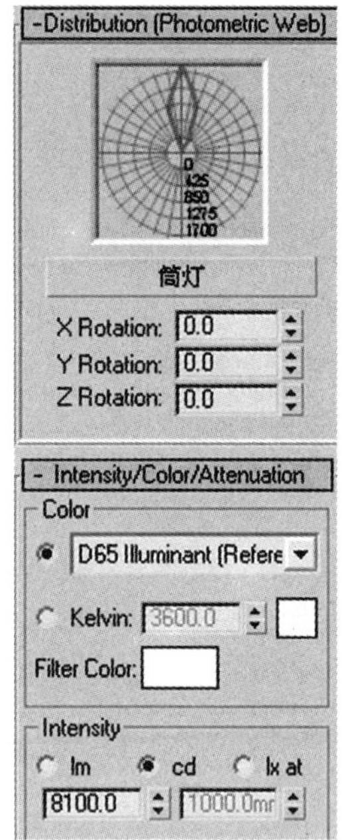

图7-6-21 使用光域网文件

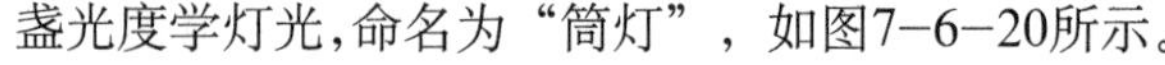

盏光度学灯光,命名为“筒灯”，如图7-6-20所示。

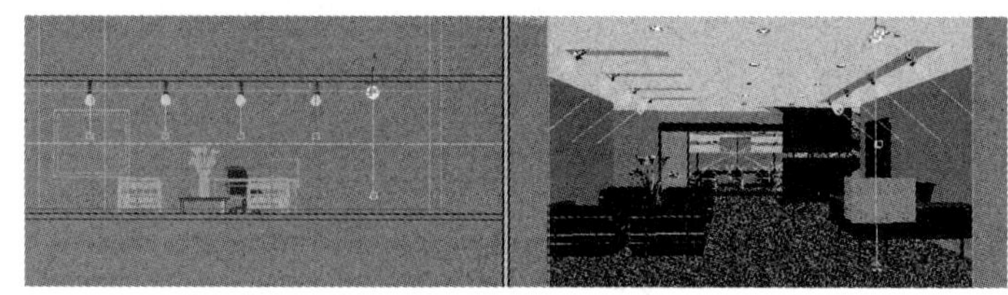

图7-6-20 创建筒灯灯光

㉑ 在General Parameters（常规参数）卷展栏中选择阴影类型为VRayShadow,灯光分布类型为Photometric Web（ 光域网）。

㉒ 在Photometric Web（光域网参数)卷展栏，单击Choose Photometric File按钮，调出光域网文件“筒灯.ies”①，灯光强度保持不变。如图7-6-21所示。

㉓ 复制“筒灯”，复制方式选择Instance（关联）。根据接待区场景布置筒灯位置。如图7-6-22所示。

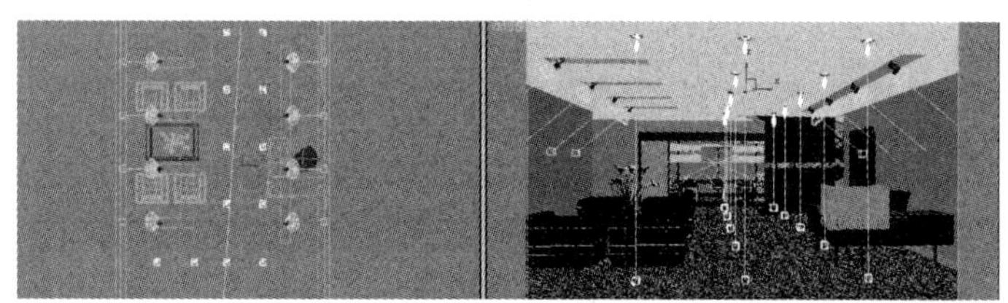

图7-6-22 布置筒灯位置

图7-6-23 添加筒灯效果

㉔ 按F9键快速渲染，效果如图7-6-23所示。观察渲染效果，在走廊区域，以及沙发区域需要补光，另外，会议室窗部分太亮了，需要调整。

㉕ 在走廊外部创建一个VRay灯光，设置灯光倍增值为8。位置如图7-6-24所示。

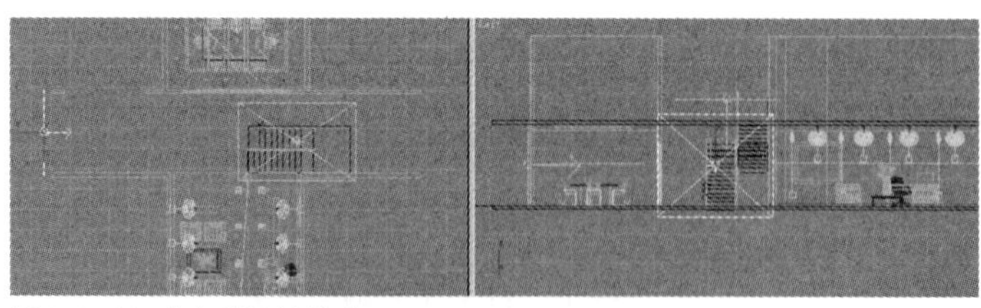

图7-6-24 为走廊区域补光

㉖ 在沙发上方创建一个VRay灯光，放置位置如图7-6-25所示。设置灯光倍增值为8，并勾选不可见选项，使

① www.cucp.com.cn

其渲染时不可见。如图7-6-26所示。

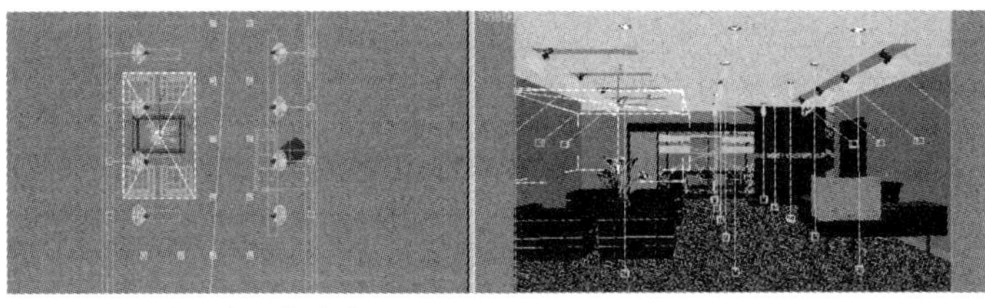

图7-6-25 为沙发区域补光

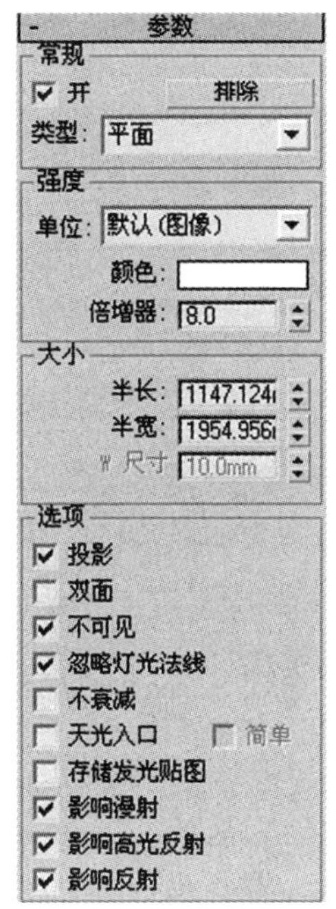

图7-6-26 灯光参数

㉗ 选择会议室外的VRay灯光，在修改命令面板的参数栏勾选不可见选项。在会议室窗外创建一个Plane(平面）对象。如图7-6-27所示。

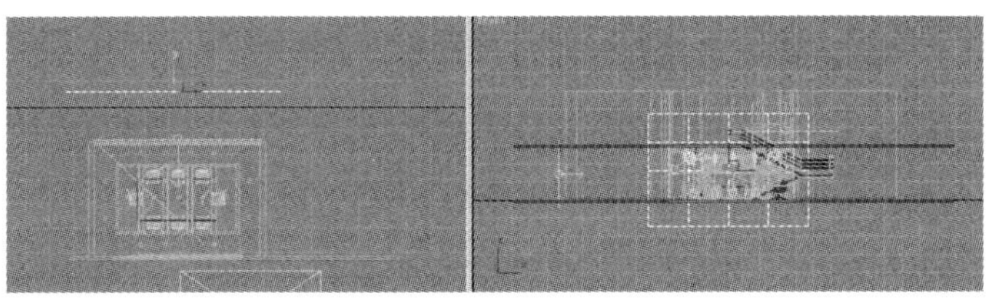

图7-6-27 创建一个Plane(平面）对象

㉘ 在材质编辑器中选择一个空白样本球，命名为“背景”，赋予Plane(平面）对象。

㉙ 设置材质类型为VRay灯光材质，颜色值为5，单击颜色后的灰色长按钮，为其指定一个位图贴图，选择附书光盘中的“背景”文件。贴图参数如图7-6-28所示。

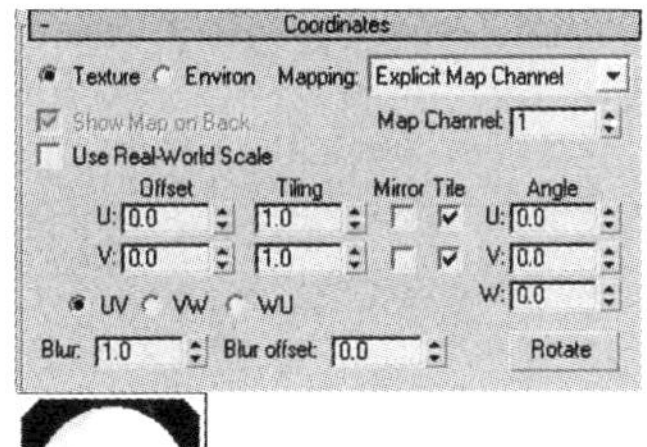

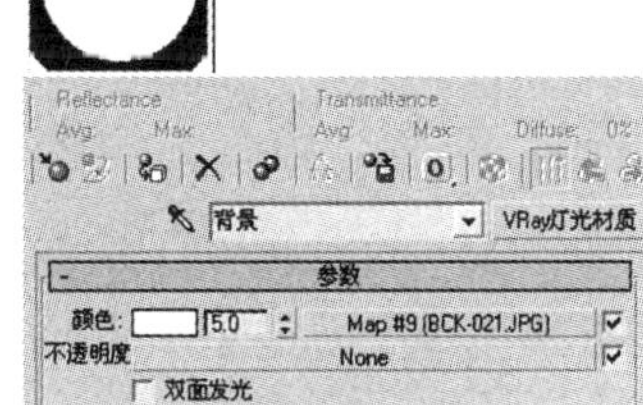

图7-6-28 设置背景材质

㉚ 选择File菜单中的Merge（合并）命令，选择“家具及配件/隔断.max”①文件，导入到场景中，位置如图7-6-29所示。

图7-6-29 导入“隔断”

㉛ 在材质编辑器中选择一个空白样本，命名为“亚光金属”，赋予“隔断”对象。设置材质类型为VRayMtl,设置反射颜色RGB均为158的灰色。设置反射光泽度为0.75。如图7-6-30所示。

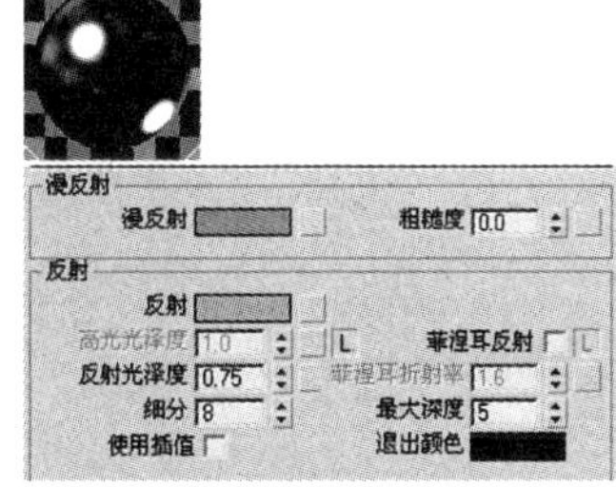

图7-6-30 亚光金属材质

㉜ 在渲染设置面板选择间接照明选项卡，在“V-

① www.cucp.com.cn

Ray：发光贴图”卷展栏设置模式为单帧，在渲染结束选项组勾选“自动保存”，并设置好保存路径，保存发光贴图。如图7-6-31所示。

㉝ 按F9键快速渲染。观察测试渲染效果。然后进行正式渲染设置。在“V-Ray：发光贴图”卷展栏的模式选项组中，设置模式为从文件，如图7-6-32所示。

㉞ 把当前预置设置为“高”。如图7-6-33所示。

㉟ 在Common（通用）选项卡锁定图像尺寸比例，然后修改输出尺寸。如图7-6-34所示。

㊱ 在Render Output（渲染输出）选项组设置好输出路径，保存成位图文件。如图7-6-35所示。

㊲ 渲染“VR物理摄像机01”视图。效果如图7-6-36所示。

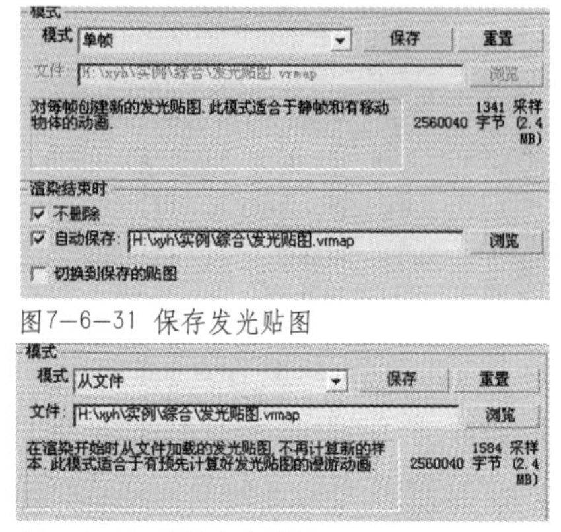

图7-6-31 保存发光贴图

图7-6-32 调用发光贴图

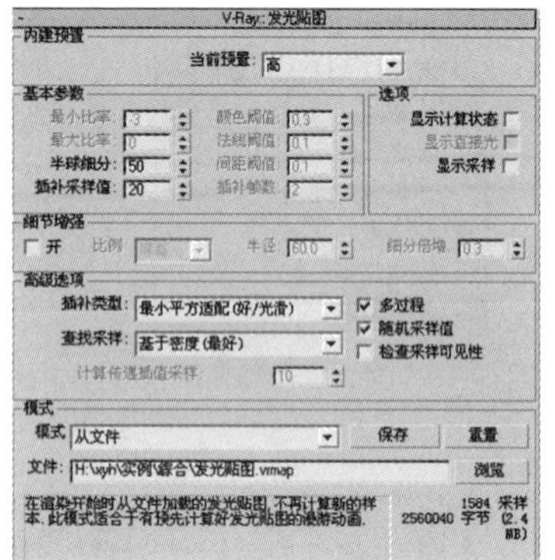

图7-6-33 渲染预置为高质量

图7-6-35 设置保存路径

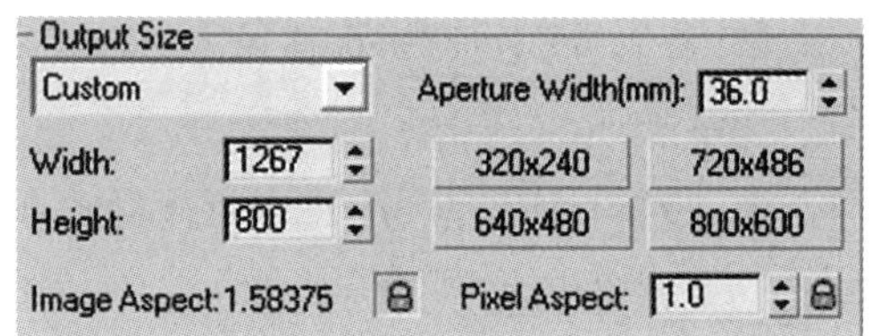

图7-6-34 设置输出尺寸

图7-6-36 接待区渲染效果

图7-6-38 测试渲染

(2) 会议室效果图

① 把“VR物理摄像机01”视图切换为“VR物理摄像机02”视图。

② 适当调整“VR物理摄像机02”的位置，调整焦距为25.11。如图7-6-37所示。

③ 把渲染预设设为“非常低”，输出尺寸改为测试渲染的较小尺寸，关闭输出保存设置。渲染“VR物理摄像机02”视图，效果如图7-6-38所示。

④ 场景还需要导入一些配景。导入配景文件“投影仪”、“屏幕”、“绿化”和“书”[①]。放置位置如图7-6-39所示。

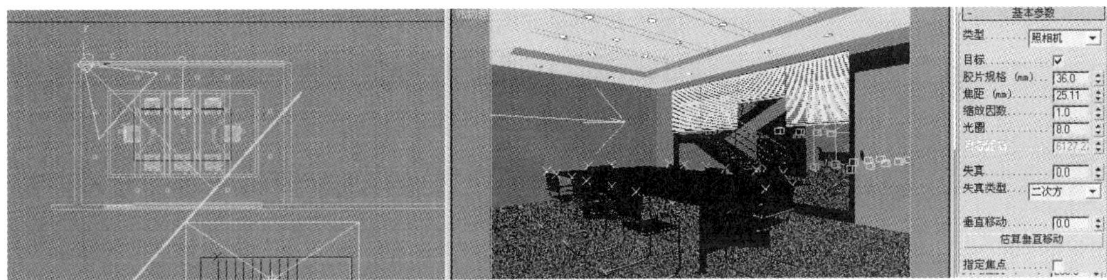

图7-6-37 “VR物理摄像机02”视图

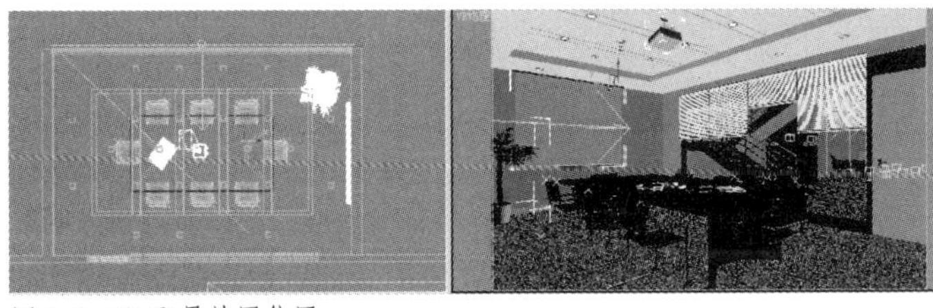
图7-6-39 配景放置位置

⑤ 为“投影仪”指定“亚光金属”材质。为屏幕指定一个空白样本球，设置材质类型为Multi/Sub-Object（多重/次对象）材质，命名为“屏幕”。分别编辑1～3号材质，如图7-6-40所示。然后分别为屏幕的三个部分设置相应的材质ID号（具体方法可参见第四章第四节）。

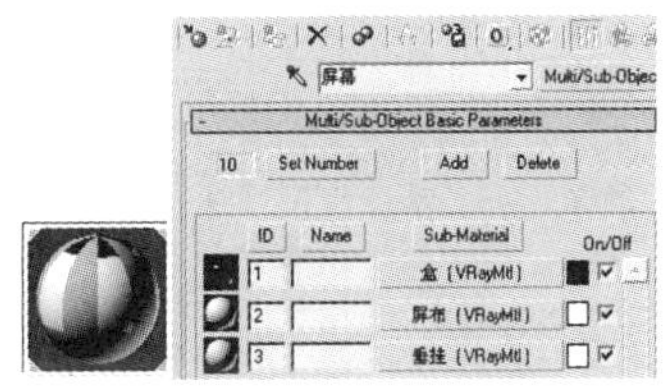

图7-6-40 “屏幕”材质

① www.cucp.com.cn

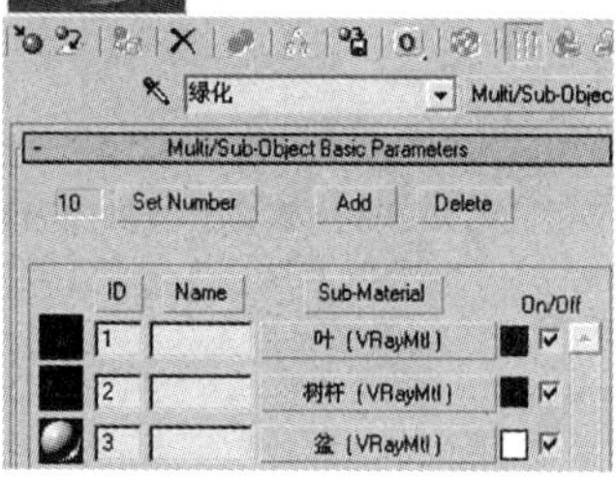

图7-6-41 “绿化”材质

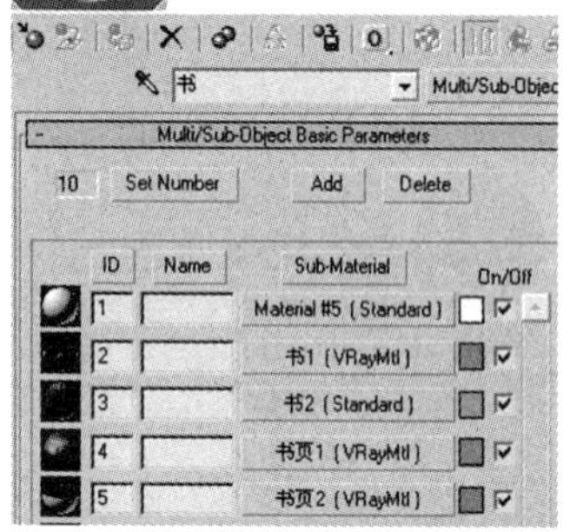

图7-6-42 “书”材质

图7-6-43 “书”材质效果

图7-6-45 创建VRay阳光

⑥ 用与同样的方法为“绿化”和“书”指定材质。如图7-6-41至7-6-43所示。

⑦ 选择并隐藏窗外的背景“Plan01”。

⑧ 下面为场景添加阳光效果。在创建命令面板选择灯光面板，在下拉列表中选择 VRay灯光类型，选择“VRay阳光”按钮，在视图中创建一个“VRay阳光01”。位置如图7-6-44所示。

⑨ 设置阳光的强度倍增值为0.2，浊度为4.0。具体参数如图7-6-45所示。

⑩ 在“V-Ray：发光贴图”卷展栏设置模式为单帧，在渲染结束选项组勾选“自动保存”，并设置好保存路径，保存发光贴图。测试渲染“VR物理摄像机02”视图。

⑪ 下面进行正式渲染设置。在“V-Ray：发光贴图”卷展栏的模式选项组中，设置模式为从文件，选择刚才测试渲染保存的发光贴图文件。

⑫ 重新设置好渲染尺寸及输出保存路径。最终渲染效果如图7-6-46所示。

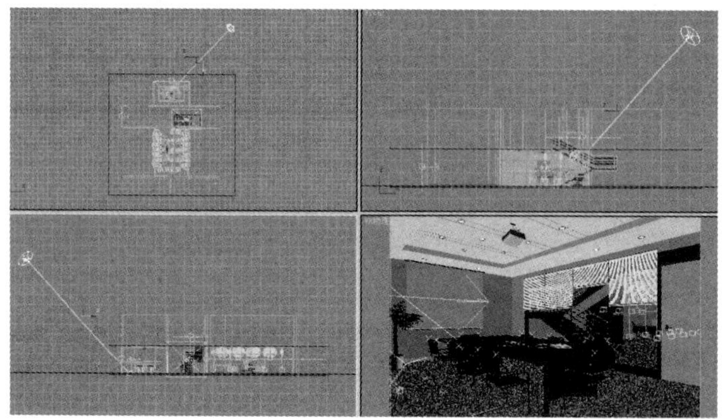

图7-6-44 创建VRay阳光

7. 效果图后期处理

① 在Photoshop中打开刚才渲染输出的“接待区”效果图，选择图像菜单下的“调整/色彩平衡”。如图7-7-1所示。

② 在随后弹出的“色彩平衡”对话框中调整平衡滑块，使图像色调略为偏暖，如图7-7-2所示。局部对比如图7-7-3所示。

③ 按F7键打开“图层面板”，把背景图层拖至新建图标上进行复制。如图7-7-4所示。

④ 选择“背景副本”图层，设置其图层混合模式为“叠加”。如图7-7-5所示。

⑤ 设置“背景副本”的图层不透明度为20%。如图7-7-6所示。

⑥ 最终效果如图7-7-7所示（见第156页彩图）。

⑦在Photoshop中打开“会议室”效果图，按F7键打开“图层面板”，并复制背景图层。

⑧ 设置“背景副本”图层的混合模式为“叠加”。

⑨ 设置“背景副本”的图层不透明度为20%。如图7-7-8所示。

最终效果如图7-7-9所示（见第156页彩图）。

图7-6-46 会议室渲染效果

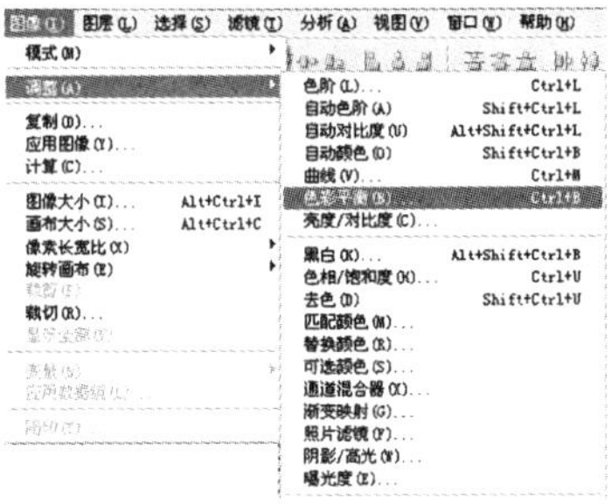

图7-7-1 图像菜单

图7-7-4 复制背景图层

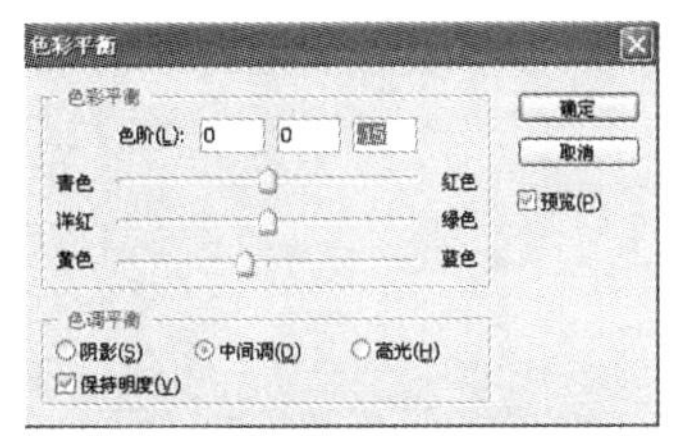

图7-7-2 图像菜单

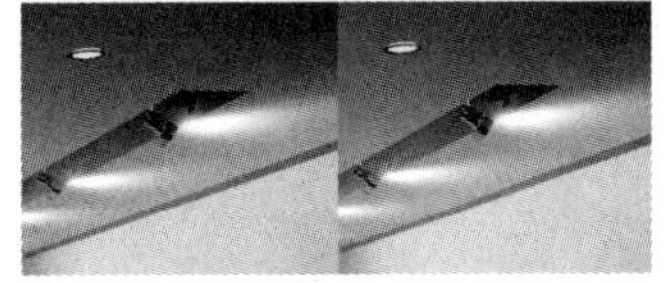

图7-7-3 局部对比

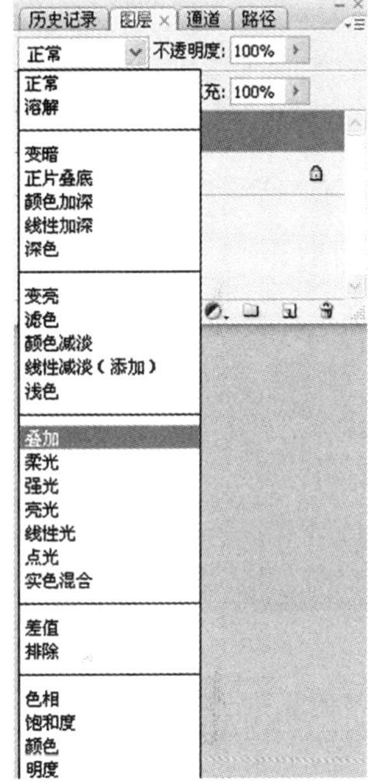

图7-7-5 图层混合模式

图7-7-6 图层不透明度

图7-7-8 图层不透明度

本章重点与习题：

1．如何把握效果图制作中整体与局部的关系？
2．后期处理的目的是什么？
3．如何有效地把握效果图制作的整体流程？

第八章　效果图赏析

图8—1为Loft空间内部钢架结构的表现,建模并不复杂，但要注意细节的变化与尺度的把握。

图8-2为Loft空间，虽不注重装饰，但丰富的空间变化与光影效果体现得非常充分。

图8-3为水景酒吧效果图，该空间原为污水处理站，内部空间很有特色，在设计中尽量保留原面貌。

图8-4、8-5为旧厂房改建的酒吧设计，尽量保留原有面貌，局部进行少量装饰。画面光影效果突出。

图8-6为会议室效果图，对材质的质感把握的比较理想。

图8-7为餐饮空间效果图，光影渲染很柔和，但画面缺少一些重颜色，显得较轻。

图8–8、8–9为办公空间门厅效果图，设计简洁明快，表现也恰如其分。

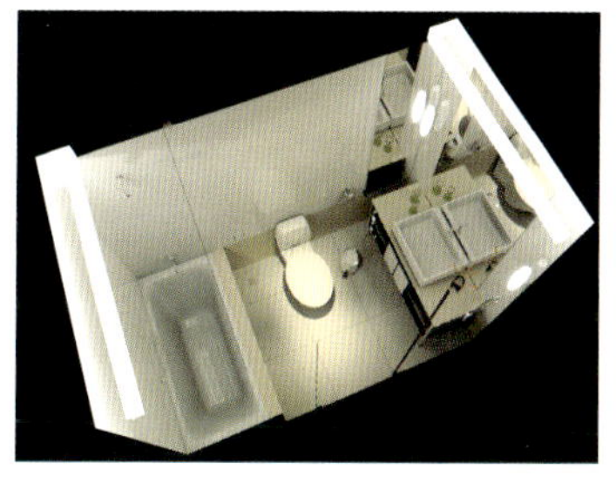

图8–10、8–11为酒店标房效果图，温馨简约，对材质的模拟很理想。

图8－12为酒店空间套房客厅效果图，画面对深色木材的表现略有不足。

图8－13为餐饮空间包房效果图。

图8－14为酒店空间大堂效果图，整体效果比较理想，但画面明度层次的变化不够。

图8－15为酒店空间电梯厅效果图，在高调画面中追求变化，难度很大，但该画面把握的很好。

图8-16为一张休闲空间效果图，光影、材质及空间感均有较好表现，效果非常理想。

图8-17为酒店空间标房效果图，画面对深色木材的层次表现略有不足。

图8－18画面在色彩处理上不足，虽有黄色和蓝色中和，但铁灰色过多，使画面显得较僵硬，不生动。

图8－19为Loft办公空间效果图，光影色调和空间效果均得到较好体现。

图8-20在追求画面色彩和材质丰富的前提下，对整体调子的把握很理想。

图8-21为线框渲染图，有时用色块和单线来表现画面，另有一番趣味。

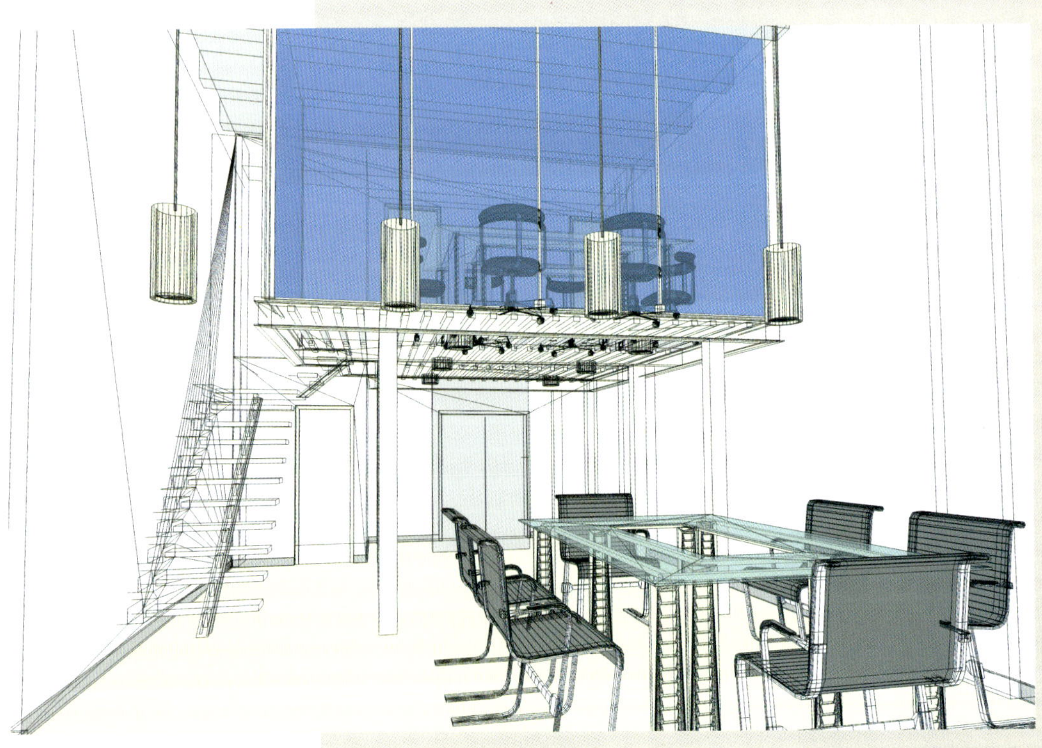

附录：本书案例效果图

图3—1—37 基本物体建模

图3—2—34 复合物体建模

图3-3-29 多边形建模

图4-3-20 标准材质

图4-5-11 建筑材质渲染效果

图4-6-10 不锈钢材质

图4-6-12 金色金属材质

图4-6-13 金属磨砂效果

图4-6-15 透明玻璃材质

图4-6-18 有色玻璃材质

图4-6-23 白瓷与编织材质

图6-3-15 Light Tracer(光迹追踪)渲染

图4-6-28 VRay灯光材质渲染效果

图6-4-32 Radiosity(光能传递)渲染

图6-5-20 VRay渲染效果

图7-7-9 办公空间接待区效果图

图7-7-7 会议室效果图